高职高专“十三五”规划教材

金属材料及热处理

（第2版）

主编　丁　晖
主审　李文兵

北京航空航天大学出版社

内容简介

基于高职高专发展的新形势以及工学结合的课程改革需要，为了强化学生应用性和拓展性知识，编写本书。全书共八个项目。内容包括：金属的性能，金属的晶体结构与结晶，钢的热处理，金属的塑性变形与再结晶，钢，铸铁，有色金属及粉末冶金材料，工程材料的选择等。

本书可供高职高专相关专业师生作为教材使用，也可作为相关领域工程技术人员的参考用书。

图书在版编目(CIP)数据

金属材料及热处理 / 丁晖主编. -- 2版. -- 北京：北京航空航天大学出版社，2018.1

ISBN 978-7-5124-2613-9

Ⅰ. ①金… Ⅱ. ①丁… Ⅲ. ①金属材料一高等职业教育一教材②热处理一高等职业教育一教材 Ⅳ. ①TG14 ②TG15

中国版本图书馆CIP数据核字(2017)第314439号

金属材料及热处理(第2版)

主编 丁 晖

主审 李文兵

责任编辑 冯 颖

*

北京航空航天大学出版社出版发行

北京市海淀区学院路37号(邮编100191) http://www.buaapress.com.cn

发行部电话：(010)82317024 传真：(010)82328026

读者信箱：goodtextbook@126.com 邮购电话：(010)82316936

保定市中画美凯印刷有限公司印装 各地书店经销

*

开本：787×1 092 1/16 印张：11.75 字数：301千字

2018年4月第2版 2018年4月第1次印刷 印数：2 000册

ISBN 978-7-5124-2613-9 定价：29.00元

若本书有倒页、脱页、缺页等印装质量问题，请与本社发行部联系调换。联系电话：(010)82317024

第2版前言

目前，高等职业教育按照“工学结合”的人才培养模式，力求达到课程建设与职业需求有效接轨。本着高职教育面向生产第一线需要的高技能人才培养目标的需求，本书突出了教学过程的实践性、职业性，强化学生能力的培养。

全书共分八个项目：金属的性能，金属的晶体结构与结晶，钢的热处理，金属的塑性变形与再结晶，钢，铸铁，有色金属及粉末冶金材料，工程材料的选择。课程内容涉及两部分：概念、原理性知识，应用性知识。教材本着职业教育的特点，强化应用性知识，重点培养学生理解问题、解决问题的能力；另外通过教材中的任务拓展部分，培养学生的可持续发展能力，从而增强学生适应社会的能力。

本教材编审人员及编写分工如下：四川航天职业技术学院丁晖编写项目一、二并对全书统稿，赵洪汐编写项目三，李文兵编写项目四、七，姚明傲编写项目五，张伟编写项目六、八。赵云云参与了本书部分资料的整理工作。本书主审为李文兵副教授。

编者在本书编写过程中参考了部分文献资料，在此向原作者表示衷心感谢。

由于编者知识水平有限，疏漏和错误之处在所难免，恳请读者批评指正。

编　者

2017年10月

目　　录

项目一　金属的性能

项目要求：

1912 年 4 月 10 日是个悲惨的日子——这一天，英国豪华客轮泰坦尼克号在驶往北美洲的处女航中不幸沉没。这次沉船事件致使 1 500 多人丧生，是人类航海史上最大的灾难，震惊世界。多年来，泰坦尼克号沉没的真正原因，一直是人们探索的焦点。

经过科学家调查发现，泰坦尼克号沉没的原因是：

① 连接船体各部分的固定铆钉使用的钢铁质地极其不纯，其中的矿渣含量竟然超过了标准钢材的 2 倍。根据冶金学理论，这种过量的不纯物质使得铆钉在剧烈的撞击中很容易发生断裂。

② 造船工程师只考虑到要增加钢板的硬度，而没有想到增强其韧性。为了增加钢板的硬度，往炼钢炉料中加入了大量的硫化物，导致钢材在低温下的脆性大大增加。经实验，从海底打捞出来的钢材在当时的水温下，在受到撞击时，很快便断裂，而用近代船用钢板在同样的温度和撞击强度下进行对比实验，结果钢板只是变成 V 形而不断裂，如图 1－1 所示。

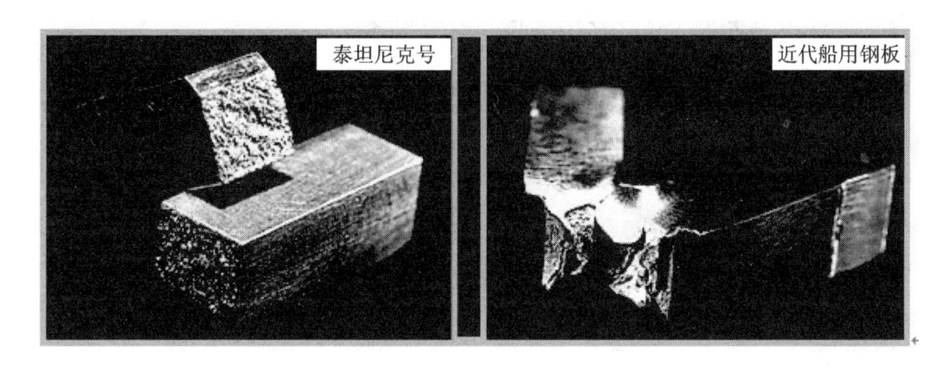

图 1－1　钢板断裂对比图

综上所述，这次灾难的主要原因是材料的性能无法满足使用要求。由此可见，在机械生产上根据材料性能合理选材是多么重要。

金属材料的性能包括使用性能和工艺性能，使用性能是指金属材料在使用过程中所表现出来的性能，主要有力学性能、物理和化学性能；工艺性能是指金属材料在各种加工过程中所表现出来的性能，主要有铸造、锻造、焊接、热处理和切削加工等性能。

项目解析：

在实际机械加工中，不同金属材料的机械零部件表现出不同的力学性能和物理、化学性能，金属材料要易于加工成形状各异的零部件又必须具备良好的工艺性能。本项目将从金属的力学性能、物理和化学性能、工艺性能 3 方面讲解金属的性能。

任务1 金属的力学性能

任务引导:

在机械制造业中,大多数机械零件或构件都是用金属材料制成的,并在不同的载荷与环境条件下服役。金属材料的力学性能是指金属在不同环境因素下,承受外加载荷作用时所表现的行为(通常表现为金属的变形和断裂),即金属抵抗外加载荷引起的变形和断裂的能力。从零件的服役条件和失效分析出发,找出各种失效抗力指标,就是零件应具备的力学性能指标。

当外加载荷的性质、环境的温度与介质等外在因素不同时,对金属材料要求的力学性能也将不同。常用的力学性能有:强度、塑性、硬度、冲击韧性和疲劳强度等。

相关知识:

1.1.1 强度与塑性

材料在外力的作用下将发生形状和尺寸的变化,称为变形。外力去除后能够恢复的变形称为弹性变形。外力去除后不能恢复的变形称为塑性变形。

1. 强 度

金属在静载荷作用下,抵抗塑性变形或断裂的能力称为强度。强度的大小通常用应力来表示。

根据载荷作用方式不同,强度可分为抗拉强度、抗压强度、抗弯强度、抗剪强度和抗扭强度5种。一般情况下多以抗拉强度作为判别金属强度高低的指标。抗拉强度是通过常温静载条件下的拉伸试验测定的。

1) 拉伸试验

拉伸试样的形状一般有圆形和矩形两类。在国家标准(GB/T 228—1987)中,对试样的形状、尺寸及加工要求均有明确的规定。目前采用的是新标准(GB/T 228—2010),由于旧标准仍然沿用,为叙述方便本教材采用旧标准。新、旧标准名词和符号对照见表1-1。

表1-1 金属材料强度与塑韧性的新、旧标准名词和符号对照

GB/T 228—2010 新标准		GB/T 228—1987 旧标准	
名 词	符 号	名 词	符 号
断面收缩率	Z	断面收缩率	Ψ
断后伸长率	A(A 和 $A_{11.3}$)	断后伸长率	δ(δ_5 和 δ_{10})
屈服强度		屈服强度	σ_S
上屈服强度	R_{eH}	上屈服强度	σ_{SU}
下屈服强度	R_{eL}	下屈服强度	σ_{SL}
规定残余延伸强度	R_r,如 $R_{r0.2}$	规定残余延伸强度	σ_r,如 $\sigma_{r0.2}$

续表 1-1

GB/T 228—2010 新标准		GB/T 228—1987 旧标准	
名　词	符　号	名　词	符　号
规定非比例延伸强度	R_P，如 $R_{P0.2}$	规定非比例延伸强度	σ_P，如 $\sigma_{P0.2}$
抗拉强度	R_m	抗拉强度	σ_b
弹性极限	R_e	弹性极限	σ_e
冲击吸收功	K(KV，KU)	冲击吸收功	A_K(A_{KV}，A_{KU})

图 1-2 所示为圆形试样，图中 d_0 是试样的直径，L_0 为标距的长度。标准拉伸试样的比例系数 $K=5.65(L_0\sqrt{S_0})$时，即 $L_0=5d_0$；当此比例系数获得的原始标距长度 $L_0<15$ mm 时，应优先选用 $K=11.3$ 的比例试样($L_0=10\ d_0$)。

2）力-伸长曲线

拉伸试验中得出的拉伸力与伸长量的关系曲线叫作力-伸长曲线，也称为拉伸曲线。图 1-3 所示为低碳钢的拉伸曲线图，图中纵坐标表示力 F，单位为 N；横坐标表示伸长量 ΔL，单位为 mm。图中明显地表现出下面几个变形阶段。

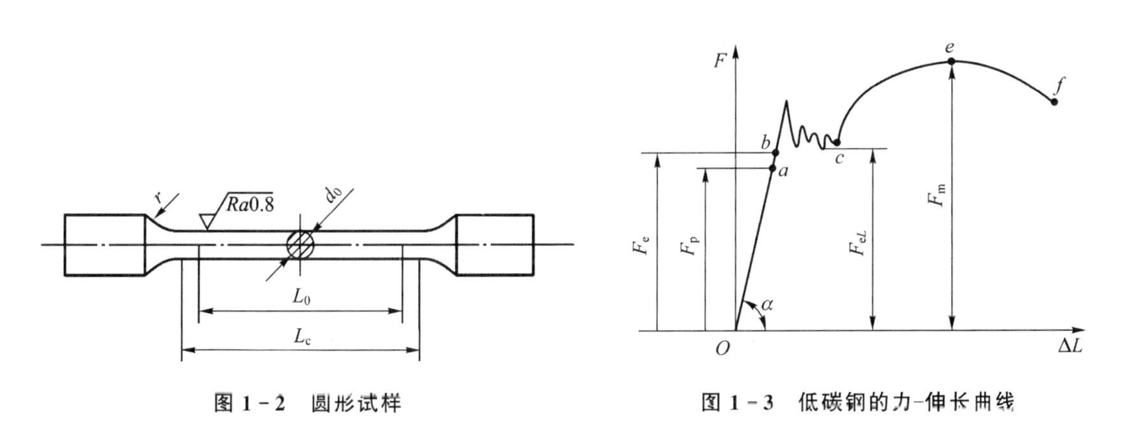

图 1-2　圆形试样　　图 1-3　低碳钢的力-伸长曲线

① Oa——弹性变形阶段　试样变形完全是弹性的，此时若卸载，试样即恢复原样。这种随载荷的存在而产生、随载荷的去除而消失的变形即为弹性变形，F_e 为试样能恢复到原始形状和尺寸的最大拉伸力。

② bc——屈服阶段　当载荷超过 F_e 再卸载时，试样的伸长只能部分地恢复，而保留一部分残余变形。这种不能随载荷的去除而消失的变形称为塑性变形。当载荷增加到 F_{eL} 时，图上出现平台或锯齿状，这种在载荷不增加或略有减小的情况下，试样还继续伸长的现象叫作屈服。F_{eL} 称为屈服载荷。屈服后，材料开始出现明显的塑性变形。

③ ce——强化阶段　在屈服阶段以后，欲使试样继续伸长，必须不断加载。随着塑性变形增大，试样变形抗力也逐渐增加，这种现象称为形变强化(或称加工硬化)，此阶段试样的变形是均匀的。F_m 为试样拉伸时的最大载荷。

④ ef——缩颈阶段(局部塑性变形阶段)　当载荷达到最大值 F_m 时，试样的直径发生局部收缩，称为缩颈。由于试样缩颈处横截面积的减小，试样变形所需的载荷也随之降低，这时

伸长主要集中于缩颈部位，直至断裂。

为了消除试样尺寸对实验结果的影响，将力-伸长曲线处理为应力-应变曲线(如图1-4所示)。

工程上使用的金属材料，多数没有明显的屈服现象。有些脆性材料，不仅没有屈服现象，而且也不产生缩颈，如铸铁等。图1-5所示为铸铁的应力-应变曲线。

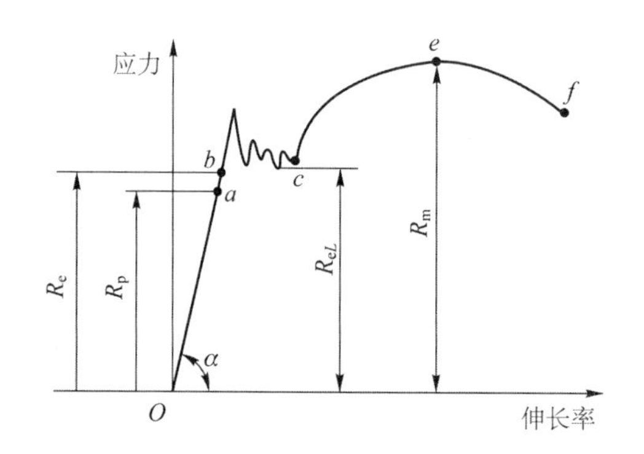

图1-4 低碳钢的应力-应变曲线

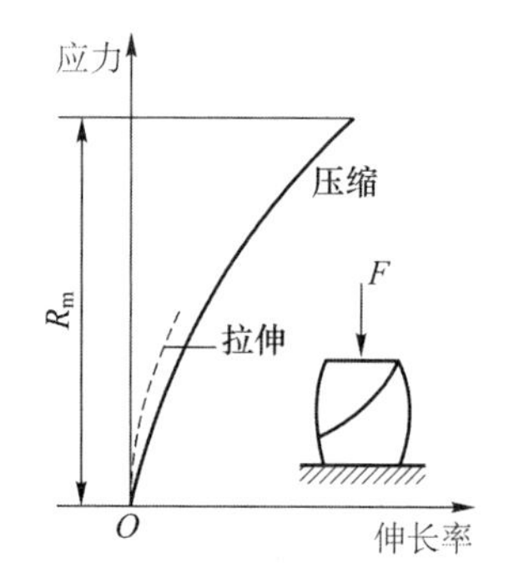

图1-5 铸铁的应力-应变曲线

3) 强度判据

① 弹性极限 材料产生完全弹性变形时所能承受的最大应力，用符号 R_e 表示，单位为 MPa。计算公式如下：

$$R_e = \frac{F_e}{S_0}$$

式中 F_e——试样产生完全弹性变形时的最大拉伸力，N；

S_0——试样原始横截面积，mm^2。

② 屈服点 在拉伸试验过程中，载荷不增加，试样仍继续伸长时的应力称为屈服点，用符号 σ_{eL} 表示，单位 MPa。计算公式如下：

$$\sigma_{eL} = \frac{F_{eL}}{S_0}$$

式中 F_{eL}——试样屈服时的载荷；

S_0——试样原始横截面积，mm^2。

有些材料没有明显的屈服现象，无法测定 R_{eL}，故规定，以去掉拉伸力后，材料标距部分的残余伸长量达到规定原始标距长度的0.2%时对应的应力，为该材料的屈服强度，用符号 $R_{P0.2}$ 表示。R_{eL} 和 $R_{P0.2}$ 是表示材料抵抗微量塑性变形的能力。零件工作时一般不允许产生塑性变形。因此，R_{eL} 和 $R_{P0.2}$ 是设计和选材时的主要参数。

③ 抗拉强度 材料在拉断前所能承受的最大应力，用符号 R_m 表示，单位为 MPa。

$$R_m = \frac{F_m}{S_0}$$

式中 F_m——试样拉断前承受的最大载荷，N；

S_0——试样原始横截面积，mm^2。

2. 塑　性

塑性是金属材料在断裂前产生塑性变形的能力。常用指标有断后伸长率和断面收缩率。

1）断后伸长率

断后伸长率是指材料被拉断后，标距的伸长量与原始标距的百分比，用符号 A 表示：

$$A=\frac{L_u-L_0}{L_0}$$

式中　L_0——试样原始标距长度，mm；

L_u——试样被拉断后的标距长度，mm。

必须说明，同一材料的试样长短不同，测得的伸长率是不同的。若用比例系数 $K=11.3$ 的比例试样测试时，用 $A11.3$ 表示。

2）断面收缩率

断面收缩率是指材料被拉断后，缩颈处横截面积的最大缩减量与原始横截面积的百分比，用符号 Z 表示：

$$Z=\frac{S_0-S_u}{S_0}$$

式中　S_u——试样被拉断处的横截面积，mm^2。

1.1.2　硬　度

材料抵抗局部塑性变形、压痕或划痕的能力称为硬度。

硬度是各种零件和工具必须具备的性能指标。机械制造业所用的刀具、量具、模具等，都应具备足够的硬度，才能保证使用性能和寿命。有些机械零件如齿轮等，也要求有一定的硬度，以保证足够的耐磨性和使用寿命。

硬度值可以间接地反映金属的强度及金属在化学成分、金相组织和热处理工艺上的差异，而与拉伸试验相比，硬度试验简单易行，因而硬度试验应用十分广泛。硬度是金属材料重要的力学性能之一。

硬度试验方法较多，常用的试验方法有以下几种。

1. 布氏硬度

1）试验原理

使用一定直径的球体（淬火钢球或硬质合金钢球），以规定的试验力压入试验表面，经规定的保持时间后卸除试验力，然后用测量表面压痕直径来计算硬度，如图 1－6 所示。

布氏硬度值是用球面压痕单位表面积上所承受的平均压力来表示的。布氏硬度值按下式计算：

$$\mathrm{HBS(HBW)}=\frac{F}{S}=0.102\frac{2F}{\pi D(D-\sqrt{D^2-d^2})}$$

式中　F——试验力，N；

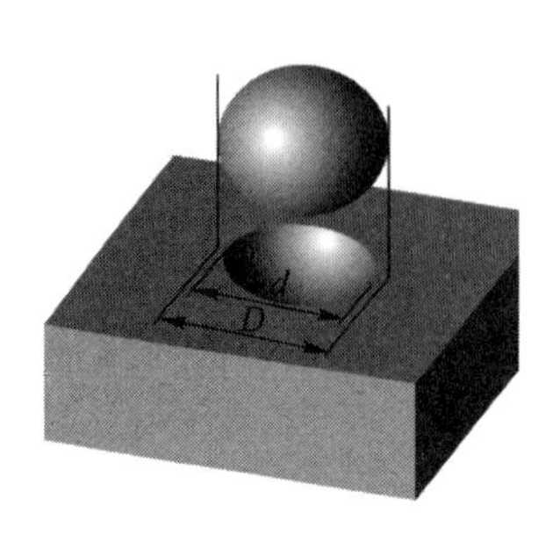

(a) 模型图

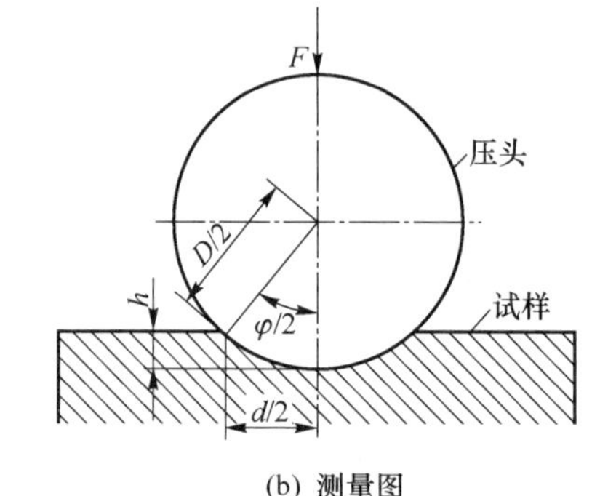

(b) 测量图

图1-6 布氏硬度试验原理图

S——球面压痕表面积,mm^2;

D——球体直径,mm;

d——压痕平均直径,mm。

通常布氏硬度值不标出单位。在实际应用中,布氏硬度一般不用计算,而是用专用的刻度放大镜量出压痕直径 d,根据压痕直径的大小,再从专门的硬度表中查出相应的布氏硬度值。d 值越大,硬度值越小;d 值越小,硬度值越大。

2) 布氏硬度的表示方法

符号 HBS(或 HBW)之前的数字为硬度值,符号后面按以下顺序用数字表示试验条件:

① 球体直径;

② 试验力;

③ 试验力保持时间(10~15 s 不标注)。

例如:120HBW10/1 000/30 表示用直径 10 mm 的硬质合金球作为压头,在 9.807 kN(1 000 kgf)试验力作用下,保持 30 s 所测得的布氏硬度值为 120HBW。

做布氏硬度试验时,压头球体的直径 D、试验力 F 及试验力保持的时间 t,应根据被测金属材料的种类、硬度值的范围及金属的厚度进行选择。

常用的压头球体直径 D 有 1 mm、2 mm、2.5 mm、5 mm 和 10 mm 五种,试验力 F 在 9.807~29.42 kN 范围内,二者之间的关系如表 1-2 所列。试验力保持时间,一般黑色金属为 10~15 s,有色金属为 30 s,布氏硬度值小于 35 时为 60 s。

表1-2 根据材料和布氏硬度范围选择试验条件

材 料	布氏硬度	F/D^2
钢及铸铁	<140 ≥140	10 30
铜及其合金	<35 35~130 >130	5 10 30
轻金属及其合金	<35 35~80 >80	2.5(1.25) 10(5 或 15) 10(15)
铅、锡		1.25(1)

注:① 当试验条件允许时,应尽量选用直径为 10 mm 的球;

② 当有关标准中没有明确规定时,应使用无括号的 F/D^2。

3）应用范围及优缺点

布氏硬度主要适用于测定灰铸铁、有色金属、各种软钢等硬度不是很高的材料。

测量布氏硬度的试验力大，球体直径也大，因而压痕直径也大，能较准确地反映出金属材料的平均性能。另外，由于布氏硬度与其他力学性能（如抗拉强度）之间存在着一定的近似关系，在工程上得到广泛的应用。

其缺点是操作时间较长，对不同材料需要不同压头和试验力，压痕测量较费时。在进行高硬度材料试验时，由于球体本身的变形会使测量结果不准确。因此，用淬火钢球测量时，材料硬度必须小于450HBW；用硬质合金球压头时，材料硬度必须小于650HBW。又因其压痕较大，不宜用于测量成品及薄壁件。

2. 洛氏硬度

1）洛氏硬度原理

试验采用金刚石圆锥体或淬火钢球压头，压入金属表面后，经规定保持时间后卸除主试验力，以测量的压痕深度来计算洛氏硬度值。

图1-7所示为金刚石压头进行洛氏硬度试验的示意图。测量时先加初试验力 F_0，压入深度为 h_3，目的是消除因零件表面不光滑而造成的误差。然后加初试验力 F_1，在总试验力（F_1+F_0）的作用下，压头压入深度为 h_3。卸除主试验力，由于金属弹性变形的恢复，使压头回升到 h_2 位置，则由主试验力所引起的塑性变形的压痕深度 $e=h_2-h_3$。显然，e 值越大，被测金属的硬度越低，为了符合数值越大，硬度越高的习惯，将一个常数 C 减去 e 值来表示硬度的大小，并用0.002 mm压痕深度作为一个硬度单位，由此获得洛氏硬度值，用符号HR表示。即洛氏硬度值按下列公式计算：

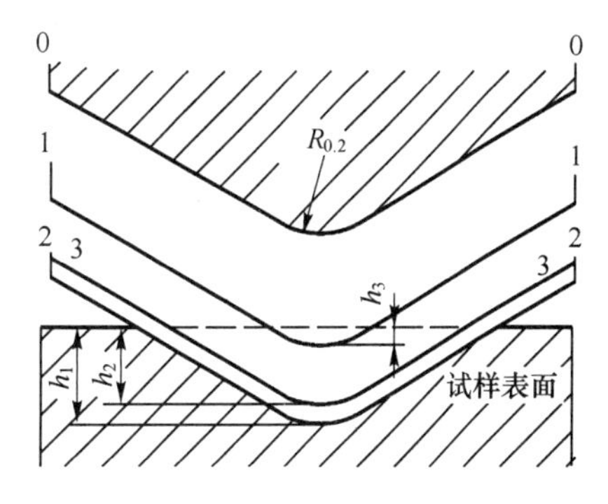

图1-7　洛氏硬度测试试验图

$$HR=\frac{C-e}{0.002}$$

洛氏硬度没有单位，试验时硬度值直接从硬度计的表盘上读出。

2）常用洛氏硬度标尺及其适用范围

为了用一台硬度计测定从软到硬不同金属材料的硬度，可采用不同的压头和总试验力组成几种不同的洛氏硬度标尺，每一种标尺用一个字母在洛氏硬度符号HR后面加以注明。常用的洛氏硬度标尺有A、B、C 3种，其中C标尺应用最广。3种常用种洛氏硬度标尺的试验条件和适用范围如表1-3所列。

表1-3　常用洛氏硬度标尺的试验条件和适用范围

硬度符号	压头类型	总试验力 $F_{总}$/N(kgf)	硬度值有效范围	应用举例
HRA	120°金刚石圆锥	588.4(60)	70～88	硬质合金，表面淬火，渗碳钢等
HRB	ϕ1.588 mm钢球	980.7(100)	20～100	有色金属，退火，正火钢等
HRC	120°金刚石圆锥	1 471.1(150)	20～70	淬火钢、调质钢、钛合金等

洛氏硬度表示方法如下:符号 HR 前面的数字表示硬度值,HR 后面的字母表示不同洛氏硬度的标尺。例:62HRC、85HRA 等。

3) 优缺点

优点是:操作简单迅速,能直接从刻度盘上读出硬度值;压痕较小,可以测定成品及较薄工件;测定的硬度值范围大,可测定从很软到很硬的金属材料。

缺点是:压痕较小,当材料的内部组织不均匀时,硬度数据波动较大,测量值的代表性差,通常需要在不同部位测试数次,取其平均值来代表金属材料的硬度。

3. 维氏硬度

维氏硬度试验原理与布氏硬度试验原理相似,区别在于维氏硬度的压头是两相对面夹角为 136°的正四棱锥金刚石。试验时,在规定试验力 F 作用下,压头压入试件表面,保持一定时间后,卸除试验力,用测量压痕两对角线长度来计算硬度,如图 1-8 所示。单位压痕表面积所承受试验力的大小即为维氏硬度值,用符号 HV 表示,单位为 kgf/mm^2。

$$HV = 0.189\,1\frac{F}{d^2}$$

式中 F——试验力,N;

d——压痕两对角线长度算术平均值,mm。

维氏硬度试验所用的试验力可根据试件的大小、厚薄等条件进行选择,常用试验力在 49.03~980.7 N 范围内变动,而小负荷维氏硬度试验力范围为 1.96~49.03 N,显微维氏硬度试验力范围为 9.807×10^{-2}~1.96 N。

维氏硬度表示方法与布氏硬度相同,例如 640HV30/20,表示在 30 kgf(294.2 N)试验力作用下,保持 20 s 测得的维氏硬度值为 640HV。

维氏硬度试验法所用试验力小,压痕深度浅,轮廓清晰,数值准确可靠,广泛用于测量金属镀层、薄片材料和化学热处理后的表面硬度。因维氏硬度值具有连续性(10~1 000HV),故可测定从很软到很硬的各种金属材料的硬度。缺点是测量压痕对角线的长度较繁琐,压痕小,对试件表面质量要求较高。

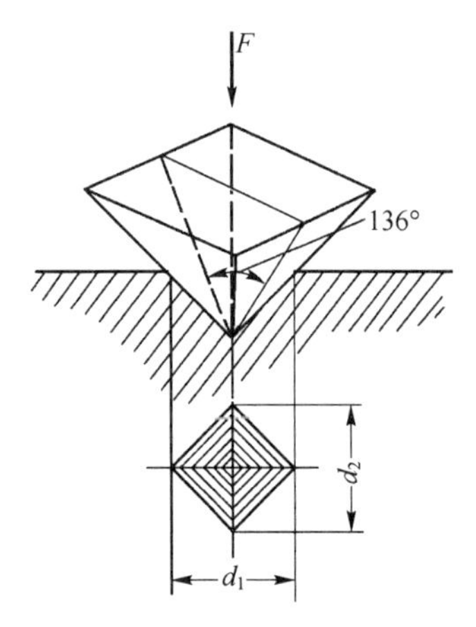

图 1-8 维氏硬度试验原理示意图

1.1.3 冲击韧性

许多机械零件在工作中,往往要受到冲击载荷的作用,如活塞销、锤杆、冲模和锻模等。制造这类零件所用的材料,其性能指标不能单纯用静载荷作用下的指标来衡量,而必须考虑材料抵抗冲击载荷的能力。金属材料抵抗冲击载荷作用而不破坏的能力称为冲击韧性。目前常用一次摆锤冲击弯曲试验来测定金属材料的冲击韧性。

1. 冲击试样

为了使冲击试样可以互相比较,必须采用标准试样。根据国家标准规定,常用的试样长度有 10 mm×10 mm×55 mm 的 U 形缺口和 V 形缺口试样，其尺寸如图 1-9 所示。

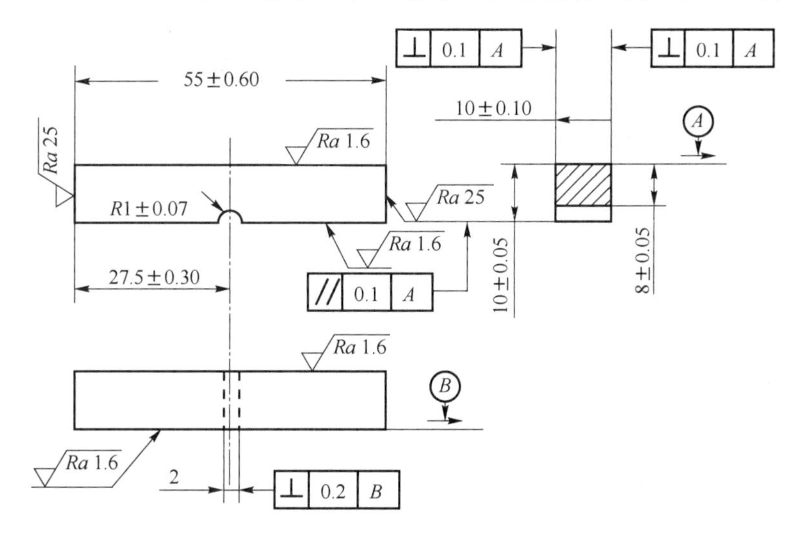

图 1-9　夏比 U 形缺口试样

2. 冲击试验的原理和方法

冲击试验是利用能量守恒原理：试样被冲断过程中吸收的能量等于摆锤冲击试样前后的势能差。

冲击试验：将待测的金属材料加工成标准试样（如图 1-10(a)所示），然后将试验缺口背对着摆锤的冲击方向放在试验机的支座上。再将摆锤举到一定的高度 h_1，使其获得一定的势能 mgh_1，然后使摆锤自由落下，将试样冲断。摆锤的剩余势能为 mgh_2，如图 1-10(b)所示。试样被冲断时所吸收的能量是摆锤冲击试样所做的功，称为冲击吸收功，用符号 K 表示（U 形缺口试样用 KU，V 形缺口试样用 KV），单位为 J。国家标准已规定采用 K 为韧性指标。

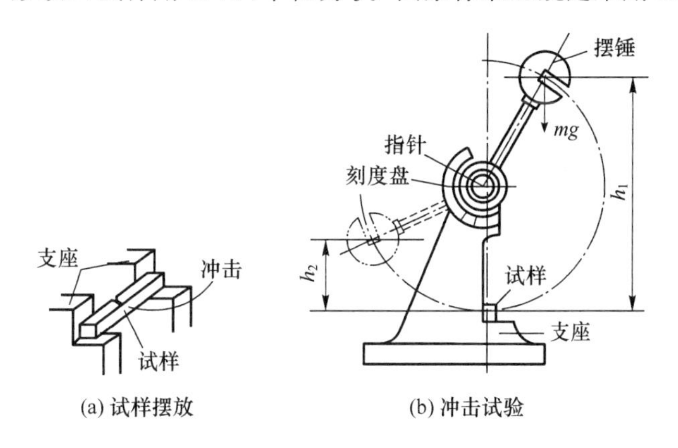

图 1-10　摆锤式冲击试验原理示意图

冲击吸收功 K 计算如下：

$$K = mgh_1 - mgh_2 = mg(h_1 - h_2)$$

式中　K ——冲击吸收功，J；

mg——摆锤的重量，N；

h_1——摆锤初始的高度,m;

h_2——冲断试样后,摆锤回升的高度,m。

冲击韧度是冲击试样缺口处单位横截面积上的冲击吸收功,用 α_K 表示。冲击韧度越大,表示材料的韧性越好。

$$\alpha_K = \frac{K}{S_0}$$

式中 α_K ——冲击韧度,J/cm²;

K ——冲击吸收功,J;

S_0 ——试样缺口处横截面积,cm²。

3. 冲击吸收功与温度的关系

冲击韧度与温度的关系如图1-11所示,K 随温度降低而减小,在不同温度的冲击试验中,冲击吸收功急剧变化或端口韧性急剧转变的温度区域,称为韧脆转变温度。韧脆转变温度越低,材料的低温抗冲击性能越好。

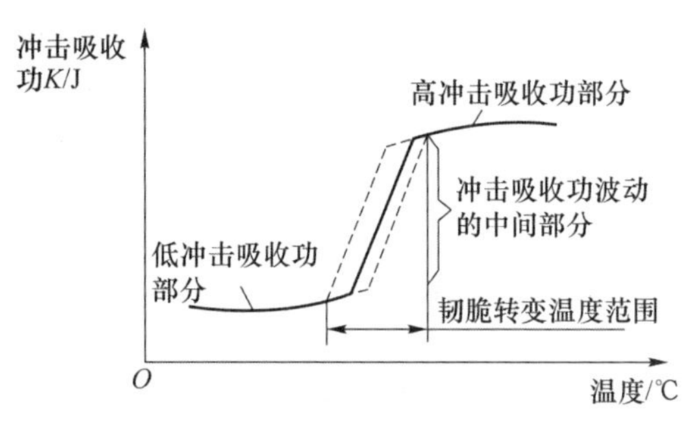

图1-11 温度对冲击韧性的影响

冲击吸收功还与试样的形状、尺寸、表面粗糙度、内部组织的缺陷等有关。因此,冲击吸收功一般作为选材的参考,而不能直接用于强度计算。国家标准现已规定用冲击吸收功作为韧性指标。

4. 小能量多次冲击试验

实践表明,承受冲击载荷的机械零件很少因一次大能量冲击而遭破坏,绝大多数是在一次冲击不足以使零件破坏的小能量多次冲击作用下而破坏的,如凿岩机风镐上的活塞、冲模的冲头等。它们的破坏是由于多次冲击损伤的积累,导致裂纹的产生与扩展的结果。对于这样的零件,用冲击吸收功作为设计依据显然是不符合实际的。

实践证明,一次冲击吸收功高的材料,小能量多次冲击抗力不一定高,反过来也一样。如大功率柴油机曲轴使用孕育铸铁制成,它的冲击韧度接近于零,而在长期使用中未发生断裂。因此,需采用小能量多次冲击试验来检验这类金属的抗冲击性能。

小能量多次冲击测试原理:当试样在冲头多次冲击下断裂时,经受的冲击次数 N 代表金属的抗冲击能力。

实践证明,当金属材料受大能量的冲击载荷作用时,其冲击抗力主要取决于冲击吸收功 K 的大小;而在小能量多次冲击条件下,其冲击抗力主要取决于材料的强度和塑性。

1.1.4 疲劳强度

1. 疲劳的概念

许多机械零件,如轴、齿轮、弹簧、叶片等,在工作过程中各点的应力随时间作周期性变化,这种随时间作周期性变化的应力称为循环应力(或交变应力)。在循环应力作用下,虽然零件

所承受的应力低于 R_{eL}，但经过较长时间的工作后产生裂纹或突然发生完全断裂的现象称为金属的疲劳。

疲劳破坏是机械零件失效的主要原因之一。据统计，在机械零件失效中大约80%以上属于疲劳破坏，而且疲劳破坏前没有明显的变形，所以疲劳破坏经常造成重大事故。

2. 疲劳破坏的特征

① 疲劳断裂前没有明显的塑性变形，即没有预兆而突然断裂。

② 引起疲劳断裂的应力很低，往往低于 R_{eL}。

③ 疲劳破坏的宏观断口由两部分组成，即疲劳裂纹的策源地及扩展区（光滑部分）和最后断裂区（粗糙部分），如图1－12所示。

机械零件产生疲劳破坏的原因，是由于材料内部或表面存在缺陷（夹杂、划痕、显微裂纹等），这些地方的局部应力大于 R_{eL}，从而产生局部塑性变形而导致开裂。随着应力循环次数的增加裂纹逐渐扩展，直至承载的截面积小到不能承受所加载荷而突然断裂。

3. 疲劳曲线和疲劳极限

疲劳曲线是指循环应力与循环次数的关系曲线，如图1－13所示。

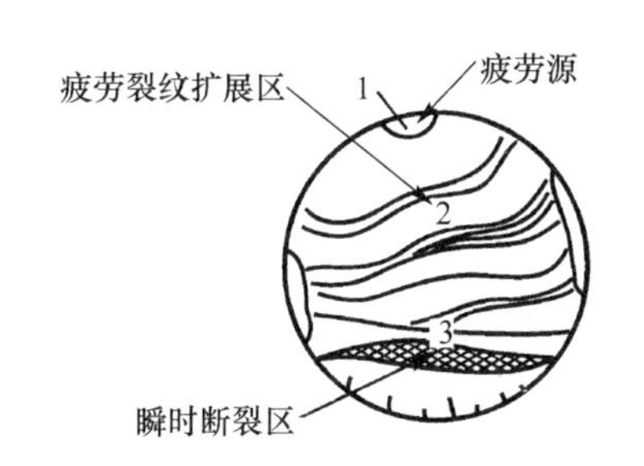

图1－12　疲劳断裂宏观断口示意图

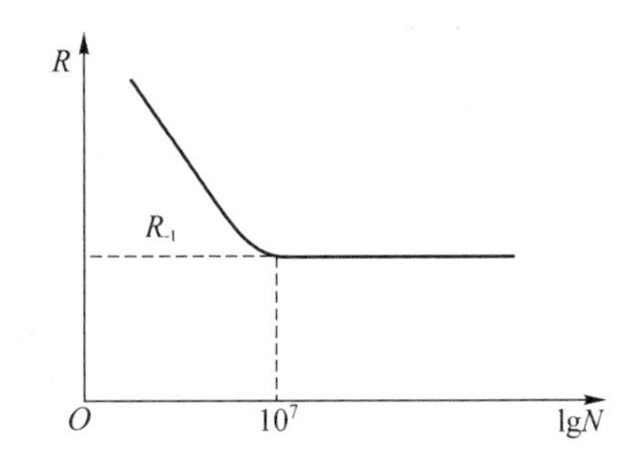

图1－13　钢铁材料的疲劳曲线

从图上可见，金属承受的循环应力越小，则断裂前应力循环次数 N 越多，反之，则 N 越少。当应力达到 R_{-1} 时，曲线与横坐标平行，表示应力低于此值时，试样可经受无数次循环而不被破坏，此应力值称为疲劳极限。

疲劳极限是金属材料在无限次循环应力作用下而不破坏的最大应力。实际上，金属材料不可能作无限次循环载荷试验，对于黑色金属，一般规定应力循环 10^7 次而不断裂的最大应力为疲劳极限，有色金属、不锈钢等取 10^8 次。

减小表面粗糙度值和进行表面淬火、喷丸处理、表面滚压等方法均可提高材料的疲劳强度。金属疲劳强度与抗拉强度之间存在近似的比例关系：碳素钢 $R_1 \approx (0.4 \sim 0.55) R_m$，灰铸铁 $R_{-1} \approx 0.4 R_m$，有色金属 $R_{-1} \approx (0.3 \sim 0.4) R_m$。

任务拓展：

常用力学性能指标在选材中的意义如下。

1) 刚　度

当零件的尺寸和外加载荷一定时，材料的 E（弹性模量）越高，零件的弹性变形量越小，则刚度越好。若在给定的弹性变形量下,要求零件的质量最轻,则必须按照比刚度进行选材。

2)弹　性

材料的 R_e 越高,E 越低,则零件的弹性越好。工程结构中的弹簧都选用 E 较大,R_e 和 R_{eL} 较高的材料。

3)硬　度

硬度高,耐磨性好。一般情况下,在一定的处理工艺下,只要硬度达到了规定的要求,其他性能也基本能达到要求。同样的硬度可以通过不同的处理工艺得到。

4)R_{eL}

承受交变接触应力的零件,除了保证表面硬度外,要适当提高零件心部屈服强度;低应力脆断的零件,其承载能力取决于材料的韧性,应适当地降低材料的屈服强度;承受弯曲和扭转的轴类零件,只要求一定的脆硬层深度,对于零件心部的屈服强度无须作过高要求。

5)R_m

R_m 作为两种不同的材料或同一材料在两种不同热处理状态下性能比较的标准。

6)塑　性

A、Z 是材料产生塑性变形使应力重新分布而减少应力集中的能力的度量。只能表示在单向拉伸应力状态下的塑性,不能反映应力集中、工作温度、零件尺寸等对断裂强度的影响,因此不能可靠地避免零件脆断。

7)K 或 α_k

K 或 α_k 表征在有缺口时材料塑性变形的能力,反映了应力集中和复杂应力状态下材料的塑性,而且对温度很敏感,正好弥补了 A、Z 的不足。

任务2　金属的物理和化学性能

任务引导:

滑动轴承是许多机器设备中对旋转轴起支撑作用的重要部件,由轴承体和轴瓦两部分组成。当轴高速旋转时,轴瓦与轴颈发生强烈摩擦,承受轴颈施加的交变载荷和冲击力。如果仅满足力学性能:足够的强韧性,以承受轴颈施加的交变冲击载荷;较小的摩擦系数,良好的耐磨性和磨合性,以减少轴颈磨损,保证轴与轴瓦良好的跑合。而没有较小的热膨胀系数,良好的导热性和耐蚀性等良好的物理和化学性能,那么轴与轴瓦之间可能发生咬合,而使轴不能正常工作。

在机械工程实际应用中,金属材料有时不仅要求具备一定的力学性能,还对有些物理和化学性能提出了相应要求。

相关知识:

1.2.1　金属的物理性能

金属的物理性能是指金属的固有属性,如密度、熔点、导热性、导电性、热膨胀性、磁性和色泽等。常用金属材料的物理性能如表 1-4 所列。

表 1-4 常用金属材料的物理性能

金 属	元素符号	密度 $/(kg \cdot m^{-3} \cdot 10^3)$	熔点/℃	热导率 $/W \cdot (m \cdot K)^{-1}$	线膨胀系数 $/K^{-1} \cdot 10^{-6}$	电阻率 $/(\Omega \cdot m) \cdot 10^{-6}$	磁导率 $/(H \cdot m^{-1})$
银	Ag	10.49	960.8	418.6	19.7	1.5	抗磁
铝	Al	2.689 4	660.1	221.9	23.6	2.655	21
铜	Cu	8.96	1 083	393.5	17.0	1.67～1.68	抗磁
铬	Cr	7.19	1 903	67	6.2	12.9	顺磁
铁	Fe	7.84	1 538	75.4	11.76	9.7	铁磁
镁	Mg	1.74	650	153.4	24.3	4.47	12
锰	Mn	7.43	1 244	4.98(−192 ℃)	37	185	顺磁
镍	Ni	8.90	1 453	92.1	13.4	6.48	铁磁
钛	Ti	4.508	1 677	15.1	8.2	42.1～47.8	182
锡	Sn	7.298	231.91	62.8	2.3	11.5	2
钨	W	19.3	3 380	166.2	4.6(20 ℃)	5.1	
铅	Pb	11.34	327	—	29	7	抗磁

1. 密 度

密度是指单位体积物质的质量，用符号 ρ 表示，单位为 kg/m^3。密度小于 5×10^3 kg/m^3 的金属称为轻金属，如铝(Al)、镁(Mg)、钛(Ti)等及其合金。密度大于 5×10^3 kg/m^3 的金属称为重金属，如铁(Fe)、铅(Pb)、钨(W)等。

σ_b 与密度 ρ 之比称为比强度；E 与 ρ 之比称为比模量。这两者也是考虑某些零件材料性能的重要指标。例如，密度大的零件将增加零件的质量，降低零件单位质量的强度。一般来说，航空航天领域要求比强度和比模量。

2. 熔 点

熔点是材料由固态向液态转变的温度。金属都有固定的熔点，陶瓷的熔点一般都显著高于纯金属及合金的熔点，而高分子材料一般不是完全晶体，没有固定的熔点。

合金的熔点取决于它的成分。以铁碳合金为例，当含碳量为 6.69% 时，其熔点为 1 227 ℃，当含碳量为 0 时，其熔点为 1 538 ℃。熔点对于金属和合金的冶炼、铸造、焊接是重要的工艺参数。

熔点高的金属称为难熔金属(如钨、钼、钒等)，可用来制造耐高温材料，如在火箭、导弹、燃气轮机和喷气机等方面得到广泛应用。熔点低的金属称为易熔金属(如锡、铅等)，用来制造印刷铅字(铅与锑的合金)，保险丝(铅、锡、铋、镉的合金)和防火安全阀等零件。

3. 导热性

导热性是指材料传导热量的能力，常用热导率(也称导热系数)λ 来表示。材料的 λ 越大，导热性越好。纯金属的导热性以银最好，铜、铝次之。一般金属越纯，其导热能力越强，所以合金的导热性比纯金属差，金属和合金的导热能力远强于非金属材料。

在制定焊接、铸造、锻造和热处理工艺时,必须考虑材料的导热性,防止金属材料在加热或冷却过程中形成过大的应力,以免金属材料变形或破坏。

导热性好的金属材料散热性也好,因此,在制造散热器、热交换器与活塞等零件时,要选用导热性好的金属材料。导热性差的金属材料如高合金钢,在锻造或热处理时,加热和冷却速度过快会引起零件表面和内部大的温差,形成过大的热应力,引起材料发生变形或开裂。

4. 导电性

材料传导电流的能力称为导电性。常用电阻率ρ和电导率δ表示,ρ和δ互为倒数。金属一般具有良好的导电性。导电性和导热性一样,随合金成分的复杂化而降低,因而纯金属的导电性优于合金。高分子材料都是绝缘体,但有些高分子复合材料也具有良好的导电性。陶瓷虽然也是良好的绝缘体,但某些特殊成分的陶瓷却是有一定导电性的半导体。

导电性好的材料如纯铜、纯铝,适于用作导电材料。导电性差的金属如康铜和铁铬铝合金适于用作电热元件。

5. 热膨胀性

材料的热膨胀性是指材料随着温度的变化产生膨胀、收缩的特性。在实际生产中考虑热膨胀性的地方颇多。例如,铺设钢轨时,在两根钢轨衔接处应留有一定的空隙,以便钢轨在长度方向有膨胀的余地;轴和轴瓦之间要根据膨胀系数来控制其间隙尺寸;在制定焊接、热处理、铸造等工艺时必须考虑材料的热膨胀影响,以减小工件的变形和开裂;测量工件的尺寸时也要注意膨胀的因素,以减小测量误差。

材料的热膨胀性通常用线膨胀系数α_L表征。陶瓷的热膨胀系数最低,金属次之,高分子材料最高。对精密仪器或机械零件,热膨胀系数是一个非常重要的性能指标。

6. 磁　性

材料能被磁场吸引或被磁化的性能称为磁性。具备显著磁性的材料称为磁性材料,目前生产中应用较多的磁性材料有金属和陶瓷两类。

金属材料又可分为铁磁材料、顺磁材料和抗磁材料。铁、钴、镍等金属及合金为铁磁性材料,它们在外磁场中能被强烈地磁化,主要用于制造变压器、继电器的铁芯、电动机的转子和定子等零部件;锰、铬等材料在外磁场中呈现十分微弱的磁性,称为顺磁材料;铜、锌等材料能抗拒或削弱外磁场的磁化作用,称为抗磁材料。抗磁材料多应用于仪表壳等要求不易磁化或能避免电磁干扰的零件。

磁性只存在于一定的温度内,当高于一定温度范围时,磁性会消失(如铁在770 ℃以上就会失去磁性),这一温度称为居里点。

1.2.2 金属的化学性能

金属的化学性能是指金属在室温或高温时抵抗各种介质化学侵蚀的能力。通常将金属因化学侵蚀而损坏的现象称为腐蚀。金属的腐蚀既易造成一些隐蔽性和突发性的严重事故，也损失了大量的金属材料。据有关资料显示，全世界每年由于腐蚀而报废的材料相当于全年金属产量的1/4～1/3。因此须考虑金属的化学性能。

1. 耐腐蚀性

耐腐蚀性在制药、化肥、制酸、制碱等化工部门更应引起重视。

2. 抗氧化性

氧化是最常见的化学腐蚀现象，温度越高，加热时间越长，氧化越严重。如钢材在铸造、锻造、焊接、热处理等热加工作业时，氧化就比较严重，这不仅造成材料的浪费，也可形成各种缺陷。为此，常在工件的周围造成一种保护气氛，避免金属材料的进一步氧化。

3. 化学稳定性

化学稳定性是热稳定性和抗氧化性的总称。金属材料在高温下的化学稳定性称为热稳定性。在高温条件下工作的设备(如锅炉、加热设备、汽轮机、喷气发动机等)上的部件需要选择热稳定性好的材料来制造。

任务拓展：

在实际生产中单纯由化学腐蚀引起的金属损耗较少，更多的是电化学腐蚀。

工程上常用的防腐蚀方法如下：

(1) 改变金属的化学成分，提高金属的耐腐蚀性。如不锈钢、表面渗铬、渗铝等处理。

(2) 通过覆盖法将金属与腐蚀介质隔离。如金属表面镀层、覆层和发蓝等。

(3) 改善腐蚀环境。如干燥气体封存和密封包装等。

(4) 阴极保护法，即将被保护的金属作为原电池的阴极，牺牲阳极金属，使阴极金属不遭受腐蚀的方法。或用外加电流法保护阴极金属。

任务3　金属的工艺性能

任务引导：

汽车发动机曲轴可用45、40Cr钢制造。经过模锻、调质、切削加工后，在轴颈部位进行表面淬火。铸造曲轴主要由铸钢、球墨铸铁、珠光体可锻铸铁以及合金铸铁等制造，工艺路线：铸造→高温正火→高温回火→切削加工→轴颈气体渗氮。

选择不同的材料其加工工艺不同，因为不同的材料对不同加工方法的适应性有差异。例铸铁就不能锻造，而低碳钢、有色金属及合金等锻造性能优越。工艺性能是指金属材料对不同加工工艺方法的适应能力，包括铸造性能、锻造性能、焊接性能和切削加工性能等。工艺性能直接影响到零件的制造工艺和质量，是选材和制定零件工艺路线时必须考虑的因素之一。

相关知识:

1.3.1 铸造性能

金属及合金在铸造工艺中获得优良铸件的能力称为铸造性能。衡量铸造性能的主要指标有流动性、收缩性和偏析倾向等。

1. 流动性

熔融金属的流动性能称为流动性,它主要受金属化学成分和浇注温度等的影响。流动性好的金属容易充满铸型,从而获得外形完整、尺寸精确、轮廓清晰的铸件。

2. 收缩性

铸件在凝固和冷却过程中,其体积和尺寸减小的现象称为收缩性。铸件收缩不仅影响尺寸精度,还会使铸件产生缩孔、疏松、内应力、变形和开裂等缺陷,故用于铸造的金属其收缩性越小越好。

3. 偏析倾向

金属凝固后,内部化学成分和组织的不均匀现象称为偏析。偏析严重时能使铸件各部分的力学性能有很大的差异,降低了铸件的质量。这对大型铸件的危害很大。

1.3.2 锻造性能

用锻压成形方法获得优良锻件的难易程度称为锻造性能。锻造性能的好坏主要与金属的塑性和变形抗力有关。塑性越好,变形抗力越小,金属的锻造性能越好。例如,黄铜和铝合金在室温状态下就有良好的锻造性能;碳钢在加热状态下锻造性能较好;铸铁不能锻压。

1.3.3 焊接性能

焊接性能是指金属材料对焊接加工的适应性,也就是在一定的焊接工艺条件下,获得优质焊接接头的难易程度。对碳钢和低合金钢,焊接性主要与金属材料的化学成分有关(其中碳的影响最大)。如低碳钢具有良好的焊接性,高碳钢、铸铁的焊接性较差。

1.3.4 切削加工性能

切削加工金属材料的难易程度称为切削加工工艺性能。切削加工工艺性能一般由工件切削后的表面粗糙度及刀具寿命等方面来衡量。影响切削加工工艺性能的因素主要有工件的化学成分、组织状态、硬度、塑性、导热性和形变强化等。一般认为金属材料具有适当硬度(170~230HBS)和足够的脆性时较易切削。所以铸铁比钢切削加工工艺性能好,一般碳钢比高合金钢切削加工性能好。改变钢的化学成分和进行适当的热处理，是改善钢切削加工性能的重要途径。

任务拓展：

热处理工艺性能将在后续章节讲述。零件设计时，设计者应根据零件的使用要求，提出热处理的技术条件并标注在图样上。技术条件包括热处理工艺名称、硬度要求、表面热处理要求等。对于某些性能要求较高的零件还需标注要求的金相组织或其他力学性能指标。

项目评定：

在机械行业，比如各机械零件以及各机械设备和工具的设计、制造工程中，力学性能是选择金属材料的主要依据。所以本项目介绍的重点是力学性能中的强度、塑性、硬度、韧性和疲劳强度的基本概念及各评定指标。难点是拉伸曲线上各变形阶段的分析。通过项目一的学习，我们可以获得以下的生产学习经验：① 金属材料的使用性能决定着它的使用范围和使用寿命；② 力学性能是选择金属材料的主要依据；③ 不同的材料对各加工工艺的适应性不同；④ 生产实际中多见小能量多次冲击的情况，其冲击抗力取决于材料的强度和塑性。但若是大能量一次冲断，其抗力则取决于材料的韧性；⑤ 生产实际中零件的失效多是疲劳破坏，其在失效前没有明显的塑性变形，具有不可预知性，所以危害很大；⑥ 要加工出价格低廉、富有市场竞争力的产品，除了要考虑使用性能外还要兼顾工艺性能。

习题与思考题

1. 什么是金属的力学性能？金属的力学性能主要有哪些内容？

2. 现有原始直径为 10 mm 的圆形长短试样各一根，经拉伸试验测得其伸长率 δ_{10}、δ_5 均为 35%，求两试样拉断后的标距长度。两试样中哪一根的塑性好？为什么？

3. 按 GB/T 228—2002 规定，15 钢的力学性能判据应不低于下列数据：$\delta_5 \geqslant 27\%$，$\psi \geqslant 55\%$。现将购进的 15 钢制成 $d_0=10$ mm 的圆形截面短试样，经拉伸试验测得 $L_k=65$ mm，$d_k-5.6$ mm，请问这批钢材是否合格？

4. 在有关工件的图样上，下述硬度的标注方法是否正确？为什么？

① 5～10HRC；

② 250～300HBS；

③ 230～260HBW；

④ 70～75HRC；

⑤ 800～850HV。

5. 下列各种硬度采用何种硬度试验方法测定其硬度？写出硬度值符号。

① 锉刀；

② 硬质合金刀片；

③ 铝合金汽缸体；

④ 耐磨工件的表面硬化层；

⑤ 机床床身铸铁毛坯。

6. 为什么铸铁等组织粗大的材料要用布氏硬度测量法？

7. 为什么一般冲击试验要强调测量时环境的温度?

8. 金属疲劳断裂是怎样产生的? 为什么疲劳断裂对金属零件有很大的潜在危险性? 如何提高零件的疲劳强度?

9. 判断下列说法是否正确:

① 金属在外力作用下产生的变形都不能恢复。

② 一般低碳钢的塑性优于高碳钢,而硬度低于高碳钢。

③ 低碳钢、变形铝合金等塑性良好的金属适合于各种塑性加工。

④ 硬度试验测量简便,属非破坏性试验,且能反映其他力学性能,因此是生产中最常用的力学性能测量法。

⑤ 一般金属材料在低温时比高温时的脆性大。

⑥ 机械零件所受的应力小于屈服点时,是不可能发生断裂的。

10. 材料的工艺性能有何意义? 常用的工艺性能有哪些?

项目二　金属的晶体结构与结晶

项目要求：

金属与合金之所以能够获得如此广泛的应用，归功于它们具有优良的使用性能和工艺性能。在使用性能中金属的力学性能占有突出的地位。我们知道：汽车使用钢铁而不是木头来制造，是因为钢铁具有较高的强度；用硬质合金来做车刀，是因为它具有很高的硬度……显而易见是“使用”对金属材料的力学性能提出了要求，是“使用”决定了对金属材料的选择。

不同的金属材料其性能是有很大差异的，其性能由它的化学成分和组织结构所决定。纯金属是晶体，其性能不仅与晶内的晶格有关，而且与晶粒的大小、形状和晶体的缺陷有关；工业上使用的结构材料大部分是合金。合金的组织比纯金属更复杂，合金的性能除与合金的成分有关以外，还与组成合金的相密切相关。

金属材料结晶时的铸态组织将影响其使用性能。研究并控制金属的结晶过程，对改善金属的组织和性能有重要的意义。

钢铁材料是应用最广泛的材料。铁碳合金的性能不仅与又硬又脆的渗碳体的数量有关，还与渗碳体的大小、形状和分布有密切的关系。

“金属材料及热处理”课程很抽象，高职学生又强于形象思维，弱于逻辑思维。要学好这门课程，需紧紧抓住材料的内部组织和性能之间的关系加以理解。“金属的晶体结构与结晶”这个项目旨在帮助学生掌握金属材料内在的组织结构，理解组织与性能的关系。

项目解析：

为了使学生易于深入理解金属材料组织和性能的关系，把该项目解析为3个任务讲解：纯金属与合金的晶体结构；金属的结晶；铁碳合金相图。

任务1　纯金属与合金的晶体结构

任务引导：

普通玻璃是非晶体，水晶是晶体，它们的内部结构和性能有何异同？图2－1所示为玻璃和水晶实物图。

金属材料是应用最广泛的工程材料，不同的金属材料表现出不同的力学性能，即使是同一种材料在不同的条件下其性能也有差异。金属材料的性能取决于材料的化学成分及其组织结构。了解金属材料的内部结构对性能的影响，对于合理选用材料，充分发挥材料的潜力有重要意义。

图2-1 玻璃和水晶实物图

相关知识:

2.1.1 纯金属的晶体结构

1. 晶体结构

1) 晶体与非晶体

固态物质按其原子(分子)的聚集状态可分为晶体和非晶体两大类。在晶体中,原子(或分子)按一定的几何规律作周期性的、重复的排列,如图2-2所示。非晶体中这些质点是无规则地堆积在一起。

纯金属是典型的晶体,常用固态金属基本上都属于晶体。大部分非金属如氯化钠、天然金刚石、水晶等属晶体,而常用的石蜡、松香、塑料、玻璃、橡胶等属非晶体。

2) 晶格与晶胞

为了便于分析晶体中原子的排列规律,通常将每一个原子抽象为一个点,再把这些点用假想的直线连接起来,构成的空间晶架,称为晶格,如图2-3(a)所示。

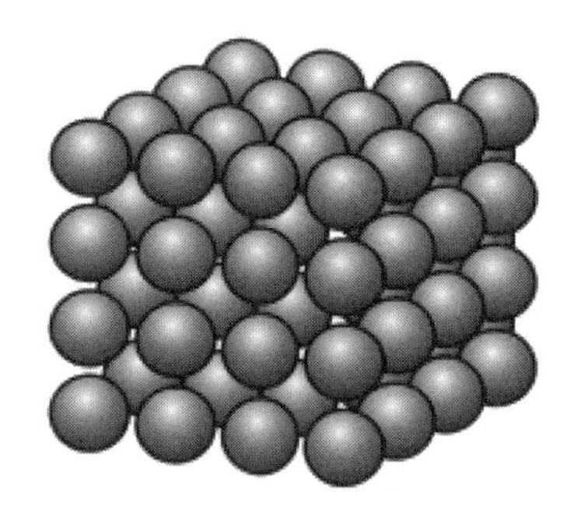

图2-2 晶体中原子的排列

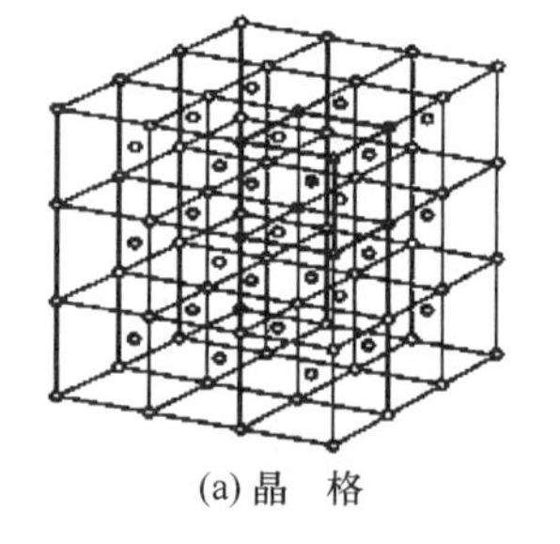

(a) 晶 格

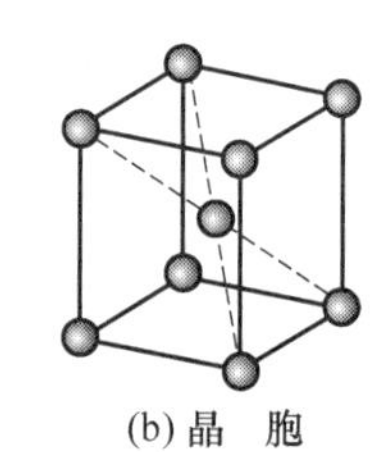

(b) 晶 胞

图2-3 晶格和晶胞示意图

组成晶格的最小几何单元称为晶胞,如图2-3(b)所示。分析晶胞即可从中找出晶体结构及原子排列规律。晶胞的大小和形状可用晶胞的3条棱边长 a、b、c(单位为Å,1 Å$=10^{-8}$ cm)和棱边夹角 α、β、γ 描述,其中 a、b、c 称为晶格常数,如图2-4所示。

3）晶面与晶向

在金属晶体中，通过一系列原子所构成的平面，称为晶面。图 2－5 所示为同一种晶格的几种不同位向的晶面示意图。通过两个以上原子的直线，表示某一原子列在空间的位向，称为晶向，如图 2－6 所示。

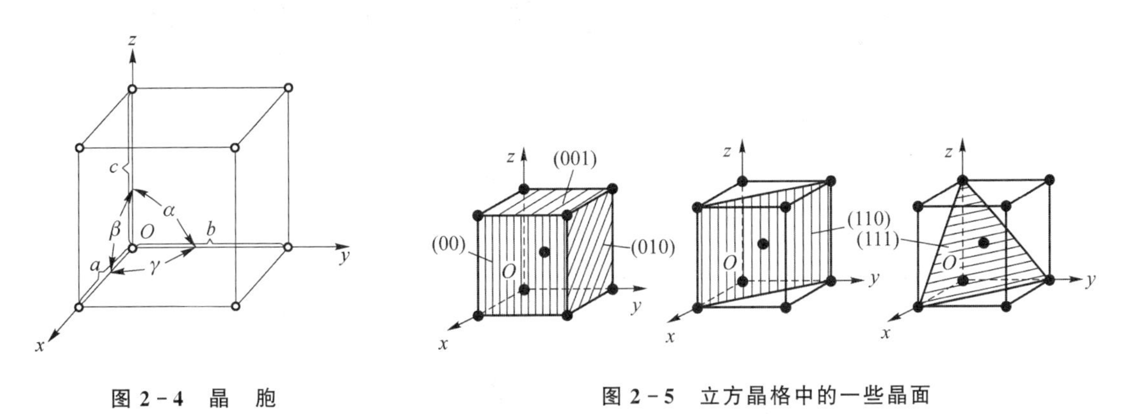

图 2－4　晶　胞

图 2－5　立方晶格中的一些晶面

2. 常见的晶格类型

1）体心立方晶格

体心立方晶格的晶胞是一个立方体，立方体的 8 个顶角各排列着一个原子，立方体的中心有一个原子，如图 2－7 所示。其晶格常数 $a=b=c$，属于这种晶格类型的金属有 α－Fe、铬、钨、钼、钒等。

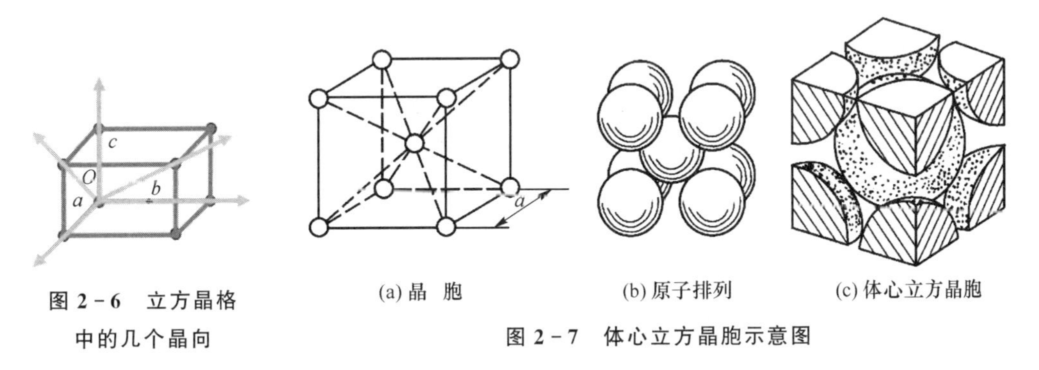

图 2－6　立方晶格中的几个晶向

(a) 晶　胞　　(b) 原子排列　　(c) 体心立方晶胞

图 2－7　体心立方晶胞示意图

2）面心立方晶格

面心立方晶格的晶胞也是一个立方体，立方体的 8 个顶角和 6 个面的中心各排列着一个原子，如图 2－8 所示。属于这种晶格类型的金属有 γ－Fe、铝、铜、镍、金、银等。

3）密排六方晶格

密排六方晶格的晶胞是一个六方柱体，柱体的 12 个顶角和上、下面的中心各排列着一个原子，在上、下面之间还有 3 个原子，如图 2－9 所示。属于这种晶格类型的金属有镁、锌、铍、α－Ti 等。

晶格类型不同，原子排列的致密度（晶胞中原子所占体积与晶胞体积的比值）也不同，体心立方晶格的致密度为 0.68，而面心立方晶格和密排六方晶格均为 0.74。材料的晶格类型和晶

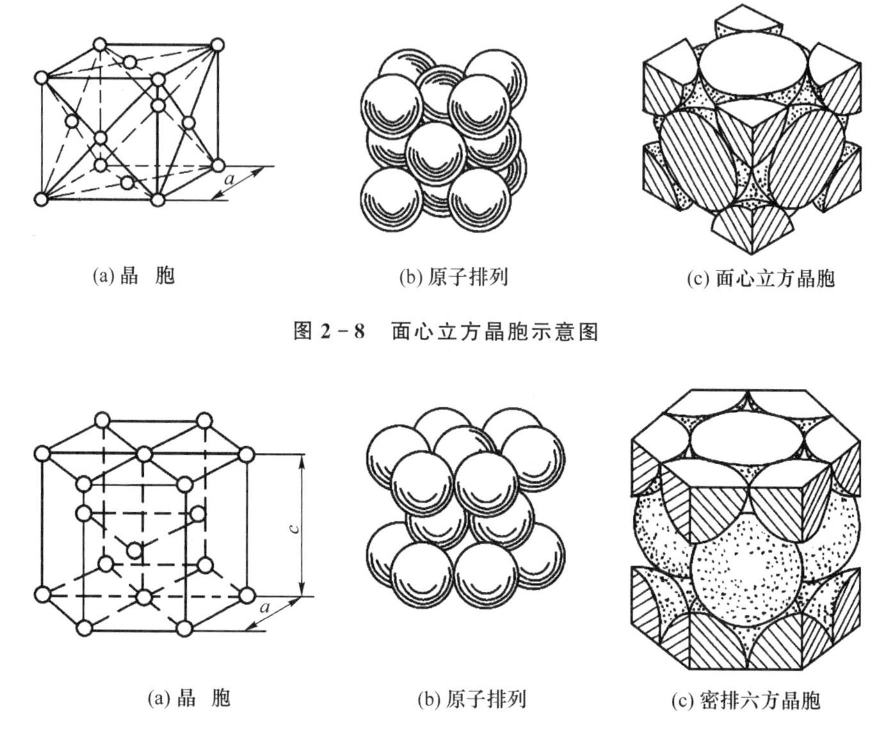

(a)晶　胞　　(b)原子排列　　(c)面心立方晶胞

图 2-8　面心立方晶胞示意图

(a)晶　胞　　(b)原子排列　　(c)密排六方晶胞

图 2-9　密排六方晶胞示意图

格常数的变化,将引起其体积、性能的变化。

3. 实际金属的晶体结构

1) 多晶体和亚组织

在理想状态下,金属的晶体结构是原子排列的位向或方式完全一致的晶格,这种晶体称为单晶体,如图 2-10(a)所示。在工业生产中,只有经过特殊制作才能获得单晶体。

实际使用的工业金属材料,即使体积很小,其内部仍包含了许多颗粒状的小晶体,每个小晶体内部的晶格位向是一致的,而各个小晶体彼此间位向都不同,如图 2-10(b)所示。这种外形不规则的小晶体通常称为晶粒。晶粒与晶粒之间的界面称为晶界。这种实际上由许多晶粒组成的晶体称为多晶体。一般金属材料都是多晶体。在实际金属晶体的一个晶粒内部,存在着

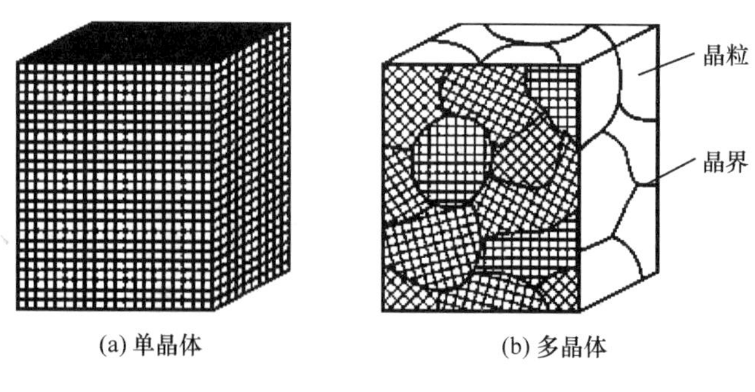

(a)单晶体　　(b)多晶体

图 2-10　单晶体和多晶体示意图

许多尺寸更小、位相差也很小的小晶块，称为亚组织。两相邻亚组织间的边界称为亚晶界。

单晶体具有各向异性。多晶体纵然其中每个晶粒都有各向异性，但其性能是千千万万个位向不同的晶粒的平均性能，表现出各向同性。

2）晶体的缺陷

在实际金属结晶过程中，由于原子的热振动、杂质原子的掺入以及其他外界因素的影响等，使某些区域原子的排列存在着各种各样的缺陷。

根据晶体缺陷的几何形态特征，将其分为以下3类。

（1）点缺陷——晶格空位和间隙原子

在实际晶体结构中，晶格的某些特点，往往未被原子占有，这种空着的位置称为晶格空位。同时又可能在晶格空隙处出现多余的原子，这种不占有正常的晶格位置，而处在晶格空隙之间的原子称为间隙原子。晶体中晶格空位和间隙原子如图2-11所示。

点缺陷可使周围原子发生靠拢或撑开，造成晶格畸变。晶格畸变将使晶体性能发生改变，如强度、硬度的提高和电阻的增大。

（2）线缺陷——位错

晶体中，某处有一列或若干列原子发生有规律的错排现象，称为位错。金属晶粒内存在大量的各种类型的位错，其中最简单的是刃型位错。

如图2-12所示，在晶体的某一水平面上，多出一个原子面 $HEFG$，这个多余原子面像刀刃一样切入晶体，使晶体中上、下面部分的原子产生了错排现象，称为刃型位错。多余原子面的底边（即刃边 EF 线）称为刃型位错线。在位错线附近，由于错排产生了晶格畸变，使位错线上方的原子产生了压应力，而下方的原子受到拉应力，离位错线越远，晶格畸变越小，应力也就越小。

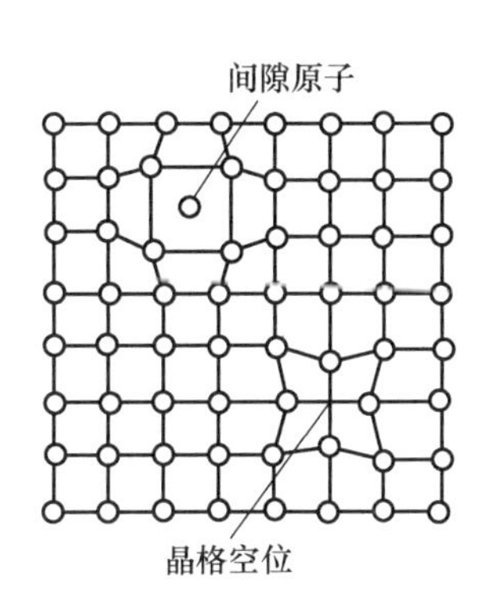

图2-11　点缺陷示意图

(a) 立体图

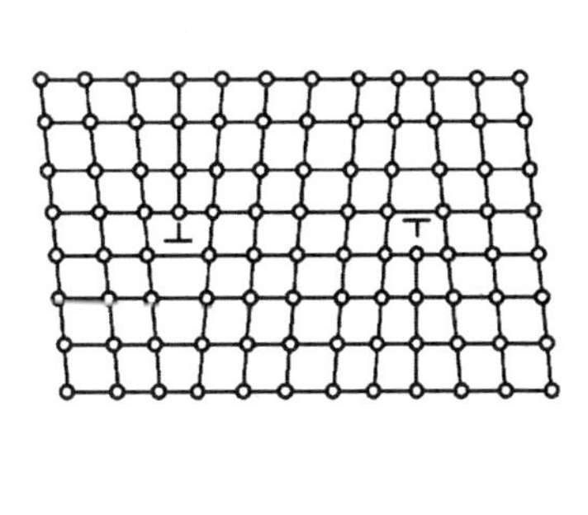

(b) 截面图

图2-12　刃型位错示意图

晶体中位错的数量可用位错密度 ρ 表示，计算公式如下：

$$\rho = L/V \qquad (\text{cm/cm}^3 \text{ 或 } 1/\text{cm}^2)$$

式中　V——晶体的体积；

　　L——体积为 V 的晶体中位错线的总长度。

晶体中位错密度的变化，以及位错在晶体内的运动，对金属的性能、塑性变形及组织转变等都有着极为重要的影响。

图2-13所示为金属的强度与 ρ 的关系。当金属处于退火状态（$\rho=10^6\sim10^8\ \text{cm}^{-2}$）时，

强度最低,冷变形加工后的金属,位错密度增大,强度提高。

(3) 面缺陷——晶界和亚晶界

晶界处原子排列不规则,是相邻两晶粒间不同位向的过渡区,如图2-14(a)所示。

亚晶界是由一系列刃型位错组成的小角度晶界,其原子排列不规则,也产生晶格畸变,如图2-14(b)所示。

晶界、亚晶界处的晶格畸变,直接影响金属的力学性能,使金属的强度、硬度有所提高。

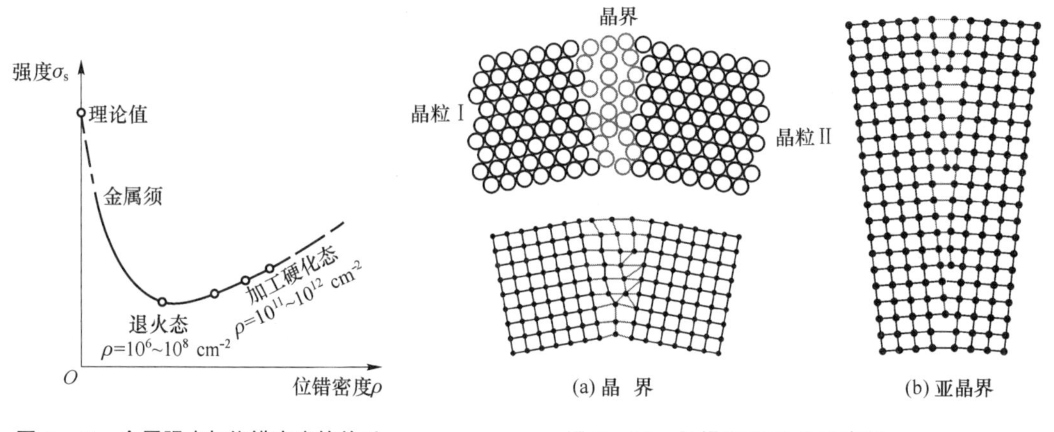

图2-13 金属强度与位错密度的关系

图2-14 晶界和亚晶界示意图

2.1.2 合金的晶体结构

1. 合金的基本概念

合金具有比纯金属更好的力学性能和某些特殊的物理、化学性能。合金材料的应用要广泛得多。

合金是由两种或两种以上的金属元素(或金属与非金属元素)组成的具有金属特性的物质。

组成合金的最基本的、独立的物质叫作组元。组元通常是纯元素,但也可以是稳定的化合物。按组元数目,合金可分为二元合金、三元合金和多元合金等。

可由给定组元按不同比例配制出一系列不同成分的合金,这一系列合金就构成了一个合金系。

在合金中成分、结构及性能相同的组成部分称为相,相与相之间具有明显的界面。数量、形态、大小和分布方式不同的各种相组成合金组织。

2. 合金的基本相

根据合金中各组元之间相互作用的不同,合金在固态下的基本相可分为固溶体、金属化合物和混合物3类。

1) 固溶体

合金在固态下,组元间互相溶解而形成的均匀相,称为固溶体。与固溶体晶格类型相同的组元称为溶剂，其他组元以原子状态分布在溶剂的晶格中称为溶质。

根据溶质原子在溶剂晶格中分布情况的不同，固溶体可分为以下两类。

(1) 置换固溶体

溶质原子代替一部分溶剂原子，占据溶剂晶格某些位置而形成的固溶体，如图 2-15(a)所示。

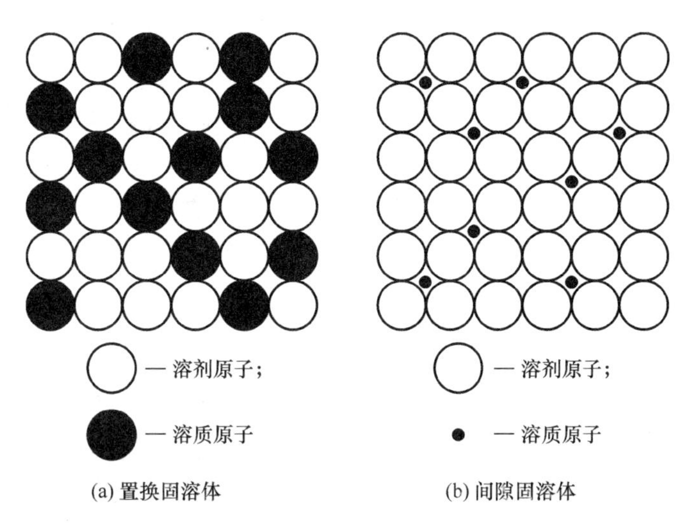

(a) 置换固溶体　(b) 间隙固溶体

图 2-15　置换固溶体和间隙固溶体

按溶解度的不同，置换固溶体可分为无限固溶体和有限固溶体。只有各组元的晶格类型相同，原子半径相差不大时，才能形成无限固溶体。例如，无限固溶体铜、镍合金，铜原子和镍原子可按任意比例互溶，而铜、锌合金只有当 $w_{Zn} \leqslant 39\%$ 时，锌才能全部溶于铜中；当 $w_{Zn} > 39\%$ 时，组织中除了固溶体外，还有铜与锌形成的金属化合物。

有限固溶体的溶解度还与温度有关，随温度的升高，溶解度增加。

(2) 间隙固溶体

溶质原子溶入溶剂晶格的间隙而形成的固溶体，如图 2-15(b)所示。

一般当溶质原子与溶剂原子直径的比值 $d_{质}/d_{剂} < 0.59$ 时，才能形成间隙固溶体。因此，形成间隙固溶体的溶质元素，都是一些原子半径小的非金属元素，如、碳、氢、硼、氧等。

溶质原子溶入溶剂晶格中使晶格产生畸变，使塑性变形抗力增大，结果使金属材料的强度、硬度增高。这种通过溶入溶质元素形成固溶体，使金属材料的强度、硬度升高的现象，称为固溶体强化。

固溶体强化是提高金属材料力学性能的重要途径之一。对综合力学性能要求较高的结构材料，都是以固溶体为基体的合金。

2）金属化合物

金属化合物是指合金组元间发生相互作用而形成的具有金属特性的一种新相，一般可用化学分子式表示。

金属化合物的晶格与其组元晶格完全不同，结构较复杂，金属化合物一般熔点较高、性能硬而脆。当它呈细小颗粒均匀分布在固溶体基体上时，将使合金的强度、硬度和耐磨性明显提高，这一现象称为弥散强化。金属化合物在合金中常作为强化相存在。如铁碳合金中的渗碳体(FeC_3),其晶体结构如图 2-16 所示。

3. 混合物

两种或两种以上的相按一定质量分数组成的物质称为混合物。混合物中的组成部分可以是纯金属、固溶体或金属化合物各自的混合,也可以是它们之间的混合。混合物中各相仍保持各自原来的晶格。在显微镜下可明显分辨出各组成相的形貌。

混合物的性能取决于各组成相的性能,以及它们分布的形态、数量及大小。

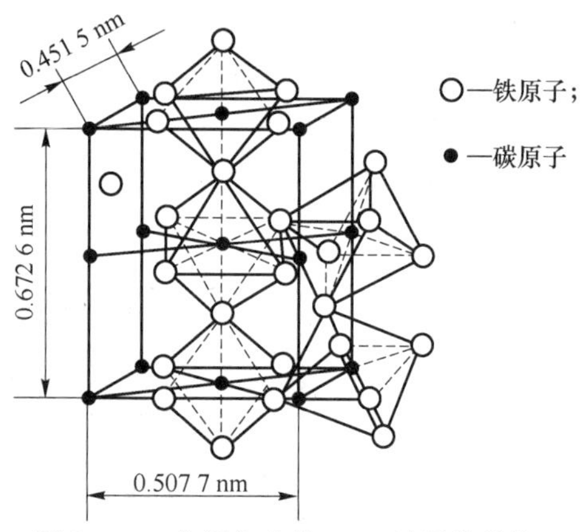

图 2-16 金属化合物 FeC_3 的晶体结构

任务拓展:

天然的、外形规则的物体并不一定是晶体,规则外形只是内部结构规则的特殊反应形式之一,并不能完全代表其实质。

晶体和非晶体在一定条件下可以互相转化。例如,玻璃经高温长时间加热能变为晶态玻璃,而通常是晶态的金属,如从液态急冷,也可获得非晶态金属。非晶态金属与晶态金属相比,具有高的强度和韧性等一系列突出性能,如图 2-17 所示。

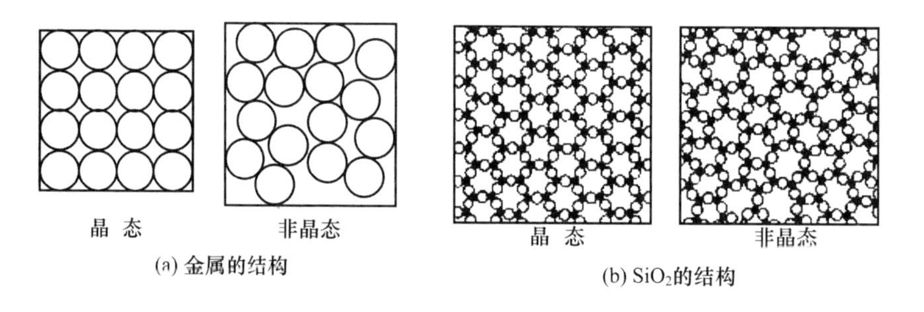

图 2-17 晶态和非晶态相互转化图

任务 2 金属的结晶

任务引导:

在我国北方和南方高山地区,常见一种冰雪美景——雾凇,如图 2-18 所示。雾凇是由无数 0 ℃以下尚未结冰的雾滴在树枝等物体上积聚而成的,表现为白色不透明的粒状沉积物。纯金属的结晶与雾凇的形成有何异同呢?

金属材料都需要经过熔炼和浇注(结晶过程)。结晶后的组织不仅影响铸态组织,且影响随后经过一系列加工后材料的性能。研究并控制金属材料的结晶过程,对改善金属材料的组织和性能,具有重要意义。

绝大多数工业用的金属材料都是合金。合金的结晶过程比纯金属复杂得多,但都遵循着相同的结晶基本规律。

图 2-18　雾　凇

相关知识：

2.2.1　纯金属的结晶

1. 纯金属的冷却曲线和过冷现象

纯金属的结晶过程可用冷却曲线描述。冷却曲线是用热分析法测绘的温度-时间坐标图。

如图 2-19(a)所示，当金属液缓冷时，随着热量向外散失，温度不断下降，降到 T_0 时出现平台，开始结晶。结晶结束后温度继续下降。平台表明结晶在恒温下进行，因为结晶时放出的结晶潜热补偿了向外散发的热量。T_0 称为纯金属的理论结晶温度(熔点)。

实际生产中，金属结晶时的冷却速度相当快。因此，金属液的实际结晶温度 T_n 总是低于理论结晶温度 T_0，如图 2-19(b)所示，这种现象称为过冷现象。理论结晶温度与实际结晶温度的差 ΔT，称为过冷度，即 $\Delta T = T_0 - T_n$。

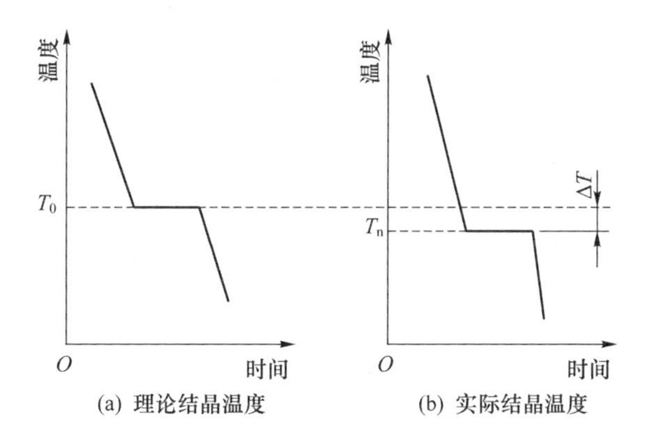

图 2-19　纯金属的冷却曲线

实践证明，金属总是在过冷情况下结晶，过冷是金属结晶的必要条件，过冷度的大小与冷却速度、金属的性质和纯度等因素有关。冷却速度越快，过冷度越大。

2. 纯金属的结晶过程

纯金属的结晶过程是晶核形成和晶核长大的过程,如图 2-20 所示。液态金属的原子进行着热运动,无严格的排列规则。但随着温度的下降,原子的热运动逐渐减弱,相互之间逐渐靠近。当冷却到结晶温度时,某些部位的原子按金属固有的晶格,有规则地排列成小晶体,形成自发晶核。金属中含有的杂质点能促进金属原子在其表面积聚,形成非自发晶核。晶核周围的原子按固有规律向晶核聚集,使晶核长大。在晶核不断长大的同时,又有新的晶核产生、长大,直至结晶完毕。

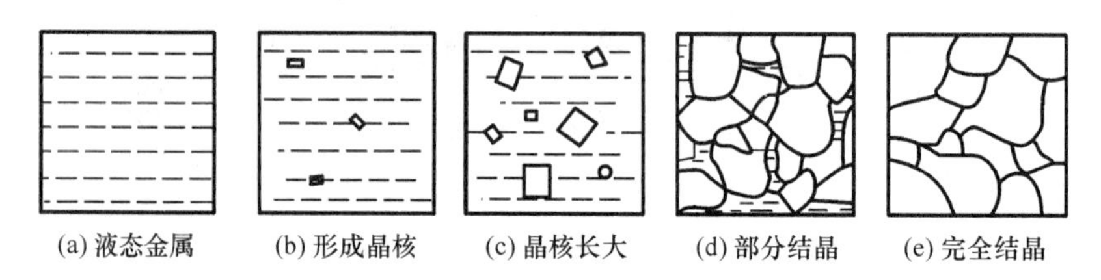

图 2-20 纯金属的结晶过程

一般金属是由许多外形不规则,位向不同的晶粒所组成的多晶体。

自发晶核和非自发晶核同时存在于金属液中,但非自发晶核往往比自发晶核更重要,起优先和主导的作用。

结晶过程中,晶核的棱角处散热条件好,故以较快的速度生成晶体的主干,在主干长大过程中,又不断生出分枝,形态如同树枝,称为枝晶,如图 2-21 所示。

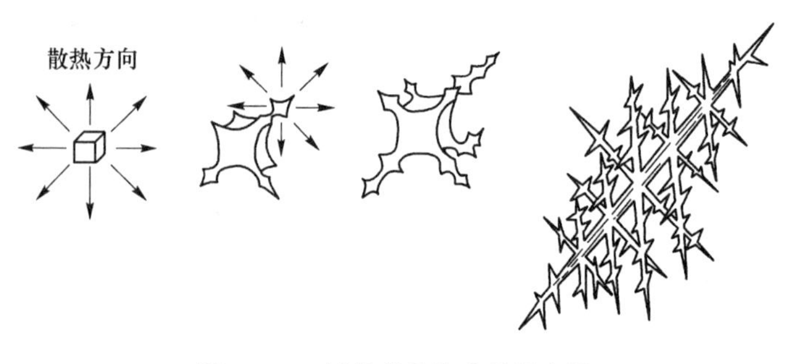

图 2-21 树枝状晶体生长示意图

3. 金属结晶晶粒的大小

金属晶粒的大小可用单位面积或单位体积内的晶粒数目或晶粒平均直径定量表示。晶粒大小对金属材料的力学性能有很大影响。一般金属的强度、硬度、塑性和韧性都随晶粒的细化而提高。

晶粒大小主要取决于形核速率(N)和晶核的长大速率(G)。N 是指单位时间内在单位体积中产生的晶粒数。G 是单位时间内晶粒长大的平均线速度。

凡能促进 N,抑制 G 的因素,都能细化晶粒。工业生产中,为了细化晶粒,改善金属性能,常采用以下方法。

1) 增大过冷度

金属结晶时,随过冷度的增加,N 和 G 均增加,但增加速度不同,如图 2-22 所示。在实际生产中，在液态金属能达到的过冷范围内，N 的增长比 G 的增长要快。因此，增大过冷度，可使晶粒细化。

2）变质处理

在液态金属结晶前，加入一些细小的变质剂（难溶金属或合金元素），增加非自发晶核，以增加 N，这种方法称为变质处理。例如，向铸铁液中加入硅铁、硅钙合金，向钢液中加入铝、钒等。

3）附加振动

金属结晶时，对其采用机械振动、超声波振动、电磁振动等措施，可使枝晶破碎、折断，这样不仅使已形成的晶粒因破碎而细化，而且破碎的细小枝晶又可起到新晶核的作用，增加了形核率。

4. 铸锭的组织

金属的结晶过程主要受过冷度和难溶杂质的影响，而过冷度的大小主要取决于结晶时冷却速度的快慢。因此，凡影响冷却速度的因素，如浇注温度、浇注方式、铸型材料及铸件大小等，均影响金属结晶后的大小、形态及分布。下面以图 2－23 所示铸锭组织为例说明铸件的一般特点。

铸件是指铸造后不再经塑性加工的产品；铸锭是指铸造后还要经塑性加工的毛坯。

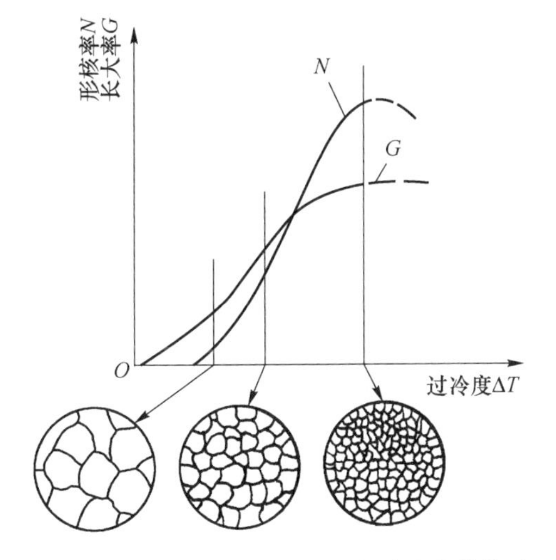

图 2－22　金属晶粒度的大小与过冷度的关系

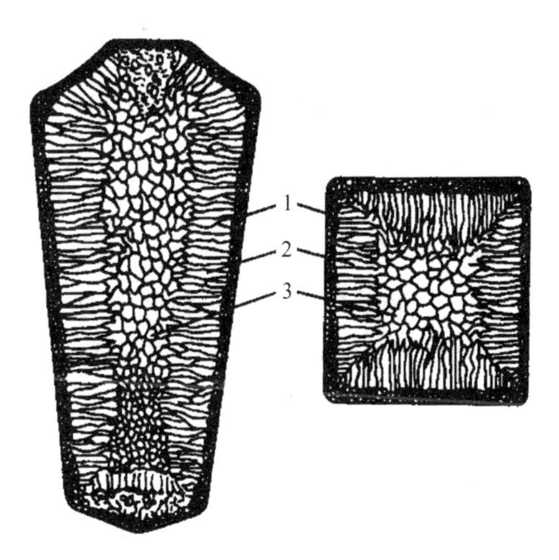

图 2－23　铸锭组织示意图

1）表层细晶粒区

浇铸时，由于激冷，使过冷度很大，模壁凹凸不平，促进形核，在极短的时间内形成大量的晶核，组织致密，但很薄。细晶粒区的成分均匀，强度高，韧性好。

2）柱状晶粒区

在细晶粒区形成的同时，模壁温度升高，金属液冷却速度变慢，过冷度减小，形核率下降。又因与模壁垂直方向散热最快，而且在其他方向上晶粒间相互抵触，长大受限，故形成柱状晶区。在该晶区，晶粒相互平行，性能出现了方向性，而且在柱状晶区交界处出现了性能的脆弱面。

3)中心粗大等轴晶粒区

柱状晶粒长大到一定程度,铸锭中心剩余的金属液内部温差减小,散热已无明显方向性,趋于均匀冷却状态。又由于中心处过冷度小,形核率下降,晶核等速长大,所以形成较粗大的等轴晶粒。该区无脆弱面,但组织疏松,杂质较多,力学性能很差。

在铸锭中除组织不均匀外,还存在成分偏析、气孔、缩松、夹杂、裂纹等缺陷,这些缺陷也会影响铸锭或铸件的质量和性能。

2.2.2 合金的结晶

合金的结晶与纯金属一样,遵循着晶核形成和晶核长大的结晶基本规律。但由于合金成分中包含两个以上的组元,使其结晶过程比纯金属复杂。纯金属的结晶过程是在恒温下进行的,而合金的结晶却不一定在恒温下进行;纯金属的结晶过程中只有一个液相和一个固相,而合金结晶过程中,在不同温度范围内存在不同数量的相,且各相的成分有时也可变化。

研究合金结晶过程的特点以及合金组织的变化规律,必须应用合金相图。合金相图又称合金状态图或合金平衡图。它是表示在平衡条件下合金状态、成分、温度之间关系的图形。应用合金相图,不仅可以了解合金系中不同成分合金在不同温度时的组成相(或组织状态),以及相的成分和相的相对量,而且还可了解合金在缓慢加热和冷却过程中的相变规律。在生产实际中,合金相图可作为制订冶炼、铸造、锻压、焊接、热处理的重要依据。

二元合金相图,其形式大多比较复杂,但复杂的相图可看成是由若干基本的简单相图所组成的。常见的基本相图有匀晶相图、共析相图及共晶相图,如图2-24所示。

任务拓展:

有些金属在固态下,存在着两种以上的晶格形式,这类金属在冷却和加热过程中,随着温度的变化,其晶格形式也要发生变化。

金属在固态下,随着温度的改变由一种晶格转变为另一种晶格的现象称为同素异晶转变。具有同素异晶转变的金属有铁、钴、钛、锡、锰等,以不同晶格形式存在的同一金属元素的晶体称为该金属的同素异晶体。同一金属的同素异晶体按其稳定存在的温度,由低温到高温依次用希腊字母α、β、γ、δ等表示。

图2-25所示为纯铁的冷却曲线。液态纯铁在1 538 ℃结晶,得到具有体心立方晶格的δ-Fe,冷却到1 394 ℃时发生同素异晶转变,δ-Fe转变为面心立方晶格的γ-Fe,在冷到912 ℃时又发生同素异晶转变,γ-Fe转变为体心立方晶格的α-Fe,如再冷却到室温,晶格的类型不再发生变化。这些变化可用下式表示:

$$\delta-\mathrm{Fe} \xrightleftharpoons{1\,394\ ℃} \gamma-\mathrm{Fe} \xrightleftharpoons{912\ ℃} \alpha-\mathrm{Fe}$$

金属的同素异晶转变与液态金属的结晶过程有许多相似之处:有一定的转变温度,转变时有过冷现象;放出和吸收潜热;转变过程也是一个形成晶核和晶核长大的过程。

同素异晶转变属于固态转变,又有其自身的特点,例如,同素异晶转变时,新晶格的晶核优先在原来晶粒的晶界处形核;转变需要较大的过冷度;晶格的变化伴随着金属体积的变化,转变时会产生较大的内应力。例如,当γ-Fe转变为α-Fe时,铁的体积会膨胀约1%,这是钢

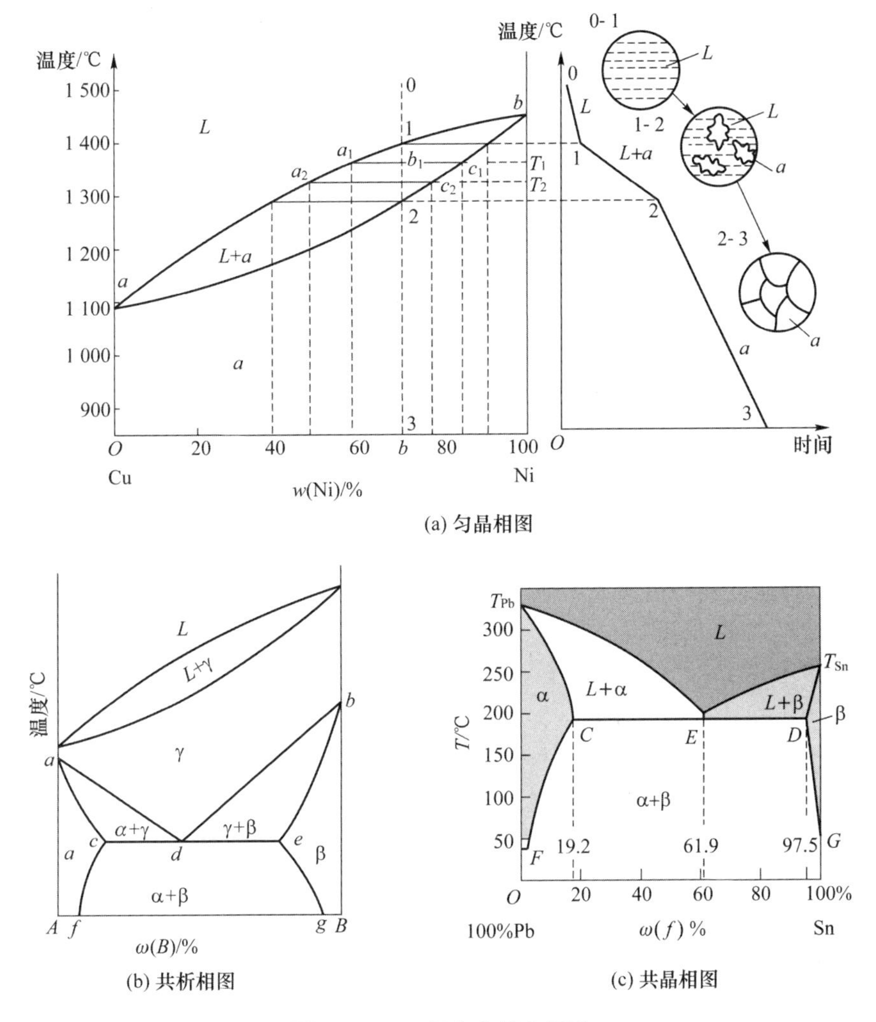

(a) 匀晶相图

(b) 共析相图

(c) 共晶相图

图 2－24 二元合金基本相图

热处理时引起应力,导致工件变形和开裂的重要原因。

任务3 铁碳合金相图

任务引导:

我们日常生活中的生活用品,如铁锅、铲子、刀等,生产实际中的零件轴、齿轮、汽车发动机的汽缸体、机床导轨等,它们的性能有什么区别?为什么铁匠铺打铁时总是要烧红了再打?

钢铁材料是现代工业中应用最为广泛的合金,它们均是以铁和碳两种元素为主要元素的合金。由于钢铁材料的成分(含碳量)不同,因此,其组织和性能也不相同,应用场合也不一样。

相关知识:

2.3.1 铁碳合金的基本相

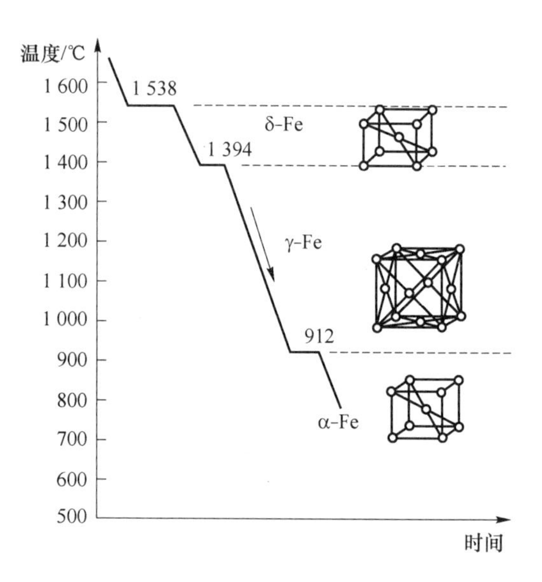

图 2-25 纯铁的同素异晶转变的冷却曲线

1) 铁素体

碳溶解在 α-Fe 中形成的间隙固溶体称为铁素体,用符号 F 表示。

由于体心立方晶格的间隙较小,溶碳能力很低。在 727 ℃时,α-Fe 中的最大溶解度仅为 0.021 8%,随着温度的降低,α-Fe 下的溶碳量逐渐减小,在室温下碳的溶解度几乎为零。

铁素体的性能与纯铁相似,具有良好的塑性和韧性,而强度和硬度较低。铁素体的显微组织呈明亮的多边形晶粒,晶界曲折,如图 2-26 所示。

2) 奥氏体

碳溶解在 γ-Fe 中形成的间隙固溶体称为奥氏体,常用符号 A 表示。

由于面心立方晶格的间隙较大,故奥氏体的溶碳能力较强。在 1 148 ℃时,溶碳量可达 2.11%,随着温度的下降,溶解度逐渐减小,在 727 ℃时溶碳量为 0.77%。

奥氏体的强度和硬度不高,但具有良好的塑性,是绝大多数钢在高温下进行锻造和轧制时所要求的组织。奥氏体的显微组织与铁素体相似,呈多边形晶粒,晶界较铁素体平直,如图 2-27 所示。

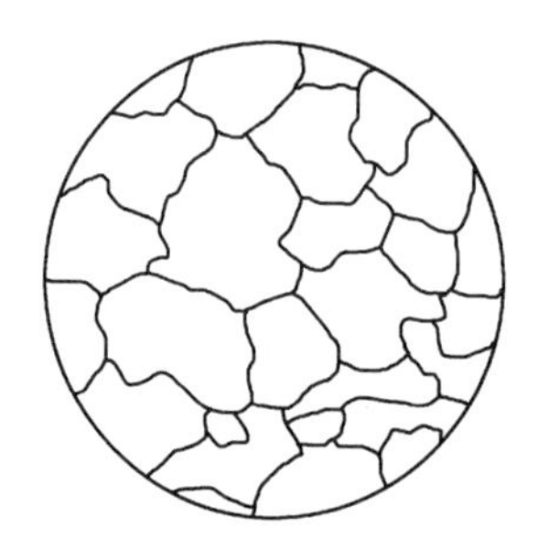

图 2-26 铁素体的显微组织

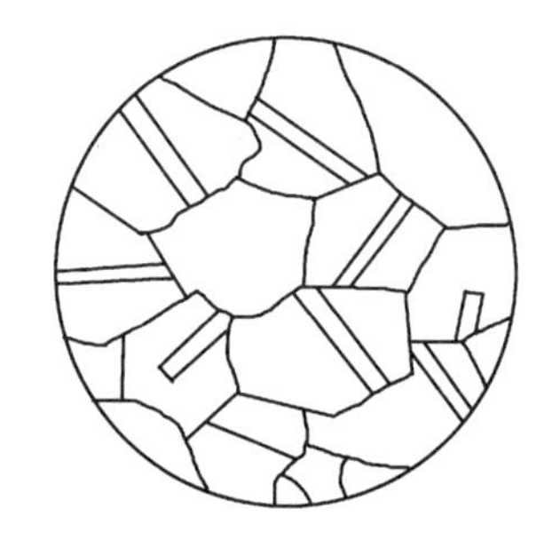

图 2-27 奥氏体的显微组织

3) 渗碳体

渗碳体是含碳量为 6.69%的铁与碳的金属化合物,其化学式为 Fe_3C。渗碳体具有复杂的斜六方晶体结构,与铁和碳的晶体结构完全不同。渗碳体的熔点为 1 227 ℃,硬度很高,塑性、韧性几乎为零,是一个硬而脆的组织。在钢中,渗碳体以不同以和大小的晶体形式出现在组织中,对钢的力学性能影响很大。

渗碳体在适当条件下(如高温长期停留或缓慢冷却)能分解为铁和石墨,这对铸铁具有重要意义。

4）珠光体

珠光体是渗碳体和铁素体片层相间、交替排列形成的混合物，用符号 P 表示，其显微组织如图 2－28 所示。

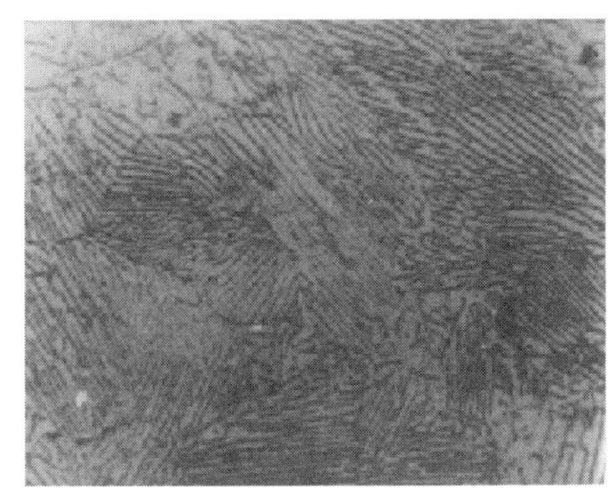

(a) 放大倍数较低

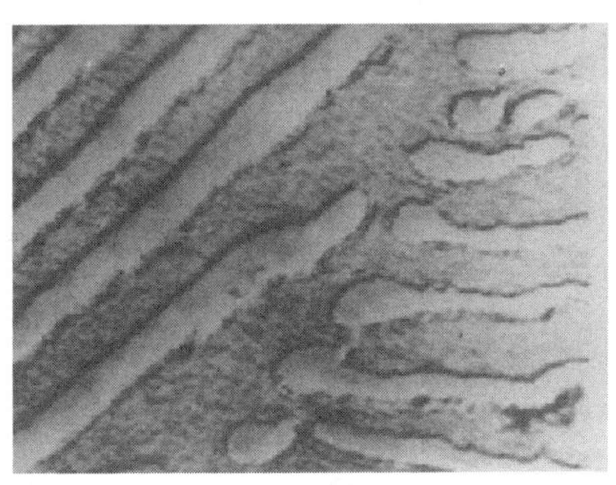

(b) 放大倍数较高

图 2－28　珠光体的显微组织

在缓慢冷却条件下，珠光体的含碳量为 0.77%。珠光体的力学性能取决于铁素体和渗碳体的性能。大体上是两者性能的平均值，珠光体的强度较高，硬度适中，具有一定的塑性。

5）莱氏体

莱氏体是含碳量为 4.3%的液态铁碳合金，是在 1 148 ℃时从液相中同时结晶出的奥氏体和渗碳体的混合物。用符号 L_d 表示。由于奥氏体在 727 ℃时还将转变为珠光体，所以在室温下的莱氏体由珠光体和渗碳体组成，这种混合物叫作低温莱氏体，用符号 $L_{d'}$ 表示。

莱氏体的力学性能和渗碳体相似，硬度很高，塑性很差。

上述 5 种基本组织中，铁素体、奥氏体和渗碳体都是单相组织，称为铁碳合金的基本相，而珠光体、莱氏体则是由基本相混合组成的多相组织。

2.3.2　铁碳合金相图的分析

铁碳合金相图是表示在缓慢冷却（或缓慢加热）的条件下，不同成分的铁碳合金的状态或组织随温度变化的图形。

1. 铁碳合金相图的组成

在铁碳合金中，铁和碳可以形成一系列的化合物，如 Fe_3C、Fe_2C、FeC 等，如图 2－29 所示。而工业用铁碳合金的含碳量一般不超过 5%，因为含碳量更高的铁碳合金，脆性大，难以加工，没有实用价值。我们研究的铁碳合金只限于 Fe－Fe_3C（w_C＝6.69%）范围内，故铁碳合金相图也可以认为是 Fe－Fe_3C 相图。

图 2－30 所示为 Fe－Fe_3C 相图。图中纵坐标为温度，横坐标为含碳量的质量分数。为了便于掌握和分析 Fe－Fe_3C 相图，将相图上实用意义不大的左上角部分（液相向 δ－Fe 及 δ－Fe 向 γ－Fe 转变部分）予以省略。简化后的 Fe－Fe_3C 相图如图 2－31 所示。

1）图 2－31 上半部分图形——由液态变为固态的一次结晶（912 ℃以上部分）

上半部分是属于二元共晶相图类型。γ－Fe 与 Fe_3C 为该图的两个组元。

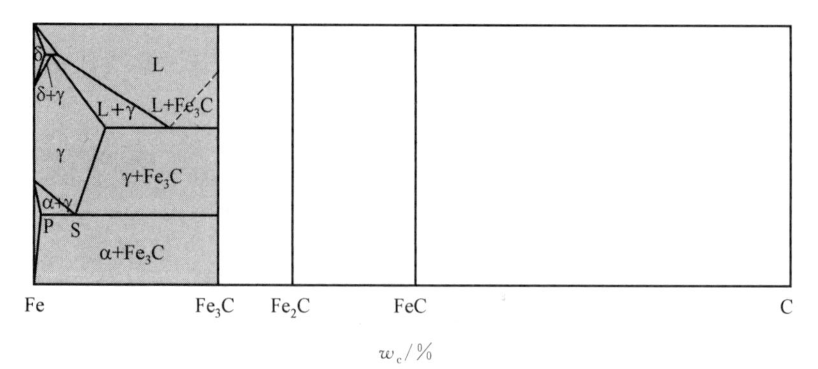

图 2-29　Fe-C 相图的组成

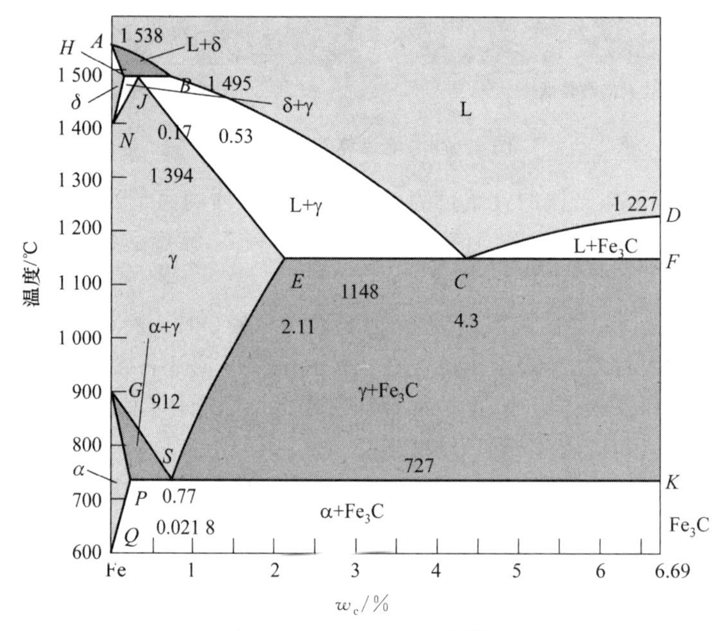

图 2-30　Fe-Fe_3C 相图

(1) 图中各点的分析

A 点为纯铁的熔点,*D* 点为渗碳体的熔点,*E* 点为在 1 148 ℃时碳在 γ-Fe 中的最大溶解度(w_c=2.11%)。

C 点为共晶点。这点上的液态合金将发生共晶转变,液相在恒温下,同时结晶出奥氏体和渗碳体所组成的细密的混合物(共晶体)。其表达式如下:

$$L_C \xrightarrow{1\ 148\ ℃} L_d(A_E + Fe_3C)$$

(2) 图中各线的分析

AC 线和 *CD* 线为液相线,液态合金冷却到 *AC* 线温度时,开始结晶出奥氏体;液态合金冷却到 *CD* 线温度时,开始结晶出渗碳体。*AE* 线和 *ECF* 线为固相线。*AE* 线为奥氏体结晶终了线,*ECF* 线是共晶线,液态合金冷却到共晶温度(1 148 ℃时),将发生共晶转变生成莱氏体。

ES 线为碳在奥氏体中的固相线,可见碳在奥氏体中的最大溶解度在 *E* 点,随着温度的下降,溶解度减小,到 727 ℃时,奥氏体中溶碳量仅为 w_C=0.77%。因此,凡是 w_C>0.77%的铁碳合金在由 1 148 ℃冷却到 727 ℃的过程中,过剩的碳将以渗碳体形式从奥氏体中析出。

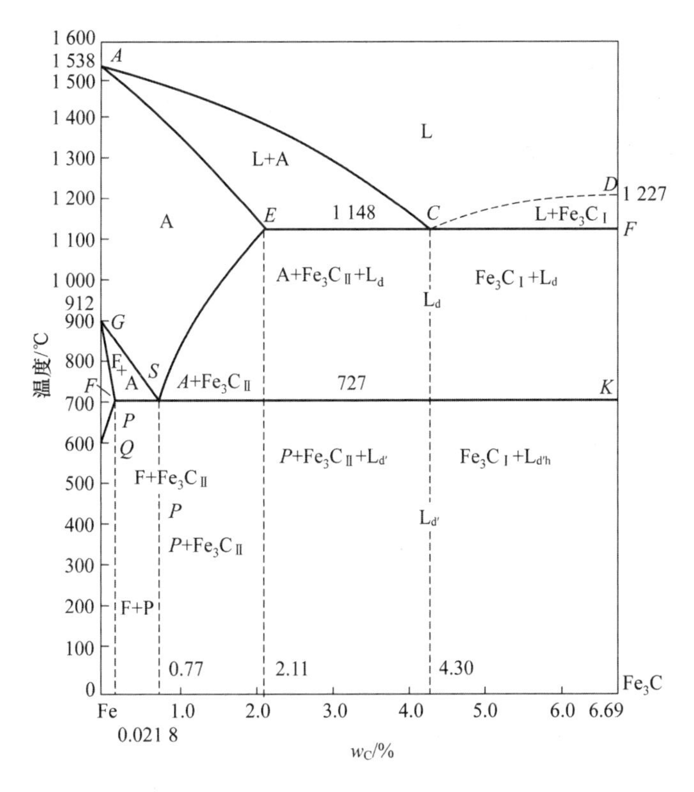

图 2-31　简化后的 Fe-Fe_3C 相图

为了与自液态合金中直接析出的一次渗碳体($Fe_3C_Ⅰ$)相区别，通常将奥氏体中析出的渗碳体称为二次渗碳体($Fe_3C_Ⅱ$)。

2）图 2-31 下半部分图形——固态下的相变

下半部分是属于二元共析相图类型。α-Fe 与 Fe_3C 为该图的两个组元。

(1) 图中各点的分析

G 点为铁的同素异晶转变温度；P 点为 727 ℃时碳在 α-Fe 中的最大溶解度(w_C=0.021 8%)。

S 点为共析点。这点上的奥氏体将发生共析转变，奥氏体在恒温下，同时析出铁素体和渗碳体的细密混合物(共析体)。其表达式如下：

$$A_S \xrightarrow{727\ ℃} P(F_P + Fe_3C)$$

由于共析转变是在固态下进行的，原子在固态下扩散困难，因此，共析体比共晶体更细密。

(2) 图中各线的分析

GS 线为冷却时由奥氏体转变成铁素体的开始线，或者说为加热时铁素体转变为奥氏体的终了线；GP 线为冷却时奥氏体转变成铁素体的终了线，或者说为加热时铁素体转变成奥氏体的开始线。

PSK 线称为共析线。奥氏体冷却到 727 ℃时，将发生共析转变而生成珠光体。因此，在 1 148～727 ℃间的莱氏体，是由奥氏体和渗碳体组成的混合物，称为莱氏体，用符号 L_d 表示。在 727 ℃以下的莱氏体则是珠光体和渗碳体的混合物，称为低温莱氏体，用 $L_{d'}$ 表示。

PQ 线为碳在铁素体中的固溶线,碳在铁素体中的最大溶解度在 P 点,随着温度的下降,溶解度逐渐减小,室温时,铁素体中溶碳量几乎为零。因此,由 727 ℃冷却到室温的过程中,铁素体中过剩的碳将以渗碳体的形式析出,称为三次渗碳体($Fe_3C_{Ⅲ}$)但由于量太少,一般忽略不计。

3) 铁碳合金相图中各点、线含义的小结

表 2-1 所列为简化后的 $Fe-Fe_3C$ 相图中各点的温度、成分及其含义。表 2-2 所列为简化后的 $Fe-Fe_3C$ 相图中各特性线及其含义。

表 2-1　$Fe-Fe_3C$ 相图中的特性点

特性点	温度/℃	w_C/%	含　义
A	1 538	0	纯铁的熔点
C	1 148	4.3	共晶点
D	1 227	6.69	渗碳体的熔点
E	1 148	2.11	碳在奥氏体(或 $\gamma-Fe$)中的最大溶解度
F	1 148	6.69	渗碳体的成分
G	912	0	铁的同素异晶转变点
K	727	6.69	渗碳体的成分
P	727	0.021 8	碳在铁素体(或 $\alpha-Fe$)中的最大溶解度
S	727	0.77	共析点
Q	600	0.005 7	碳在铁素体(或 $\alpha-Fe$)中的溶解度

表 2-2　$Fe-Fe_3C$ 相图中的特性线及含义

特性线	含　义
AC	铁碳合金的液相线,液态合金开始结晶出奥氏体
CD	铁碳合金的液相线,液态合金开始结晶出渗碳体
AE	铁碳合金的固相线,即奥氏体的结晶终了线
ECF	铁碳合金的固相线,即 $L_C \longrightarrow (A_E + Fe_3C)$ 共晶转变线
GS	奥氏体转变为铁素体的开始线
GP	奥氏体转变为铁素体的终了线
ES	碳在奥氏体(或 $\gamma-Fe$)中的溶解度变化线
PQ	碳在铁素体(或 $\alpha-Fe$)中的溶解度变化线
PSK	$A_S \longrightarrow (F_P + Fe_3C)$

2. 铁碳合金的分类

根据含碳量、组织转变的特点及室温组织,铁碳合金可分为以下两类:

① 钢　含碳量为 0.021 8%~2.11%的铁碳合金称为钢。根据其含碳量及室温组织的不同,又可分为:

亚共析钢　　$0.021\,8\% < w_C < 0.77\%$

共析钢　　$w_C = 0.77\%$

过共析钢　　$0.77\% < w_C < 2.11\%$

② 白口铸铁　含碳量为 2.11%~6.69%的铁碳合金称为白口铸铁。根据其含碳量及室温组织的不同,又可分为:

亚共晶白口铸铁　　$2.11\% \leqslant w_C < 4.3\%$

共晶白口铸铁　　$w_C = 4.3\%$

过共晶白口铸铁　　$4.3\% < w_C < 6.69\%$

2.3.3　铁碳合金的成分、组织和性能的关系

根据铁碳合金相图的分析，铁碳合金在室温的组织都是由铁素体和渗碳体两相组成的。随着含碳量的增加，铁素体的量逐渐减少，而渗碳体的量则有所增加，如图2-32所示。随着含碳量的变化，不仅铁素体和渗碳体的相对量有变化，而且相互组合的形态也发生变化。随着含碳量的增加，合金的组织将按下列顺序发生变化：F→F+P→P→P+Fe_3C_{II}→P+ Fe_3C_{II} + $L_{d'}$→$L_{d'}$→ $L_{d'}$ + Fe_3C_I。

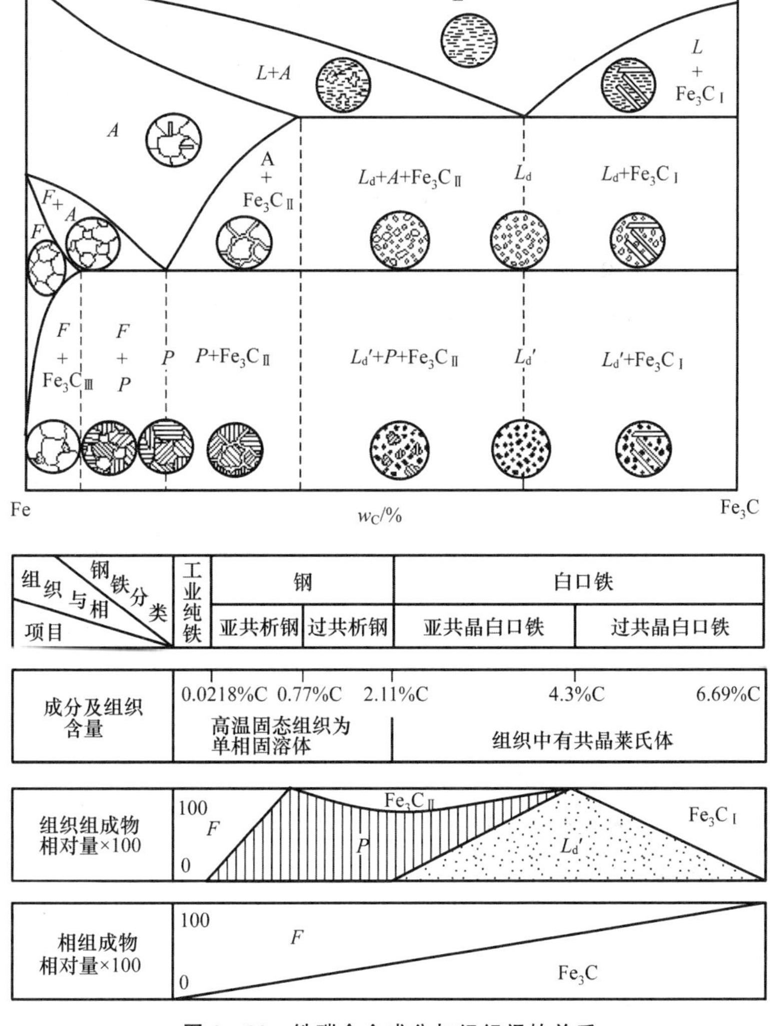

图2-32　铁碳合金成分与组织间的关系

铁碳合金组织的变化，必然引起性能的变化。图2-33所示为含碳量对正火后碳素钢的力学性能的影响。由图可知，改变含碳量可以在很大范围内改变钢的力学性能。总之，含碳量越高，钢的强度和硬度越高，而塑性和韧性越低。这是因为含碳量越高，钢中的硬脆相 Fe_3C

越多的缘故，但当含碳量超过0.9%时，由于二次渗碳体呈明显网状，使钢的强度有所下降。

为了保证工业上使用的钢具有足够的强度，并具有一定的塑性和韧性，钢中的含碳量一般不超过1.4%。

2.3.4 铁碳合金相图的应用

铁碳合金相图在生产实际中具有重大的意义，主要应用在钢材料的选用和热加工工艺的制订上。

1. 作为选用钢材料的依据

铁碳合金相图所表明的成分、组织和性能的规律，为钢材料的选用提供了依据。如制造要求塑性、韧性好，而强度不太高的构件，则选用含碳量低的钢；要求强度、塑性和韧性等综合性能好的构件，则选用含碳量适中的钢；各种工具要求硬度高及耐磨性好，则选用含碳量较高的钢。

2. 作为制定铸、锻和热处理等热加工工艺的依据

1) 在铸造生产上的应用

根据铁碳合金相图的液相线可以找出不同成分铁碳合金的熔点，从而确定合适的融化、浇注温度。从图2-34中可以看出，钢的融化和浇注温度均比铸铁高，还可看出，靠近共晶成分的铁碳合金不仅熔点低，而且凝固温度区间也较小，具有良好的铸造性能。这类合金适宜于铸造，在铸造生产中获得广泛的应用。

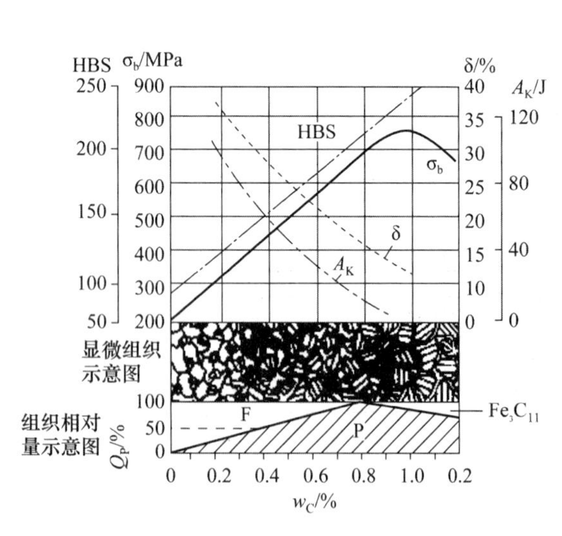

图2-33 含碳量对钢的力学性能的影响

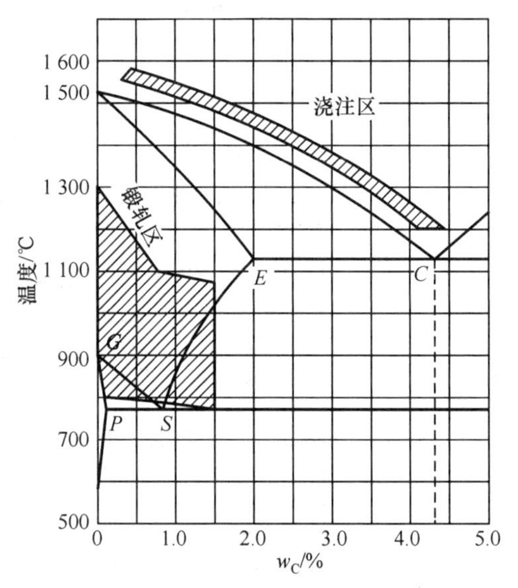

图2-34 铁碳合金相图与铸、锻工艺的关系

2) 在锻造工艺上的应用

钢经加热后获得奥氏体的组织，它的强度低，塑性好，便于塑性变形加工。钢轧制或锻造

的温度范围多选择在单一奥氏体组织范围内。其选择原则是开始轧制或锻造的温度不得过高，以免钢材氧化严重，甚至发生奥氏体晶界部分熔化，使工件报废。终止温度也不能过低，以免钢材塑性差，锻造过程中产生裂纹。

3）在热处理工艺上的应用

热处理与铁碳合金相图有着更直接的关系。根据对工件材料性能要求的不同，各种不同热处理方法的加热温度都是参考铁碳合金相图选定的，详见项目三。

任务拓展：

在实际生产中，应用铁碳合金相图制订各热加工工艺时，要考虑加热速度和冷却速度的影响，要考虑生产效率，这一点在制订各种热处理工艺时，尤其应该引起关注。

项目评定：

在实际生产中，选材的依据主要是材料的性能，而材料的性能又取决于材料的内部结构。通过对金属材料的内部结构的分析可知合金的力学性能优于纯金属，在机械行业得到广泛应用的材料是铁碳合金。所以本项目的重点是：金属晶格的3种常见类型及合金的晶体结构；冷却曲线；铁碳合金相图。本项目的难点是：金属晶体的缺陷；晶粒大小对金属性能的影响；铁碳合金相图。

通过对项目二的学习，可以获得以下的学习经验：① 一般情况下，固体金属和合金都是晶体；② 金属晶体内部原子排列不是完全规则的，总是不可避免地存在结构缺陷；③ 金属总是在过冷的状态下结晶；④ 金属结晶后的组织不均匀；⑤ 采用哪些方法可以细化晶粒；⑥ 合金组织中各基本相本身的性能以及各相的分布不同将影响合金的性能；⑦ 铁碳合金相图在生产实际中对各类加工的现实指导意义。

习题与思考题

1. 名词解释：

晶体、非晶体、晶格、晶胞、单晶体、多晶体、晶粒、合金、组织、相、固溶体、固溶强化、金属化合物、弥散强化。

2. 晶体的各向异性是如何产生的？为什么实际金属往往显现各向同性？

3. 金属化合物的性能有什么特点？生产实际中如何利用这些特点？

4. 若其他条件相同，试比较下列铸造条件下，铸件晶粒的大小：

① 金属性铸造与砂型铸造；

② 高温浇注与低温浇注；

③ 铸件的表面部分与中心部分；

④ 浇注时振动与不振动。

5. 晶粒大小对金属力学性能有何影响？生产中如何细化晶粒？

6. 判断以下几种情况下，相的数目：

① 铁、碳在高温下呈熔融状态；

② 结晶后的铜镍合金；

③ 正在结晶的锡；

④ 铜和锌组成的两相复合物。

7. 什么是共晶转变和共析转变？试以铁碳合金为例说明这两种转变的过程及其显微组织的特征？

8. 分析一次渗碳体、二次渗碳体、共晶渗碳体、共析渗碳体的异同(化学成分、晶体结构、形成条件、显微组织形态)。

9. 铁碳合金的基本组织有哪几种？分别说明它们的性能特征。

10. 默写简化的铁碳合金相图，说明图中的特性点、特性线的含义，填写各区域的相和组织组成物。

11. 为什么不同成分的铁碳合金性能不同？

12. 为什么钢可以锻造，而铸铁则不能锻造？

13. 试述铁碳合金中含碳量变化对力学性能的影响。

14. 室温下为什么 $w_C=1.0\%$ 的钢比 $w_C=0.5\%$ 的钢硬度高；而 $w_C=0.8\%$ 的钢比 $w_C=1.2\%$ 的钢强度高？

15. 根据铁碳合金相图，确定表2-3中四种成分铁碳合金在给定温度下的显微组织。

表2-3 习题15表

$w_C/\%$	温度/℃	显微组织	$w_C/\%$	温度/℃	显微组织
0.25	730		0.25	920	
0.45	450		0.45	730	
0.77	600		0.77	800	
1.2	730		1.2	960	

16. 形状和尺寸完全相同的4块平衡状态的铁碳合金，分别为 $w_C=0.2\%$、$w_C=0.45\%$、$w_C=1.2\%$、$w_C=3.8\%$，如何将它们迅速区分开？

17. 为什么铸铁的铸造性能比钢优越？

18. 随着钢中含碳量的增加，钢的力学性能如何变化？为什么？

19. 为什么捆绑扎物件一般用铁丝(镀锌低碳钢丝)，而起重机起吊重物却用钢丝绳($w_C=0.60\%$、$w_C=0.65\%$、$w_C=0.70\%$、$w_C=0.75\%$等钢制造)？

20. 在A-B二元合金相图中(参见图2-35)：

① 标出①～④，空白区中的相；

② 说明Z合金的缓慢冷却过程及室温下的显微组织。

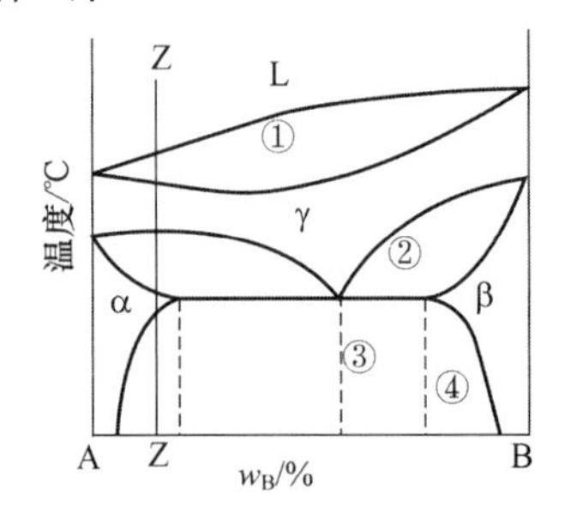

图2-35 习题20图

21. 判断下列说法是否正确：

① 一般金属在固态下是晶体。

② 金属在固态下都有同素异构转变。

③ 凡由液体转变为固体的过程都叫结晶。

④ 固溶体的强度一般比构成它的纯金属高。

⑤ 接近共晶成分的合金，一般铸造性能较好。

⑥ 加热能改善钢的锻造性能，所以锻造加热温度越高越好。

项目三　钢的热处理

项目要求：

在从石器时代发展到铜器时代和铁器时代的过程中，热处理的作用逐渐为人们所认识。早在商代，就已经有了经过再结晶退火的金箔饰物。公元前770—222年，中国人在生产实践中就已发现，铜铁的性能会因温度和加压变形的影响而变化。白口铸铁的柔化处理就是制造农具的重要工艺。公元前6世纪，钢铁兵器逐渐被采用，为了提高钢的硬度，淬火工艺遂得到迅速发展。河北省易县燕下都出土的两把剑和一把戟，其显微组织中都有马氏体存在，说明是经过淬火的。

热处理是机器零件及工具制造过程中的一个重要工序，是发挥材料潜力、改善使用性能、提高产品质量、延长使用寿命的有效措施。目前机器和仪器上的钢制零件80%要进行热处理，而刀具、模具、量具、轴承等则全部要进行热处理。

金属热处理是机械制造中的重要过程之一，与其他加工工艺相比，热处理一般不改变工件的形状和整体的化学成分，而是通过改变工件内部的显微组织，或改变工件表面的化学成分，赋予或改善工件的使用性能。其特点是改善工件的内在质量，而这一般不是肉眼所能看到的，所以，它是机械制造中的特殊工艺过程，也是质量管理的重要环节。

为使金属工件具有所需要的力学性能、物理性能和化学性能，除合理选用材料和各种成形工艺外，热处理工艺往往是必不可少的。钢铁是机械工业中应用最广的材料，钢铁显微组织复杂，可以通过热处理予以控制，所以钢铁的热处理是金属热处理的主要内容。另外，铝、铜、镁、钛等及其合金也都可以通过热处理改变其力学、物理和化学性能，以获得不同的使用性能。

钢的热处理就是将固态钢在一定介质中加热、保温和冷却，以改变其整体或表面的组织，从而获得所需性能的工艺方法。为简明表示热处理的基本工艺过程，通常用温度-时间坐标绘出热处理工艺曲线，如图3-1所示。

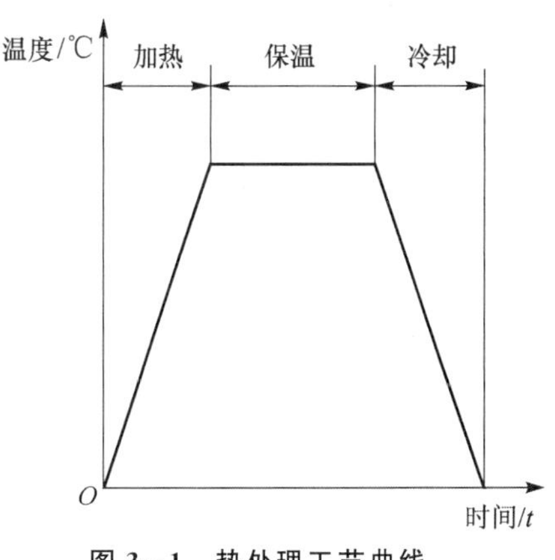

图3-1　热处理工艺曲线

项目解析：

本项目主要介绍热处理的基本原理和常用热处理工艺，并对典型零件的热处理进行分析。

任务1　热处理的基本原理

任务引导：

热处理的基本原理是指热处理时钢中组织转变的规律。热处理的工艺方法多种多样，但不论何种方法，其操作的基本过程都是由加热、保温和冷却3个阶段组成的。热处理时起作用的主要因素是加热温度和冷却速度。由于热处理的目的不同,所采取的加热温度和冷却速度是不同的,只要了解钢加热和冷却过程中的相变规律,便可理解热处理的作用和方法。

相关知识:

3.1.1　钢在加热时的组织转变

加热是热处理的第一道工序。加热分两种:一种是在临界点温度以下加热,不发生相变;另一种是在临界点温度以上加热,目的是获得均匀的奥氏体组织,称奥氏体化。大多数热处理工艺首先要将钢加热到临界温度点(相变点)以上,目的是获得奥氏体。

钢在实际加热和冷却时不是极其缓慢的,相的转变不能完全按 $Fe-Fe_3C$ 相图中的 A_1、A_3、A_{cm} 等临界点进行。加热时各临界点的位置分别为图3-2中的 A_{c1}、A_{c3} 和 A_{ccm} 线,冷却时各临界点的位置分别为 A_{r1}、A_{r3} 和 A_{rcm} 线。

1. 奥氏体的形成过程

将钢件加热到 A_{C3} 或 A_{C1} 温度以上,以获得全部或部分奥氏体组织的操作,称为奥氏体化。奥氏体化的过程是形核和长大的过程,分为4步。

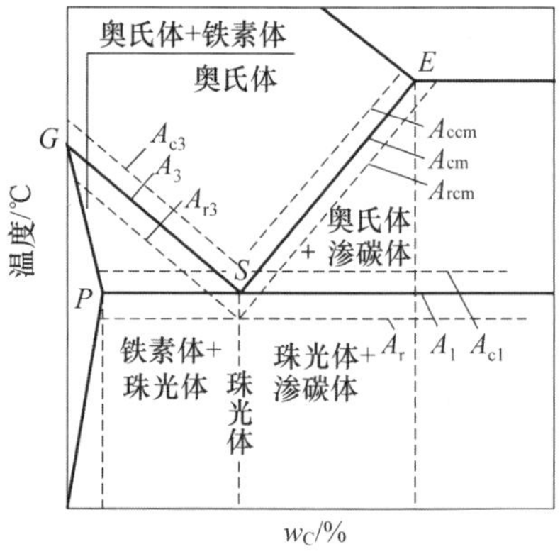

图3-2　实际加热和冷却时 $Fe-Fe_3C$ 相图上各临界点的位置

下面以共析钢为例说明(亚共析钢和过共析钢的奥氏体化过程与共析钢基本相同):

第1步　奥氏体晶核形成:首先在铁素体与 Fe_3C 相界处形核。

第2步　奥氏体晶核长大:奥氏体晶核通过碳原子的扩散向铁素体和 Fe_3C 方向长大。

第3步　残余 Fe_3C 溶解:铁素体的成分、结构更接近于奥氏体,因而先消失。残余的 Fe_3C 随保温时间延长继续溶解直至消失。

第4步　奥氏体成分均匀化:Fe_3C 溶解后,其所在部位碳含量仍很高,通过长时间保温使奥氏体成分趋于均匀。

图3-3所示为共析钢奥氏体形成过程。

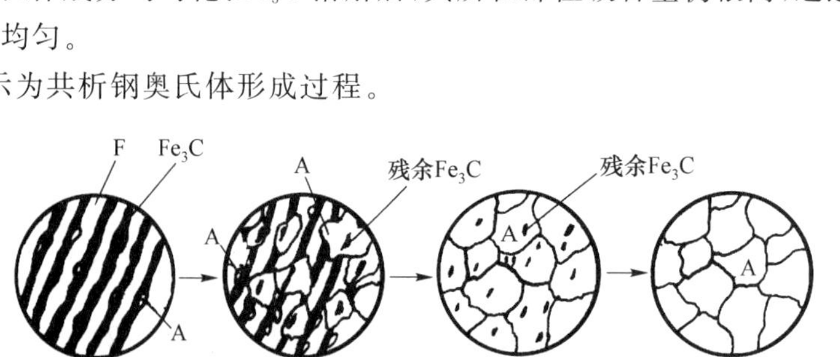

(a) A晶核形成　(b) A晶核长大　(c) 残余 Fe_3C 溶解　(d) A均匀化

图3-3　共析钢奥氏体形成过程

2. 奥氏体晶粒长大及其影响因素

1) 奥氏体晶粒长大

奥氏体化刚结束时的晶粒度称起始晶粒度，此时晶粒细小均匀。随加热温度升高或保温时间延长，奥氏体晶粒将进一步长大，这也是一个自发的过程。奥氏体晶粒长大过程与再结晶晶粒长大过程相同。在给定温度下奥氏体的晶粒度称实际晶粒度。加热时奥氏体晶粒的长大倾向称本质晶粒度。通常将钢加热到(940±10)℃奥氏体化后，设法把奥氏体晶粒保留到室温来判断。奥氏体晶粒度为1～4级的是本质粗晶粒钢，5～8级的是本质细晶粒钢。前者晶粒长大倾向大，后者晶粒长大倾向小，如图3-4所示。

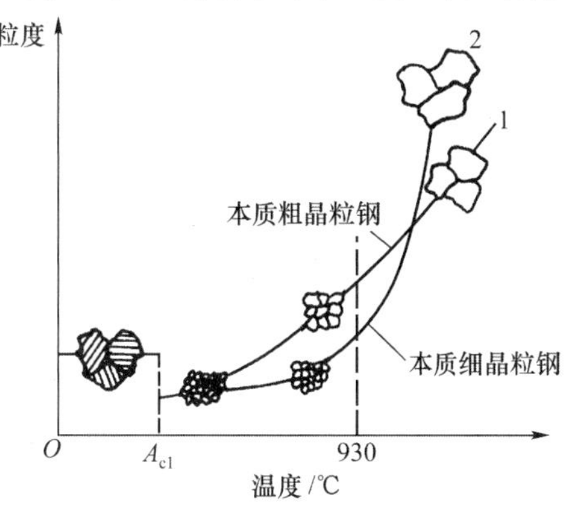

图3-4　钢的本质晶粒度示意图

2) 影响奥氏体晶粒长大的因素

影响奥氏体晶粒长大的因素有加热温度和保温时间、加热速度、钢的成分及原始组织。

① 加热温度和保温时间：加热温度高，保温时间长，奥氏体晶粒粗大。

② 加热速度：加热速度越快，过热度越大，形核率越高，晶粒越细。

③ 合金元素：阻碍奥氏体晶粒长大的元素：Ti、V、Nb、Ta、Zr、W、Mo、Cr、Al等碳化物和氮化物形成元素。促进奥氏体晶粒长大的元素：Mn、P、C、N。

④ 原始组织：平衡状态的细晶粒组织有利于获得细奥氏体晶粒。

奥氏体晶粒粗大，冷却后的组织也粗大，将降低钢的常温力学性能，尤其是塑性。因此，加热得到细而均匀的奥氏体晶粒是热处理的关键问题之一。

3.1.2　钢在冷却时的组织转变

钢热处理后的力学性能不仅与加热和保温有关，更重要的是与冷却转变有关。表3-1所列为45钢在同样的奥氏体化条件下，冷却速度不同所获得的组织也大不相同，其力学性能也有很大的差别。

表3-1　不同冷却速度对45钢力学性能的影响

冷却方法	R_m/MPa	R_{eL}/MPa	$A_{11.3}$/%	Z/%	硬度HRC
随炉冷却	519	272	32.5	49	15～18
空气冷却	657～706	333	15～18	45～50	18～24
油冷却	882	608	18～20	48	40～50
水冷却	1 078	706	7～8	12～14	52～60

热处理生产中常用的冷却方式有两种：一种是等温冷却，即把奥氏体化后的钢迅速冷却致A_{r1}(冷却时的下临界温度)以下某一温度，并保温一定时间，使其在恒温下完成组织转变；另一种是连续冷却，即把奥氏体化后的钢以某种冷却速度连续冷却到室温，使其在A_{r1}以下的一个

温度范围内完成组织转变。两种冷却方式如图 3-5 中的曲线 1 和曲线 2 所示。

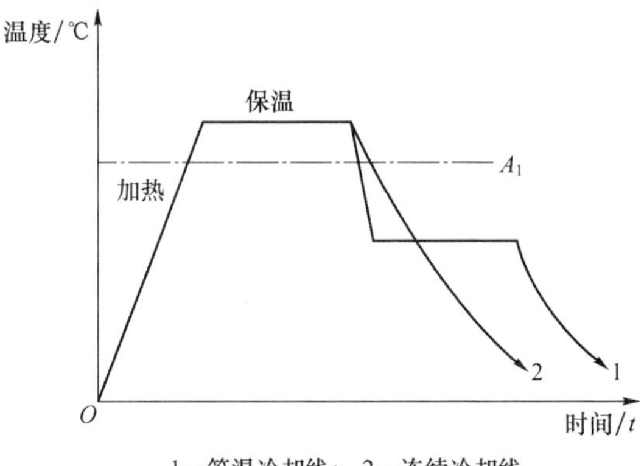

1—等温冷却线；2—连续冷却线

图 3-5 不同冷却方式示意图

处于临界点 A_1 以下的奥氏体称过冷奥氏体,过冷奥氏体是非稳定组织,迟早要发生转变。为了解奥氏体在冷却过程中相与组织的转变情况,可借助过冷奥氏体等温转变曲线和连续转变曲线进行分析,它们分别与上述两种冷却方式呈对应关系。为便于分析,首先从过冷奥氏体等温转变曲线介绍。

1. 过冷奥氏体的等温转变

过冷奥氏体的等温转变图(见图 3-6)是表示奥氏体急速冷却到临界点 A_1 以下在各不同温度下的保温过程中转变量与转变时间的关系曲线,又称 C 曲线、S 曲线或 TTT 曲线。

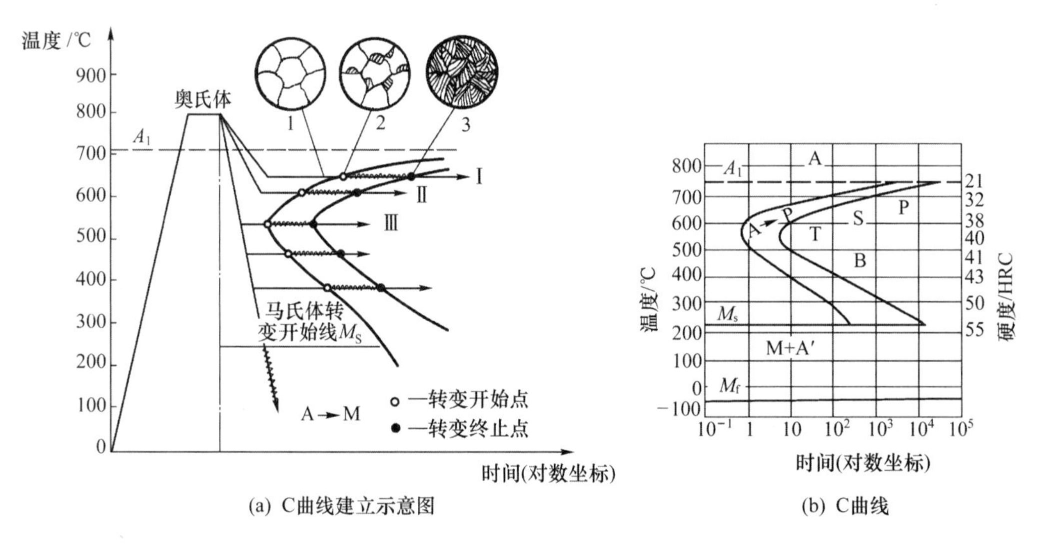

(a) C曲线建立示意图 (b) C曲线

图 3-6 共析钢过冷奥氏体等温转变图

1) 等温转变曲线

以共析钢为例说明 C 曲线的建立:

① 取一批小试样并进行奥氏体化。

② 将试样分组淬入低于 A_1 点的不同温度的盐浴中,隔一定时间取一试样淬入水中。

③ 测定每个试样的转变量，确定各温度下转变量与转变时间的关系。

④ 将各温度下转变开始时间及终了时间标在温度-时间坐标中，并分别连线。

转变开始点的连线称转变开始线。转变终了点的连线称转变终了线。C 曲线的下方还有两条水平线 M_s 和 M_f 线，分别为马氏体转变开始线和终了线。$A_1 \sim M_s$间及转变开始线以左的区域为过冷奥氏体区。转变终了线以右及 M_f 以下为转变产物区。两线之间及 M_s 与 M_f 之间为转变区。

转变开始线与纵坐标之间的距离为孕育期。孕育期越小，过冷奥氏体稳定性越小，孕育期最小处称 C 曲线的“鼻尖”。碳钢“鼻尖”处的温度为 550 ℃。在“鼻尖”以上，温度较高，相变驱动力小。在“鼻尖”以下，温度较低，扩散困难，从而使奥氏体稳定性增强。

2）等温转变产物及性能

C 曲线明确表示了过冷奥氏体在不同温度下的等温转变产物，如图 3－7 所示。下面研究各种转变产物，根据冷却速度不同，过冷奥氏体将发生珠光体、贝氏体和马氏体 3 种类型转变。

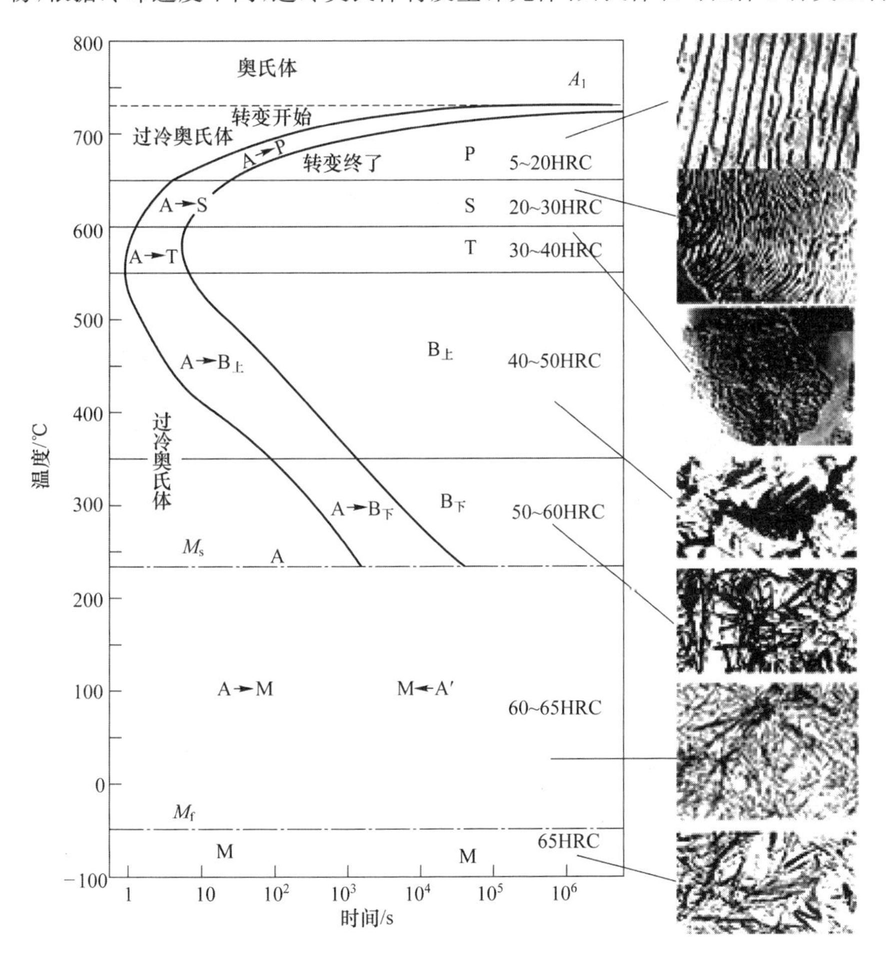

图 3－7　过冷奥氏体在不同温度下的等温转变产物

（1）珠光体转变

过冷奥氏体在 $A_1 \sim$ 550 ℃间将转变为珠光体类型组织，它是铁素体与渗碳体片层相间的机械混合物，根据片层薄厚不同，又细分为珠光体、索氏体和托氏体。

珠光体形成温度为 A_1～650 ℃，片层较厚，用符号P表示。索氏体形成温度为650～600 ℃，片层较薄，用符号S表示。托氏体形成温度为600～550 ℃，片层极薄，电镜下可辨，用符号T表示(如图3-8所示)。珠光体、索氏体、托氏体3种组织无本质区别，只是形态上的粗细之分，因此其界限也是相对的。片间距越小，钢的强度、硬度越高，而塑性和韧性略有改善。

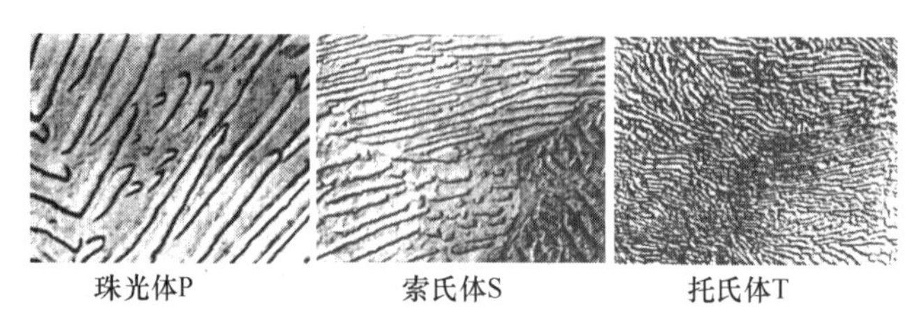

图3-8　珠光体型组织形态

(2) 贝氏体转变

过冷奥氏体在550～230 ℃ (M_s)间将转变为贝氏体类型组织，贝氏体用符号B表示。贝氏体又分为上贝氏体($B_上$)和下贝氏体($B_下$)。贝氏体转变是一种半扩散型相变，Fe原子不扩散，切变完成晶格改组；C原子扩散，析出碳化物。

上贝氏体形成温度为550～350 ℃。在光镜下呈羽毛状。在电镜下为不连续棒状的渗碳体分布于自奥氏体晶界向晶内平行生长的铁素体条之间(如图3-9所示)。下贝氏体形成温度为350 ℃～M_s。在光镜下呈竹叶状；在电镜下呈细片状碳化物分布于铁素体针内，并与铁素体针长轴方向呈55°～60°(如图3-10所示)，下贝氏体的组织示意图如图3-11所示。

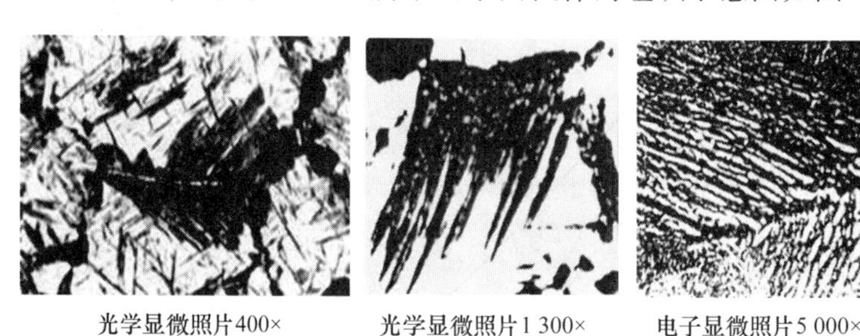

图3-9　上贝氏体组织形态

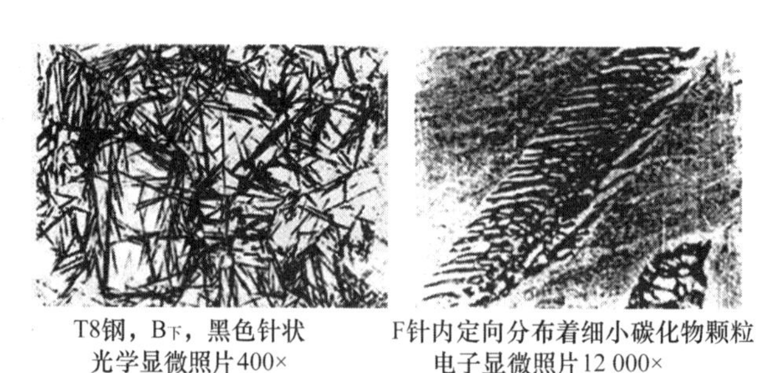

图3-10　下贝氏体组织形态

上贝氏体强度与塑性都较低，无实用价值。下贝氏体除了强度、硬度较高外，塑性、韧性也较好，即具有良好的综合力学性能，是生产上常用的强化组织之一。

(3) 马氏体转变

当奥氏体过冷到 M_s 以下将转变为马氏体类型组织。马氏体转变是强化钢的重要途径之一。

① 马氏体的晶体结构

碳在 α－Fe 中的过饱和固溶体称马氏体，用 M 表示。马氏体转变时，奥氏体中的碳全部保留到马氏体中（如图 3－12 所示）。

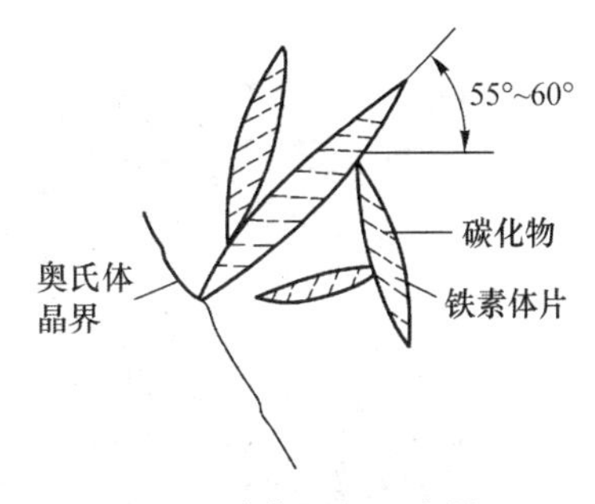

图 3－11　下贝氏体组织示意图

② 马氏体的形态

马氏体的形态分为板条和针状两类。

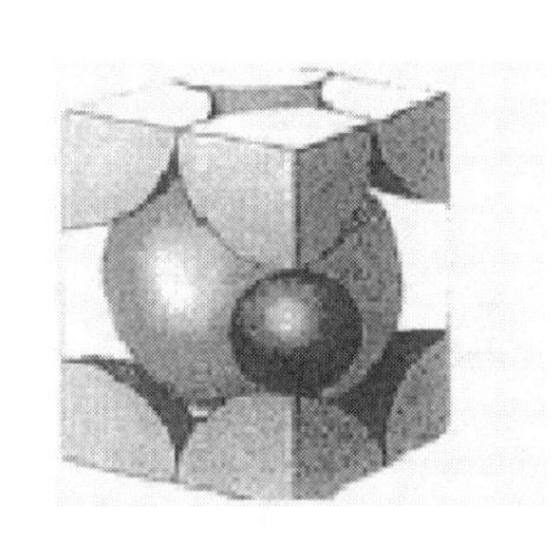
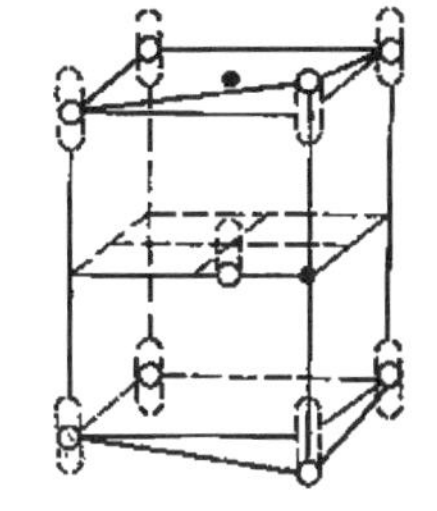
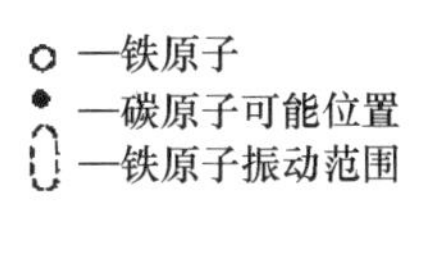

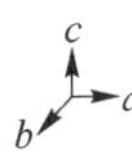

图 3－12　马氏体的晶体结构

板条马氏体：立体形态为细长的扁棒状，在光镜下板条马氏体为一束束的细条组织。每束内条与条之间尺寸大致相同并呈平行排列，一个奥氏体晶粒内可形成几个取向不同的马氏体束。在电镜下，板条内的亚结构主要是高密度的位错，又称位错马氏体，如图 3－13 所示。

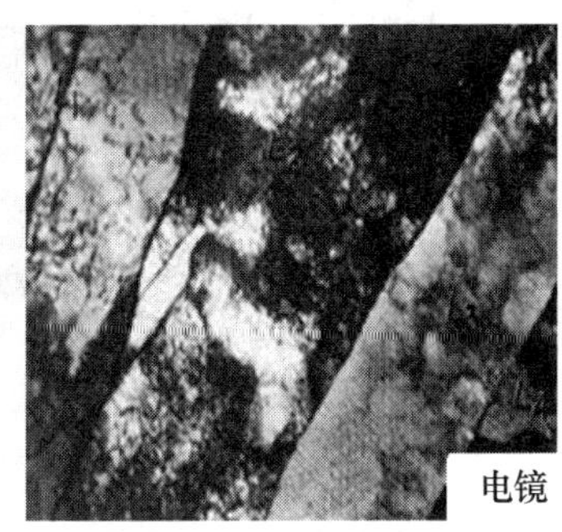

图 3－13　板条马氏体的组织形态

针状马氏体：立体形态为双凸透镜形的片状，显微组织为针状。在电镜下，亚结构主要是孪晶，又称孪晶马氏体，如图 3－14 所示。

马氏体的形态主要取决于其含碳量（如图 3－15 所示）。$w_C<0.25\%$时，组织几乎全部是板条马氏体；$w_C>1.0\%$时，几乎全部是针状马氏体；w_C 为 0.25%～1.0%时为板条与针状的混合组织（如图 3－16 所示）。

③ 马氏体的性能

高硬度是马氏体性能的主要特点。马氏体的硬度主要取决于其含碳量。含碳量增加，其硬度增加（如图 3－17 所示）。当含碳量大于 0.6%时，其硬度趋于平缓。合金元素对马氏体

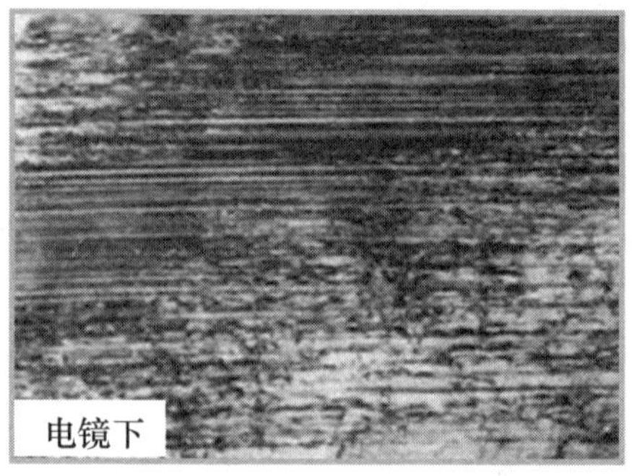

图3-14　针状马氏体的组织形态

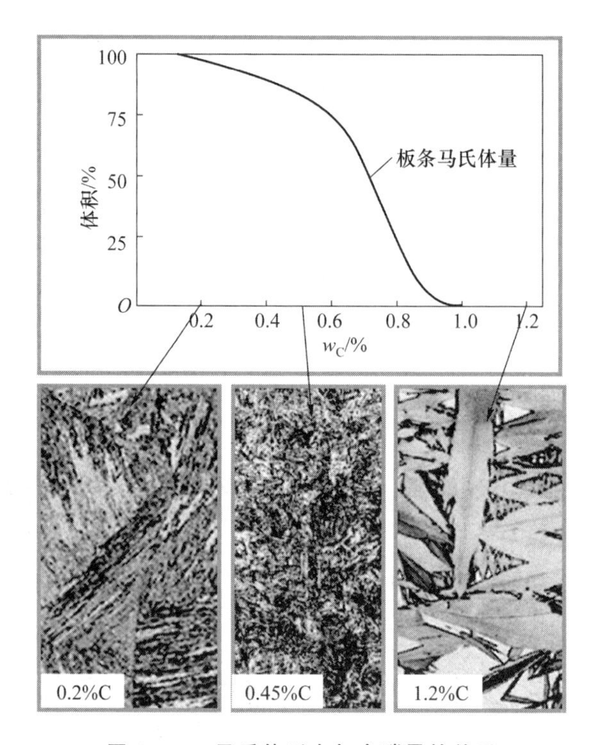

图3-15　马氏体形态与含碳量的关系

硬度的影响不大。马氏体强化的主要原因是过饱和碳引起的固溶强化。此外,马氏体转变产生的组织细化也有强化作用。马氏体的塑性和韧性主要取决于其亚结构的形式。针状马氏体脆性大,板条马氏体具有良好的塑性和韧性,是一种强韧性组织。生产中,现在已日益广泛地采用低碳钢和低碳合金钢进行淬火的热处理工艺。

④ 马氏体转变的特点

无扩散性——铁和碳原子都不扩散,因而马氏体的含碳量与奥氏体的含碳量相同。

降温形成——马氏体转变开始的温度称上马氏体点,用 M_s 表示。马氏体转变终了温度称下马氏体点,用 M_f 表示。只要温度达到 M_s 以下即发生马氏体转变。在 M_s 以下,随温度的下降,转变量增加,冷却中断,转变停止。

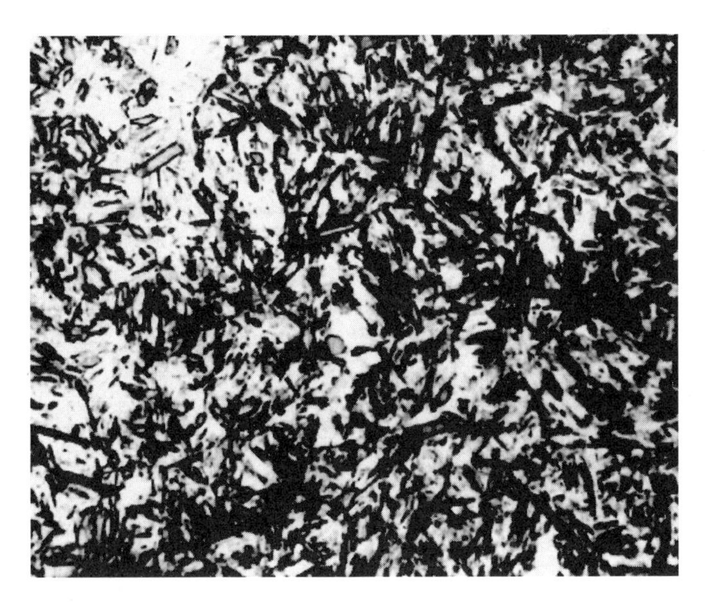

图 3－16　混合马氏体组织形态

高速长大——马氏体形成速度极快，瞬间形核，瞬间长大。当一片马氏体形成时，可能因撞击作用使已形成的马氏体产生裂纹。

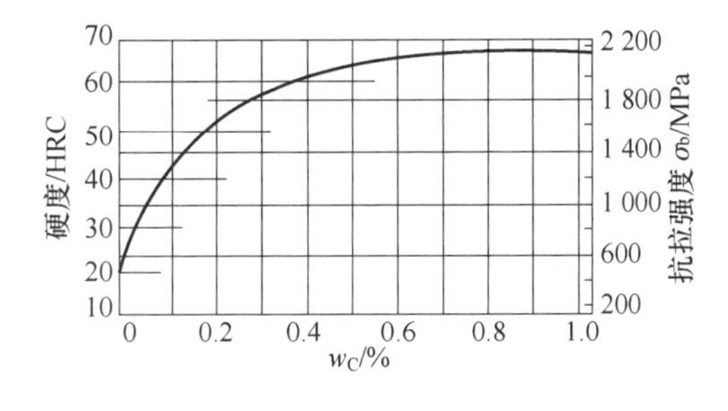

图 3－17　马氏体的硬度、强度与含碳量的关系

转变不完全——即使冷却到 M_f 点，也不可能获得 100％的马氏体，总有部分奥氏体未能转变而残留下来，称残余奥氏体，用 A′表示。

M_s、M_f 与冷速无关——主要取决于奥氏体中的合金元素含量（包括碳含量）。含碳量对马氏体转变温度的影响如图 3－18 所示，含碳量对残余奥氏体量的影响如图 3－19 所示。

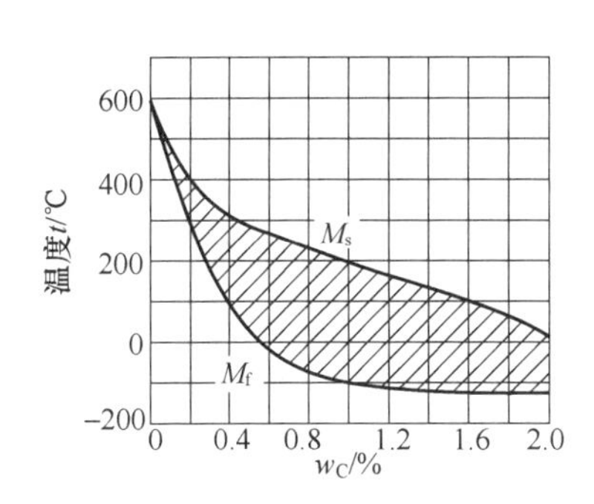

图 3－18　奥氏体碳的质量分数对 M_s 点和 M_f 点的影响

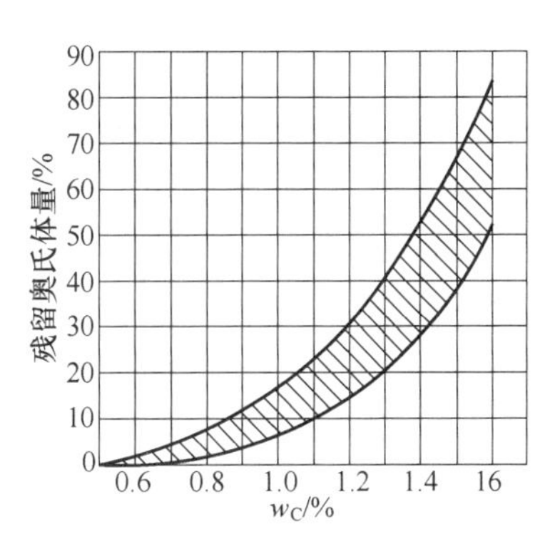

图 3－19　奥氏体碳的质量分数对残留奥氏体量的影响

3）影响C曲线的因素

（1）成分的影响

① 含碳量的影响

共析钢的过冷奥氏体最稳定，C曲线最靠右。M_s与M_f点随含碳量的增加而下降。与共析钢相比，亚共析钢和过共析钢C曲线的上部各多一条先共析相的析出线（如图3-20所示）。

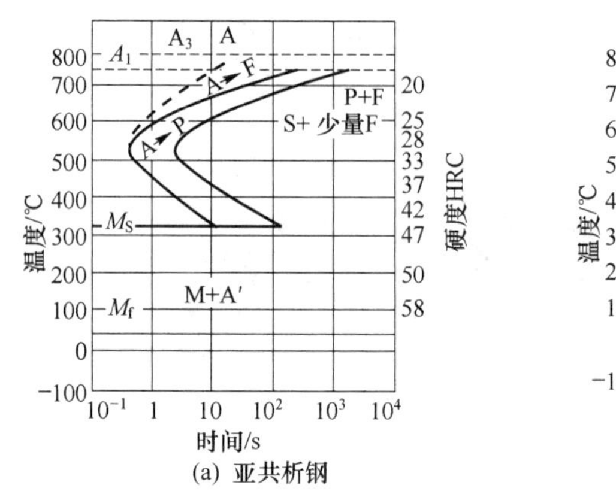

(a) 亚共析钢

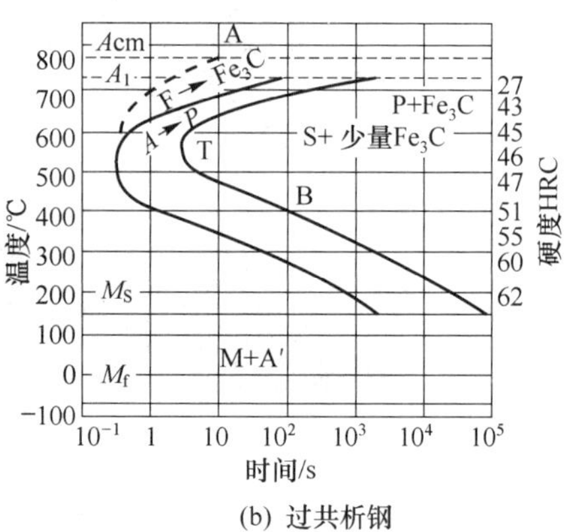

(b) 过共析钢

图3-20　亚共析钢和过共析钢的等温转变曲线

② 合金元素的影响

除Co外，凡溶入奥氏体的合金元素都使C曲线右移。除Co和Al外，所有合金元素都使M_s与M_f点下降。

（2）奥氏体化条件的影响

奥氏体化温度的提高和保温时间的延长，使奥氏体成分均匀、晶粒粗大、未溶碳化物减少，增加了过冷奥氏体的稳定性，使C曲线右移。使用C曲线时应注意奥氏体化条件及晶粒度的影响。

2. 过冷奥氏体的连续转变

1）连续转变曲线

过冷奥氏体连续冷却转变图又称CCT（Continuous-Cooling-Transformation Diagram）曲线，是通过测定不同冷却速度下过冷奥氏体的转变量获得的。

共析钢的CCT曲线没有贝氏体转变区，在珠光体转变区之下多了一条转变中止线K线。当连续冷却曲线碰到转变中止线时，珠光体转变中止，余下的奥氏体一直保持到M_s以下转变为马氏体；P_s线为过冷奥氏体向珠光体转变开始线；P_f线为过冷奥氏体向珠光体转变终了线；v_k为CCT曲线的上临界冷却速度，即获得全部马氏体组织时的最小冷却速度；v_k'为CCT曲线的下临界冷却速度，即获得全部珠光体组织时的最大冷却速度（如图3-21所示）。

CCT曲线位于TTT曲线右下方。CCT曲线获得较困难，TTT曲线容易测得。可用TTT曲线定性说明连续冷却时的组织转变情况。方法是将连续冷却曲线绘在C曲线上，依其用与C曲线交点的位置来说明最终转变产物（如图3-22所示）。

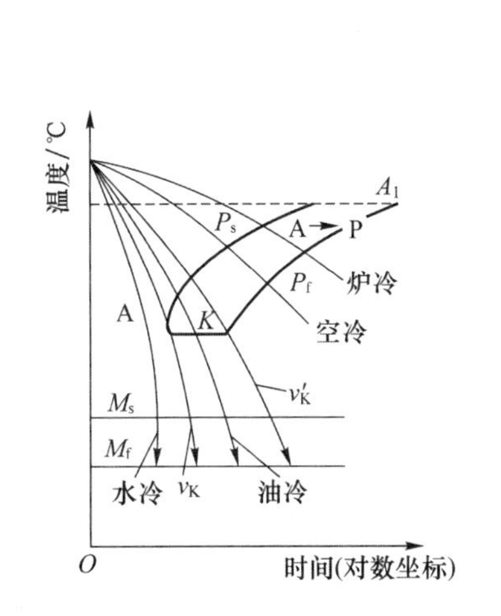

图 3－21　共析钢连续冷却转变曲线

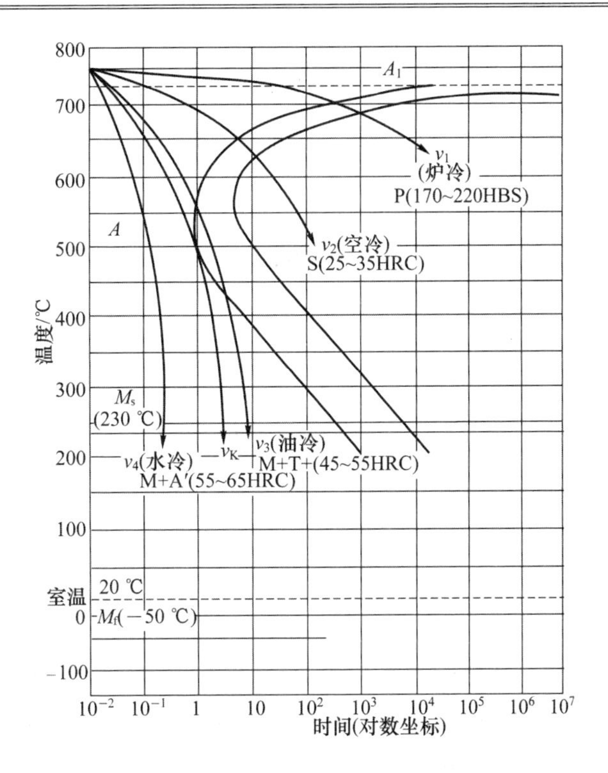

图 3－22　用 TTT 曲线定性说明共析钢连续冷却转变时的组织转变

2）连续转变产物

实际生产中的热处理大多是连续冷却。奥氏体在连续冷却时所生产的组织，也可用等温转变曲线来分析。如图 3－22 所示，将代表连续冷却的冷却速度线（v_1、v_2、v_3、v_4 等）画在 C 曲线上，根据与 C 曲线相交的位置，就能估计出所得到的组织和性能。

图中冷却速度 v_1 相当于随炉缓冷（退火）时的情况，可以判断转变为珠光体组织。冷却速度 v_2 相当于空冷（正火），可判断转变为索氏体。冷却速度 v_3 相当于油中冷却，它与 C 曲线的开始相变线交于“鼻部”附近，所以有部分过冷奥氏体转变为托氏体组织，而另一部分奥氏体来不及分解，最后发生马氏体转变，结果得到托氏体与马氏体的混合组织。冷却速度 v_4 相当于水冷（淬火），它不与 C 曲线相交，说明因冷却速度快，奥氏体来不及分解便激冷到 M_s 线以下，向马氏体转变。

冷却速度 v_k 是决定淬火工艺的一个重要因素，只有在知道某种钢的 v_k 大小时，才能正确选择冷却方式，使淬火达到或超过临界冷却速度。

任务拓展：

钢中不同组织的比容是不同的。马氏体的比容最大，奥氏体的最小，珠光体居中。因之，奥氏体向马氏体转变时，必然伴随体积膨胀而产生内应力。马氏体含碳量越高，比容越大，产生的内应力也越大，这就是高碳钢淬火时容易产生变形和开裂的原因之一。生产中有时也利用这一效应，在淬火零件的表层产生残余内应力，以提高零件的疲劳强度。

任务2　钢的热处理工艺

任务引导:

根据加热、冷却方式及钢组织性能变化的特点不同,热处理工艺可分类如下:

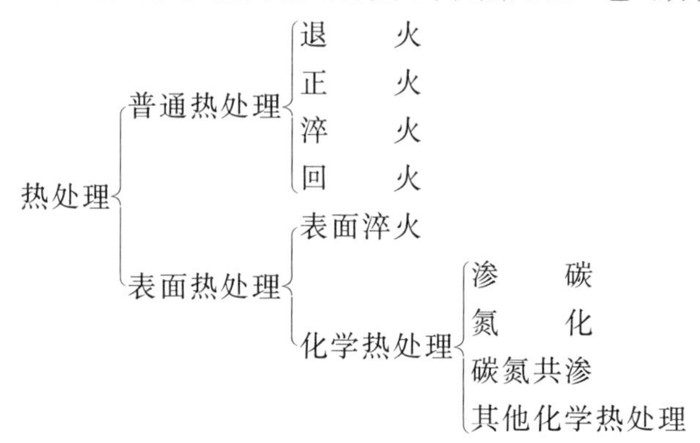

根据热处理作用的不同,热处理分为预备热处理与最终热处理。预备热处理——为随后的加工(冷拔、冲压、切削)或进一步热处理作准备的热处理。最终热处理——赋予工件所要求的使用性能的热处理。

在生产中,有不少零件(如齿轮、凸轮、曲轴、活塞销等)是在弯曲、扭转等变动载荷、冲击载荷以及摩擦条件下工作的。这种零件的表层必须强化,使其具有高的强度、硬度、耐磨性和疲劳强度,而心部为了能承受冲击载荷,应保持足够的塑性和韧性。采用表面处理工艺可使零件获得此性能。

相关知识:

3.2.1　钢的退火

退火是将钢加热、保温后,随炉冷却(缓冷)得到接近于平衡组织的一种热处理工艺。退火的目的是降低钢的硬度、改善切削加工性、细化晶粒、改善组织,以调整钢的力学性能为以后的加工和处理做好组织和性能准备。由于钢的成分和退火的目的不同,退火分为以下4种。

1) 完全退火

完全退火是将钢加热到组织转变为奥氏体的临界温度以上30～50 ℃保温一段时间,然后随炉冷却到500 ℃以下出炉空冷的方法。其主要用于亚共析钢铸锻件的热处理(参见图3-24)。

为了既缩短退火时间,又获得均匀的组织和性能,生产中常采用等温退火工艺。等温退火的加热工艺与完全退火相同,奥氏体化后,先以较快冷却速度冷却到珠光体转变温度区,在等温中完成珠光体转变,再快冷至室温。图3-23所示为高速钢的等温退火与完全退火工艺比较。

2) 球化退火

球化退火是将钢加热到组织转变为奥氏体的临界温度以上20～30 ℃保温足够时间,随炉

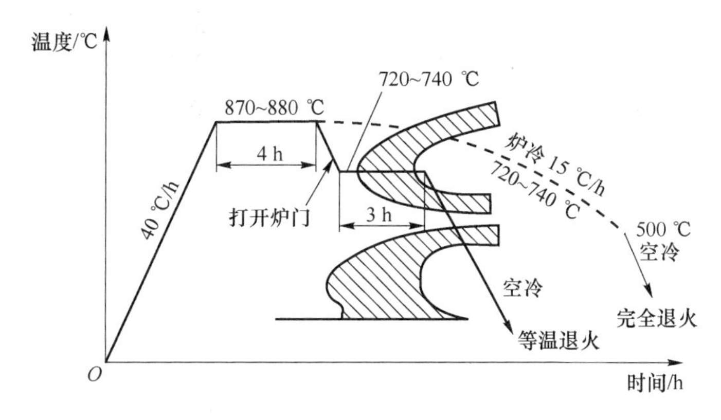

图 3-23　高速工具钢的完全退火与等温退火工艺曲线

缓冷或用等温冷却方式冷却，将渗碳体球化的退火方式。其主要用于共析钢和过共析钢。几种退火和正火工艺图如图 3-24 所示。

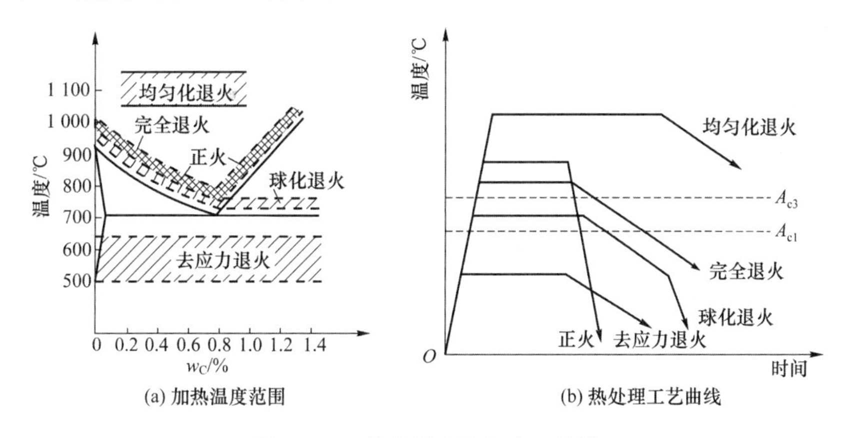

(a) 加热温度范围　(b) 热处理工艺曲线

图 3-24　几种退火和正火工艺图

3）去应力退火

去应力退火是将钢加热到 500～650 ℃保温后随炉缓冷至 200～300 ℃出炉空冷的退火方法。主要用于消除铸件、焊件及切削加工件的应力(参见图 3-24)。

4）均匀化退火(扩散退火)

将铸锭、铸件或锻胚加热到高温(钢熔点以下 100～200 ℃)，保温 10～15 h，随炉冷至 350 ℃，再出炉冷却。均匀化退火后晶粒粗大，还需进行完全退火或正火处理。

均匀化退火所需时间长、工件烧伤严重、耗费能量大，是一种成本很高的工艺，主要用于质量要求高的优质高合金钢的铸锭和铸件(参见图 3-24)。

3.2.2　钢的正火

正火是将钢加热到组织转变为奥氏体的临界温度以上 30～50 ℃保温后，从炉中取出在空气中冷却的热处理方法。

正火和退火的明显区别是正火冷却速度较快。因此，正火组织中的珠光体量较多，且层间距较小,使其强度、硬度、塑性、韧性比退火高。正火工艺较退火生产周期短,因此,生产率高,所以大多数低碳钢不做退火处理,而采用正火处理。对于力学性能要求不高的中碳钢零件常采用正火作为最终热处理。正火可以消除魏氏组织、粗大组织、网状组织等,如过共析钢在球化退火之前,应先用正火消除网状的 Fe_3C_{II},为球化退火做准备。

3.2.3 钢的淬火和回火

1. 钢的淬火

淬火是将钢加热到 A_{c3}(亚共析钢)或 A_{c1}(共析钢或过共析钢)以上 30～50 ℃,保温后快速冷却,获得马氏体或贝氏体的热处理工艺。淬火是钢最经济、最有效的强化手段之一。

淬火后必须配以回火工艺,淬火是为回火做好组织准备,而回火则决定工件热处理后的最终组织和性能。

1) 淬火工艺

(1) 加热温度

钢的化学成分是决定淬火加热温度的主要因素。碳钢的淬火加热温度范围(如图 3-25 所示)可利用铁碳合金相图来确定,原则上为:

亚共析钢:　　$t = A_{c3} + 30～50$ ℃

共析钢:　　$t = A_{c1} + 30～50$ ℃

过共析钢:　　$t = A_{c1} + 30～50$ ℃

合金钢的淬火温度比碳钢高,因为大多数的合金元素都有细化晶粒的作用。

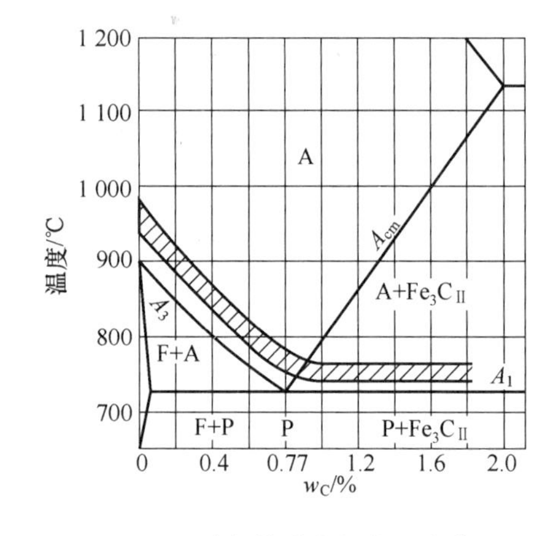

图 3-25　碳钢的淬火加热温度范围

(2) 淬火加热时间

加热时间包括升温和保温时间。工件的加热时间与钢的成分、原始组织、工件形状和尺寸、加热介质、装炉方式、装炉量、炉温等因素有关。一般采用如下经验公式加以确定:

$$t = \alpha D$$

式中　t——加热时间,min;

α——加热系数,min/mm;

D——工件有效厚度,mm。

(3) 淬火冷却介质

冷却是决定工件淬火质量的关键操作,既要保证冷却后获得马氏体组织,又要减少工件变形与开裂。

理想的冷却曲线应只在C曲线"鼻尖"处快冷,而在 M_s 附近尽量缓冷,以达到既获得马氏体组织,又减小内应力的目的。但目前还没有找到理想的淬火介质。理想的淬火冷却速度如图 3-26 所示。

生产中常用的冷却介质有水、油、碱浴或盐浴。

①水　水的冷却特性并不理想，在 600～500 ℃需要快冷时，水的冷却能力相对较弱，在 300～200 ℃需要慢冷时，水的冷却能力又相对较强。但因水价廉易得，使用安全，故常用于形状简单、截面较大的碳钢件。为提高水在 600～500 ℃的冷却能力，常将水配成盐水溶液或碱水溶液。盐水溶液对工件有一定的锈蚀作用，淬火后必须清洗干净，且在 300～200 ℃冷却速度过大，使相变应力增大，主要用于形状简单的中、低碳钢件淬火。碱溶液在 600～500 ℃冷却能力比盐溶液还强，在 300～200 ℃冷却速度比盐溶液稍小，但对工件、设备和操作者的腐蚀性强，主要用于易产生淬火裂纹工件的淬火。

② 油　油在 300～200 ℃冷却速度较慢，有利于减小工件的变形与开裂，但在 600～500 ℃冷却能力较弱，不利于工件淬硬，常用于合金钢和小尺寸的碳钢件。

聚乙烯醇、硝盐水溶液等也是工业常用的淬火介质。

2）淬火方法

采用不同的淬火方法可弥补介质的不足。

（1）单液淬火法

单液淬火法是加热工件在一种介质中连续冷却到室温的淬火方法，如图 3－27 中①所示。单液淬火法操作简单，易实现机械化与自动化。由于水和油的冷却性能都不非常理想，故形状简单、尺寸较大的碳钢件在水中淬火，合金钢件及尺寸较小的碳钢件在油中淬火。

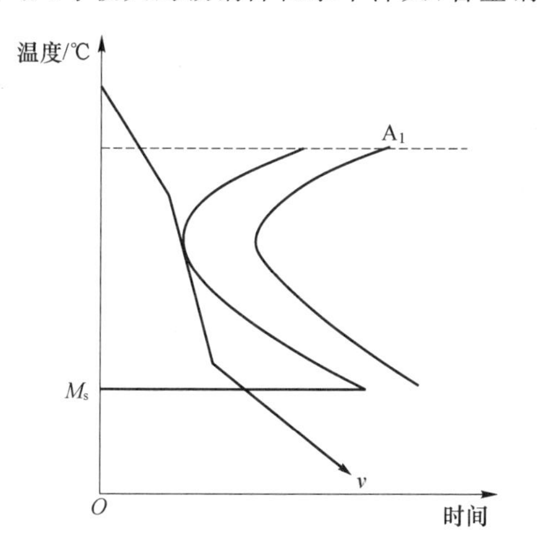

图 3－26　理想淬火冷却速度曲线

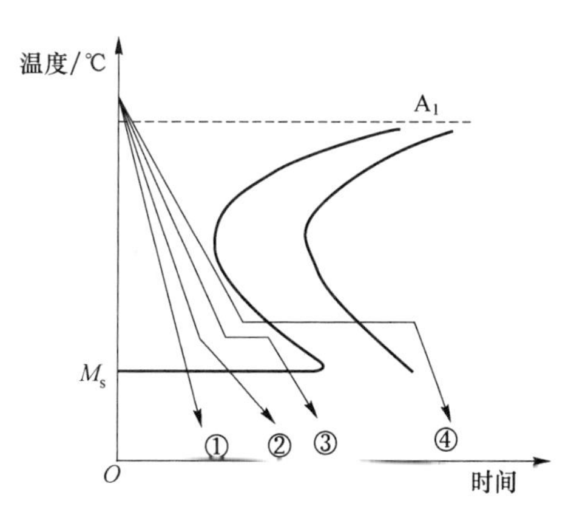

图 3－27　常用淬火方法示意图

（2）双液淬火法

双液淬火法是工件先在一种冷却能力强的介质中冷却躲过“鼻尖”后，再在另一种冷却能力较弱的介质中发生马氏体转变的方法，如图 3－27 中②所示。碳钢通常采用先水淬后油淬，合金钢通常采用先油淬后空冷。

其优点是冷却理想，缺点是工艺不易掌握，适合用于形状复杂的碳钢件及大型合金钢件。

（3）分级淬火

分级淬火是工件奥氏体化后，浸入温度在 M_s 附近的盐浴或碱浴中，保持适当时间，待工件内外层都达到介质温度后取出空冷，以获得马氏体组织的淬火工艺，如图 3－27 中③所示。分级淬火法能保证工件较小的变形与防止开裂，但由于碱浴或盐浴的冷却能力较弱，易使过冷奥氏体稳定性较小的工件，在分级过程中形成珠光体，故只适用于截面尺寸较小，形状较复杂的工件的淬火。

(4) 等温淬火

等温淬火是工件奥氏体化后,浸入温度稍高于 M_s 附近的碱浴或盐浴中,保留适当时间,等工件发生贝氏体转变后取出空冷的工艺,如图3-27中④所示。采用此法淬火后,工件变形和开裂较小,但生产周期长,效率低,主要用于形状复杂,尺寸要求精确,并要求有较高强韧性的小型工、模具及弹簧的淬火。

3) 钢的淬透性

淬透性是钢的主要热处理性能,是选材和制订热处理工艺的重要依据之一。

(1) 淬透性的概念

淬透性是指钢在淬火时获得淬硬层深度的能力,它是钢材本身固有的属性。其大小是用规定条件下淬硬层深度来表示的。

淬硬层深度从理论上讲是指工件截面上全淬成马氏体的深度,实际上当马氏体中混入少量非马氏体组织时,无论从显微组织或硬度测量上都难以辨别出来。因此,通常是把工件表面到半马氏体区(50%马氏体和50%非马氏体)的垂直距离作为淬硬层深度。

同一材料的淬硬层深度与工件尺寸、冷却介质有关。工件尺寸小、介质冷却能力强,淬硬层深。淬透性与工件尺寸、冷却介质无关。它只用于不同材料之间的比较,是通过尺寸、冷却介质相同时的淬硬层深度来确定的。

钢的淬硬性与淬透性是两个不同的概念。钢的淬硬性是指钢在淬火后能达到最高硬度的能力,它主要取决于马氏体的含碳量。淬透性好的钢其淬硬性不一定高。例如低碳合金钢的淬透性好,但它的淬硬性却不高;高碳工具钢的淬硬性好,但它的淬透性却较差。

(2) 影响淬透性的因素

凡能使C曲线右移即减小马氏体上临界冷却速度的因素,都能提高钢的淬透性。除Co外,凡溶入奥氏体的合金元素都能使钢的淬透性提高;奥氏体化温度高、保温时间长也能使钢的淬透性提高。

(3) 淬透性的测定与表示方法

淬透性的测定方法很多,常用的是《钢的淬透性末端淬火试验方法》。如图3-28(a)所示,将试样奥氏体化后,置于支架上从末端喷水冷却。由于试样末端冷却最快,越往上冷却速度越慢,因此,由下往上试样的组织和硬度不同。淬火后,从试样末端起沿长度方向,每隔一定距离测量一个硬度值,建立以长度值为横坐标,以硬度值为纵坐标的坐标图,称为淬透性曲线,如图3-28(b)所示。由图可见45钢比40Cr钢的硬度下降快,表明40Cr钢的淬透性比45钢好。图3-28(b)与(c)配合使用就可得到钢的半马氏体区至末端的距离,该值越大,表示其淬透性越好。

钢的淬透性值用淬透性曲线即用JHRC-d表示,J表示末端淬透性,d表示半马氏体区到水冷端的距离,HRC为半马氏体区的硬度。此外,在生产实际中还常用临界淬透直径表示。临界淬透直径是指圆形钢棒在介质中冷却,中心被淬成半马氏体的最大直径,用 D_c 表示。在相同冷却条件下,临界直径越大,钢的淬透性越好。几种常用钢的临界直径如表3-2所列。

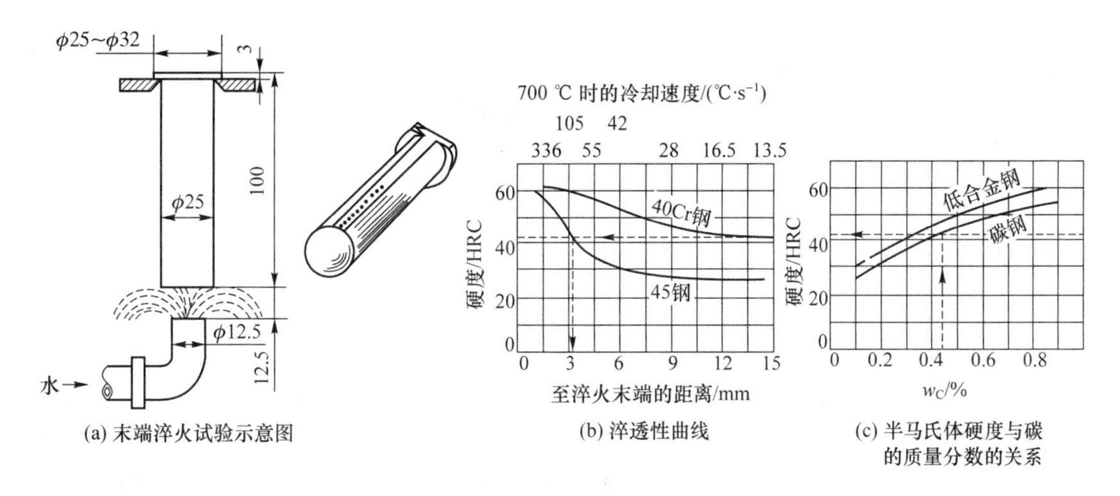

(a) 末端淬火试验示意图　(b) 淬透性曲线　(c) 半马氏体硬度与碳的质量分数的关系

图 3-28　末端淬火法

表 3-2　常用钢的临界直径

牌　号	$D_{C水}$/mm	$D_{C油}$/mm
45	13～16.5	5～9.5
60	20～25	9～15
T10	10～15	<8
40r	20～36	12～24
20CrMnTi	32～50	12～20
GCr15		30～35
Cr12		200

（4）淬透性的应用

钢的淬透性是选材和制定钢的热处理工艺规程时的主要依据。淬透性对钢热处理后的力学性能影响很大。例如，当工件整个截面被淬透时，回火后工件表面和心部组织和性能均匀一致，如图 3-29 所示；否则工件表面和心部力学性能有明显区别，越靠近心部，力学性能尤其是韧性越低。

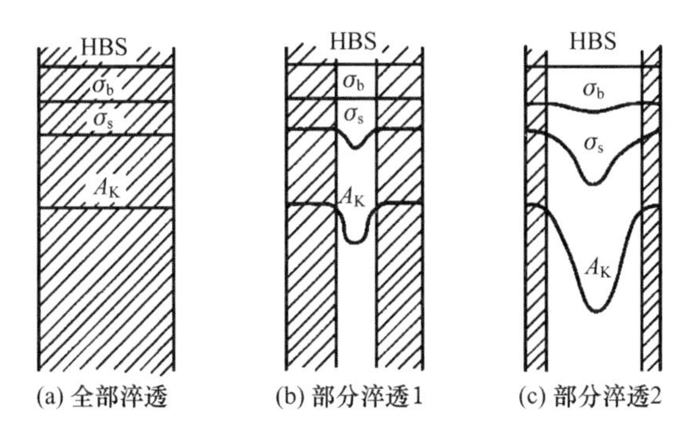

(a) 全部淬透　(b) 部分淬透1　(c) 部分淬透2

图 3-29　淬透性对钢回火后力学性能的影响

① 利用淬透性曲线及圆棒冷速与端淬距离的关系曲线可以预测零件淬火后的硬度分布。

② 利用淬透性曲线进行选材。如要求厚 60 mm 汽车转向节淬火后表面硬度超过 50HRC,1/4 半径处为 45HRC,可根据淬透性曲线选择 60 号钢。

③ 利用淬透性可控制淬硬层深度。对于截面承载均匀的重要件,要全部淬透。如螺栓、连杆、模具等。对于承受弯曲、扭转的零件可不必淬透(淬硬层深度一般为半径的 1/2～1/3),如轴类、齿轮等。

2. 钢的回火

回火是把淬火后的钢重新加热到组织转变为奥氏体的临界温度以下某一温度,保温一定时间,再以适当的冷却速度冷却到室温的热处理工艺。

由于淬火时冷却速度比较快,工件内部产生很大的内应力,且淬火后的组织不稳定,故淬火后必须回火。回火的目的就是稳定淬火后的组织,消除内应力,调整硬度、强度,提高塑性,使工件获得较好的综合力学性能。回火通常是热处理的最后工序。

1) 回火种类及应用

淬火钢回火的性能与回火时加热温度有关,硬度和强度随回火温度的升高而降低,而塑、韧性增加,如图 3-30 所示。

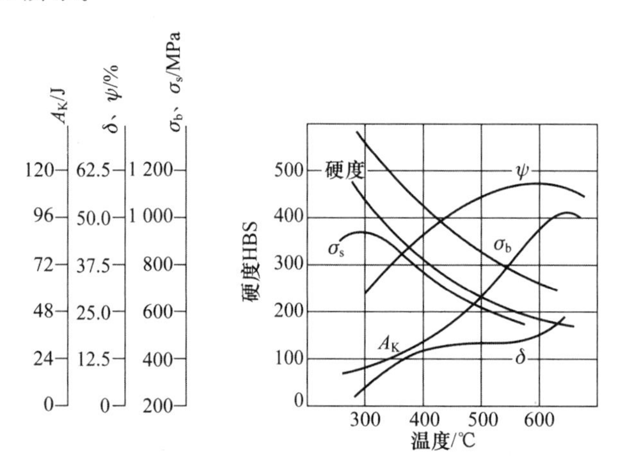

图 3-30 40 钢回火温度与力学性能的关系

实际生产中,根据钢件的性能要求,按其温度范围可以分为以下 3 类。

(1) 低温回火(150～250 ℃)

组织为 $M_{回}$,钢具有高硬度和高耐磨性,但内应力和脆性降低,主要用于高碳钢和高碳合金钢制造的工模具和滚动轴承,以及经渗碳和表面淬火的零件,回火后的硬度一般为 58～64HRC。

(2) 中温回火(350～550 ℃)

组织为 $T_{回}$,主要用于含碳量在 0.5%～0.7%的碳钢和合金钢制造的各类弹簧。其硬度为 35～45HRC,具有一定的韧性和高的弹性极限和屈服强度。

(3) 高温回火(500～650 ℃)

组织为 $S_{回}$,主要用于含碳量在 0.3%～0.5%的碳钢和合金钢制造的各类连接和传动的结构零件,如轴、齿轮、连杆以及螺栓等。回火后的硬度一般为 200～350HBS。回火后的性能为强度、硬度、塑性和韧性都较好的综合力学性能。通常将淬火与高温回火相结合的热处理称为调质处理。

钢经调质后的硬度与正火后的硬度相近，但塑性和韧性却显著高于正火。

2）回火脆性

淬火钢的韧性并不总是随温度升高而提高。在某些温度范围内回火时，会出现冲击韧性下降的现象，称回火脆性。如图 3－31 所示，淬火钢在 250～350 ℃回火时出现的脆性称为第 1 类回火脆性，又称不可逆回火脆性。这种回火脆性是不可逆的，只要在此温度范围内回火就会出现脆性，目前尚无有效的消除办法。回火时应避开这一温度范围。第 2 类回火脆性又称可逆回火脆性，是指淬火钢在 500～650 ℃范围内回火后缓冷时出现的脆性。防止办法：回火后快冷或加入合金元素 W（约 1%）、Mo（约 0.5%）。

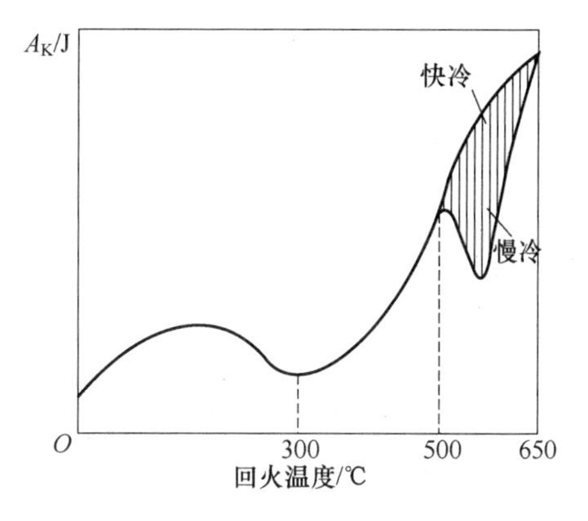

图 3－31　回火温度与合金钢韧性的关系

3.2.4　钢的表面淬火与化学热处理

表面热处理是对工件表面进行强化的金属热处理工艺。它不改变零件心部的组织和性能，广泛用于既要求表层具有较高耐磨性和抗疲劳强度，又要求整体具有良好的塑性和韧性的零件，如曲轴、凸轮轴、齿轮等。

1. 钢的表面淬火

表面淬火是将工件表面快速加热到奥氏体区，在热量尚未传递到心部时立即迅速冷却，使表面得到一定深度的淬硬层，而心部仍保持原始组织的一种局部热处理方法。

表面淬火的快速加热方法很多，常用的为火焰加热和感应加热。由于感应加热速度快，生产效率高，产品质量好，易于实现机械化和自动化，所以感应加热表面淬火应用广泛，但设备较贵，多用于大批量生产的形状较简单的零件。对于表面淬火的钢，碳的质量分数多在 0.4%～0.5%，原因是碳的质量分数低导致表面硬度不够，碳的质量分数高则心部韧性不好。为了使心部韧性好，表面淬火前零件一般须进行正火或调质处理，表面淬火后要进行低温回火。

1）感应加热的原理

如图 3－32 所示，将工件插入空心铜管制成的感应器（感应线圈）中，感应器中通入一定频率的交流电，于是在工件内产生频率相同、方向相反的感应电流，称为涡流。涡流在工件内分布不均，表面密度大，心部密度小，且交流电频率越高，涡流集中的表面层越薄，这种现象称为肌肤效应。由于钢本身有电阻，集中于工件表层的涡流就将工件表面迅速加热到淬火温度，而心部温度仍为室温，在随即喷水快冷后，工件表层被淬硬，达到表面淬火的目的。

2）感应加热表面淬火的应用

根据对表面淬火淬硬深度要求的不同，应选择不同的电流频率和感应加热设备。

（1）高频感应淬火

高频感应淬火常用频率为 200～300 kHz，淬硬层深度为 0.5～2 mm，主要用于要求淬硬层较薄的中、小模数齿轮和小型轴的表面淬火。

(2) 中频感应淬火

中频感应淬火常用频率为2.5~8 kHz,淬硬层深度为2~10 mm,主要用于处理淬硬层较深的零件,如直径较大的轴类和模数较大的齿轮等。

(3) 工频感应淬火

工频感应淬火电流频率为50 Hz,淬硬层深度为10~20 mm,主要用于大直径钢材的穿透加热和要求淬硬层深的大直径零件(如轧辊、火车车轮等)的表面淬火。

3) 感应加热表面淬火的特点

① 加热速度极快,只要几秒到几十秒的时间就可使工件加热到淬火温度。

② 因为加热速度快,获得的奥氏体晶粒细小均匀,淬火后可在表层获得极细马氏体,使工件表层硬度较普通淬火的硬度高2~3HRC,且具有较低的脆性。

③ 表层留有残余内应力,提高了工件的疲劳强度。

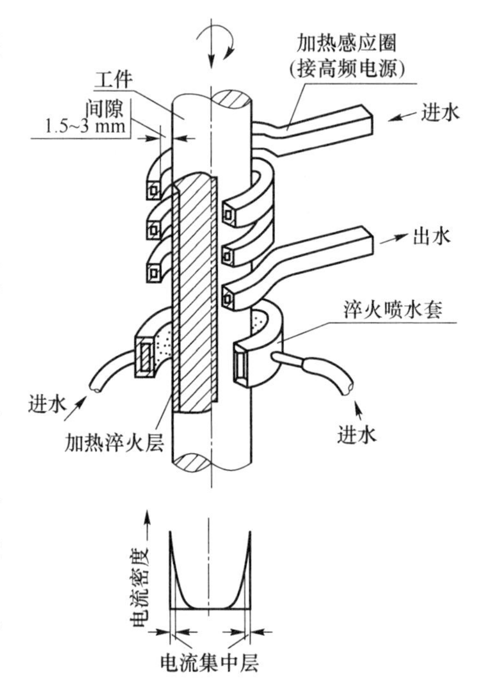

图3-32 感应淬火示意图

2. 钢的表面化学热处理

前面介绍的几种热处理,都是只改变材料的组织而不改变材料的化学成分。

表面化学热处理则是一种同时改变金属零件表层化学成分和组织,以获得所需表层性能的表面热处理工艺。该法一般是渗入某些金属元素或非金属元素,通常是将零件置于一定的活性介质中加热保温,使一种或几种元素渗入工件。表面渗层的性能,取决于渗入元素与基体金属所形成合金或化合物的性质及渗层的组织结构。化学热处理的种类很多,一般以渗入的元素来命名。常见的化学热处理有渗碳、渗氮、碳氮共渗、渗铝和渗铬等。其中,渗碳、渗氮应用最多。一般渗碳后还需进行适当的热处理。钢的最常用的化学热处理方法及其作用如表3-3所列。

表3-3 钢的表面化学热处理方法及作用

工艺方法	渗入元素	作用	应用举例
渗碳(900~950 ℃) 淬火+回火	C	提高钢件表面硬度、耐磨性和疲劳强度,使能承受重载荷	齿轮、轴、活塞销、万向节、链条等
渗氮(500~600 ℃)	N	提高钢件的表面硬度、耐磨性、抗胶合性、疲劳强度、耐蚀性以及抗回火软化能力	气缸、精密轴、齿轮、量具、模具等
碳氮共渗 淬火+回火	C、N	提高钢件表面硬度、耐磨性和疲劳强度,低温共渗还能提高工具的热硬度	齿轮、轴、链条、共模具、液压件

各种化学热处理都是依靠介质元素的原子向零件内部扩散来进行的,在零件加热到一定

温度后，都要经过以下过程：

① 由介质分解出渗入元素的活性原子。

② 零件表面吸收活性原子，进入晶格内形成固溶体或形成化合物。

③ 在一定温度下由表面向内部扩散，形成一定厚度的扩散层。

1）钢的渗碳

渗碳是将工件在渗碳介质中加热、保温，使碳原子渗入工件表面形成一定厚度渗碳层的化学热处理工艺。

渗碳的目的是提高工件表面硬度、耐磨性及疲劳强度，同时保持心部良好的韧性。渗碳用钢为低碳钢或低碳合金钢。渗碳主要用于表面将受严重磨损并在交变载荷、较大冲击力、较大的接触应力条件下工作的零件，如齿轮、活塞销、摩擦片、套筒等。

根据采用的渗碳剂不同，渗碳方法可分为气体渗碳法、固体渗碳法和液体渗碳法。气体渗碳法在生产中应用广泛。

（1）渗碳方法

① 气体渗碳法

如图 3－33 所示，将工件放入密封的井式渗碳炉内，在高温渗碳气氛中渗碳。渗剂为气体（煤气、液化气等）或有机液体（煤油、甲醇等），在高温下分解出活性原子，即：

$$CH_4 \rightleftharpoons 2H_2 + [C]$$

$$2CO \rightleftharpoons CO_2 + [C]$$

$$CO + H_2 \rightleftharpoons H_2O + [C]$$

气体渗碳过程易控制，渗碳层质量好，生产效率高，劳动条件好，易实现自动化和机械化；但成本较高，且不适宜单件、小批量生产。

② 固体渗碳法

如图 3－34 所示，将工件埋入渗剂中，装箱密封后在高温下加热渗碳。渗剂为木炭。

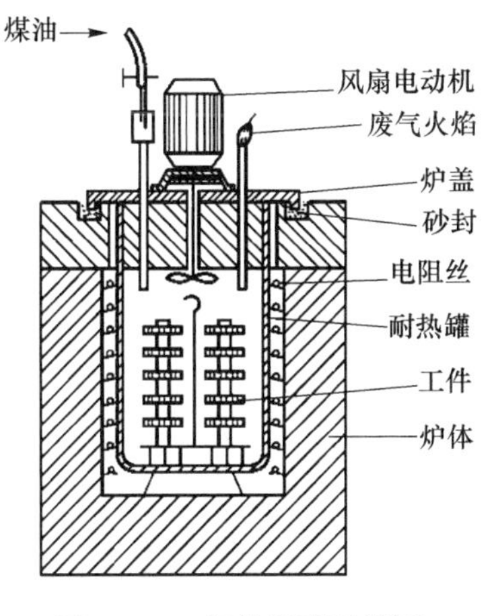

图 3－33　气体渗碳示意图

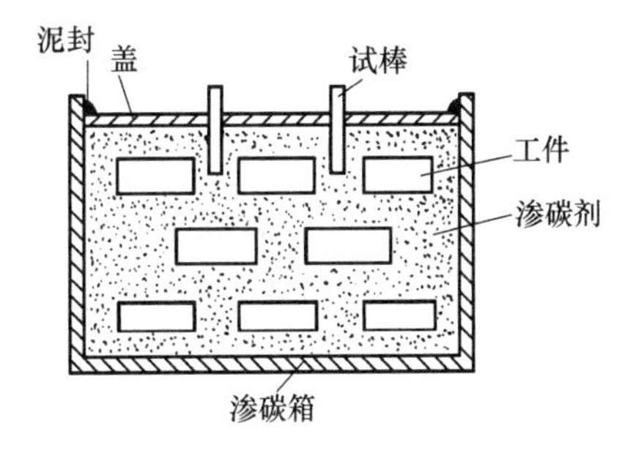

图 3－34　固体渗碳示意图

固体渗碳设备简单，成本低，但劳动条件差，渗碳速度慢，主要用于单件小批量生产。

（2）渗碳的技术要点

渗碳温度为 900～950 ℃；渗碳层厚度（由表面到过渡层一半处的厚度）一般为 0.5～2 mm，

渗碳温度越高、时间越长,则得到的渗层深度越厚;渗碳层表面含碳量以0.85～1.05为最好。

(3)渗碳后的组织与热处理

①渗碳后的组织

钢经渗碳后,从表层到心部其含碳量逐渐减少,到心部为原来低碳钢的含碳量。因此,低碳钢渗碳缓冷到室温的组织,如图3-35所示,最外层为过共析钢组织,往里是共析钢组织,再往里是亚共析钢组织的过渡层,最里面是心部的原始组织。

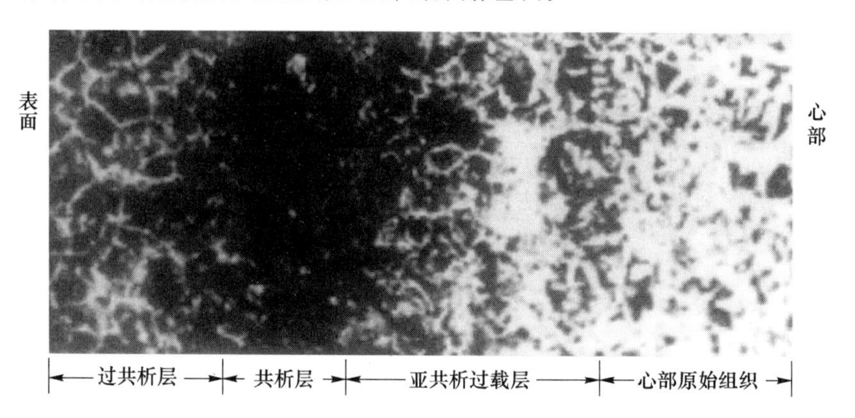

图3-35 低碳钢渗碳缓冷后的显微组织

②渗碳后的热处理

工件渗碳后常用的热处理方法有以下3种:

直接淬火法——如图3-36(a)所示,工件渗碳后,经预冷到稍高于 A_{c3} 的温度,再直接淬火和低温回火。预冷的目的是减小工件的淬火应力和变形。直接淬火法操作简单、成本低,但由于渗碳温度过高,获得的奥氏体晶粒粗大,所以只在渗碳件的心部和表层都不过热的情况下才使用。

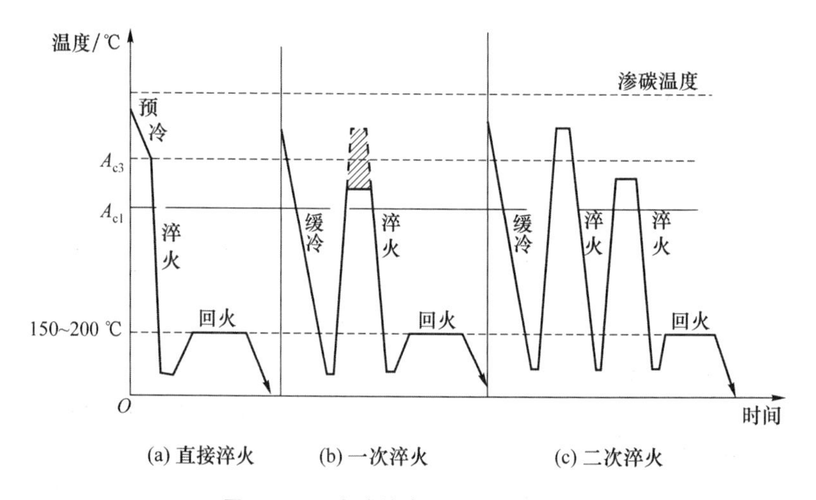

图3-36 渗碳件常用的热处理方法

一次淬火法——如图3-36(b)所示,工件渗碳后出炉空冷,再加热到淬火温度进行淬火和低温回火。一次淬火法的加热温度应兼顾表层和心部,一般选在略高于心部的 A_{c3}。对心部强度要求不高,而要求表面具有较高的硬度和耐磨性时,淬火温度可选在 A_{c1} 和 A_{c3} 之间。

二次淬火法——如图 3-36(c)所示，第一次淬火是为了细化心部组织和消除表层网状二次渗碳体，加热温度为 A_{c3} 以上 30～50 ℃，第二次淬火是为了细化工件表层组织，获得细马氏体组织和粒状二次渗碳体，加热温度为 A_{c1} 以上 30～50 ℃。二次淬火法工艺复杂，生产周期长，成本高，工件变形大，只适用于表面耐磨性和心部韧性要求高的零件。

直接淬火法和一次淬火法淬火加低温回火后的组织是回火马氏体加少量残余奥氏体，二次淬火法的表层组织是回火马氏体加粒状二次渗碳体加少量残余奥氏体。它们的硬度都可达到 58～64HRC。心部组织取决于钢的淬透性和截面尺寸，一般碳钢为珠光体加铁素体，硬度为 10～15HRC；合金钢为低碳马氏体和铁素体，其硬度为 30～45HRC。

(4) 渗碳零件的工艺路线

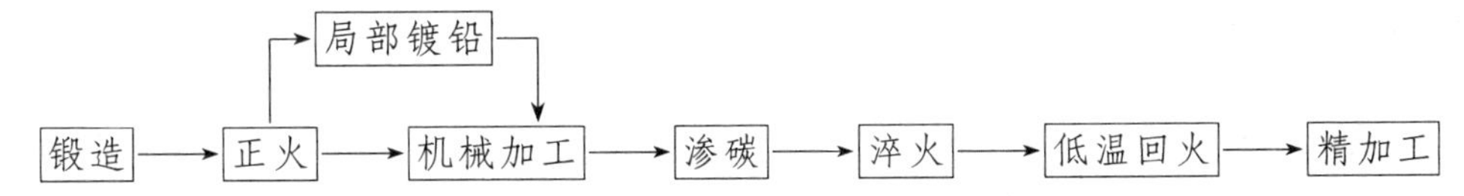

2) 钢的氮化

钢的氮化是在一定温度下使活性氮原子渗入工件表面的化学热处理工艺。氮化用钢为含 Cr、Mo、Al、Ti、V 的中碳钢，常用钢号为 38CrMoAl。氮化温度为 500～570 ℃，氮化层厚度为 0.6～0.7 mm。常用的渗氮方法有气体氮化法和离子氮化法。气体氮化法与气体渗碳法类似，渗剂为氨。离子氮化法是在电场作用下，使电离的氮离子高速冲击作为阴极的工件。与气体氮化相比，氮化时间短，氮化层脆性小。

(1) 零件渗氮前的准备

① 渗氮前一般进行调质处理，使心部具有良好的综合力学性能。

② 对于形状复杂的零件，在切削加工后进行一次消除应力的高温回火。

③ 渗氮前必须将调质后零件除油净化。

④ 渗氮后零件一般不再加工，最多只进行精磨或研磨。

⑤ 对不需氮化部分镀铜或镀锡。

(2) 氮化的特点与应用

① 氮化件表面硬度高(1 000～2 000HV)，耐磨性好。

② 疲劳强度高。原因是表面存在压应力。

③ 工件变形小。原因是氮化温度低，氮化后不须进行热处理。

④ 耐蚀性好。原因是表层形成的氮化物化学稳定性好。

氮化的缺点：工艺复杂，成本高，氮化层薄，用于耐磨性、精度要求高的零件及耐热、耐磨及耐蚀件，如仪表的小轴、轻载齿轮及重要的曲轴等。

(3) 氮化零件的工艺路线

锻造 → 退火 → 机械粗加工 → 调质 → 机械精加工 → 去应力退火 → 粗磨 → 渗氮 → 精磨或研磨

任务拓展：

鉴于这些传统的热处理工艺效果比较单一，现今正大力发展多参数热处理和复合热处理工艺。

1) 真空热处理

真空热处理是一种附加压力的多参数热处理。具有无氧化、无脱碳、工件表面光亮、变形小、无污染、节能、自动化程度高、适用范围广等优点，是近年来发展最快的热处理工艺之一。真空热处理是将工件置于已抽空的真空容器内，进行加热、冷却操作的热处理工艺，适合于工具和模具的热处理，为未来热处理的主流。

2) 形变热处理

形变热处理是一种附加应力的多参数热处理。采用压力加工与热处理相结合的工艺，把形变强化与相变强化结合起来，使材料达到成形与复合强化的目的。形变热处理的应用广泛，从结构钢、轴承钢到高速钢都适用。目前工业上应用最多的是锻造余热淬火和控制轧制。

3) 复合热处理

复合热处理是两种或两种以上的热处理或热处理与其他工艺复合，以使工件获得综合效果，节约能源，提高生产效率。例如，发展了一些新的表面处理技术、激光加热与化学气相沉积(CVD)、离子注入与物理气相沉积(PVD)、物理化学气相沉积(PCVD)等，均具有显著的表面改性效果，在国内外日益获得广泛应用。

任务3 零件的热处理分析

任务引导：

热处理是零件工艺过程的重要工序，它与材料、零件结构、其他加工工艺之间有着密切的联系。

热处理工艺不当，常产生过热、过烧、氧化、脱碳、变形与开裂等缺陷。

变形与开裂是由应力引起的。热应力是指工件加热和冷却时，由于不同部位出现温差而导致热胀和冷缩不均所产生的应力，相变应力是指热处理过程中，由于工件不同部位组织转变不同步而产生的应力。热应力和相变应力是同时存在的，当两种应力综合作用超过材料的屈服强度时，工件发生变形，超过抗拉强度时，产生开裂。

3.3.1 热处理对零件结构设计的要求

为减少工件淬火变形开裂倾向，零件结构设计应遵循以下原则：

① 避免尖角和棱角(见图3-37)。

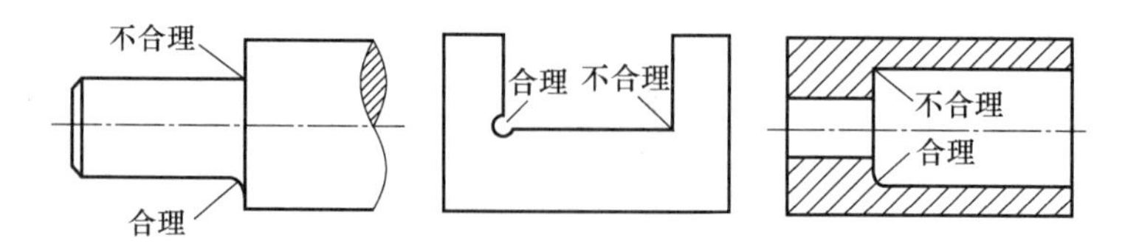

图3-37 避免尖角和棱角

② 避免截面尺寸相差悬殊(见图3-38)。

③ 采用对称、封闭结构(见图3-39)。

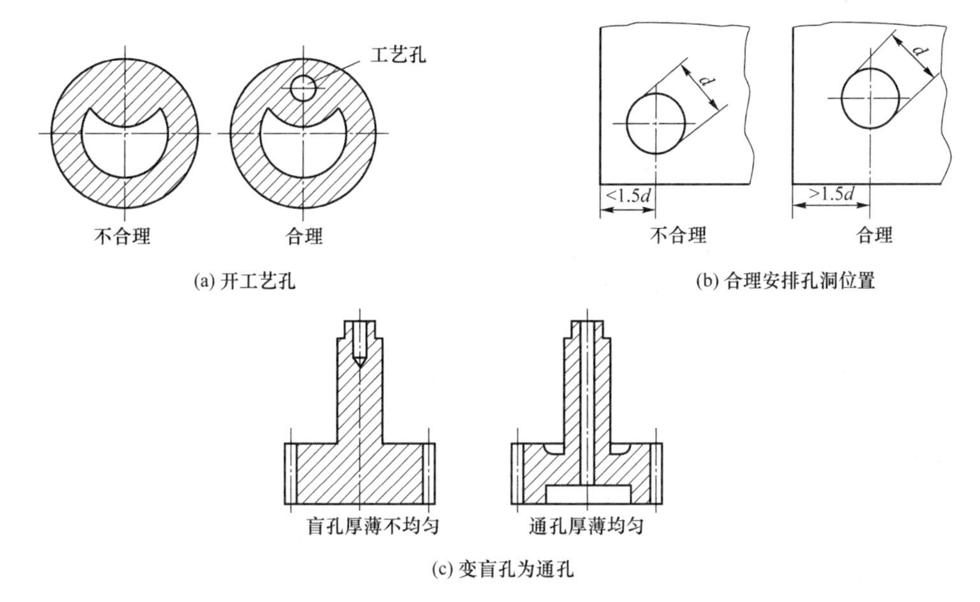

图 3-38 避免截面尺寸相差悬殊

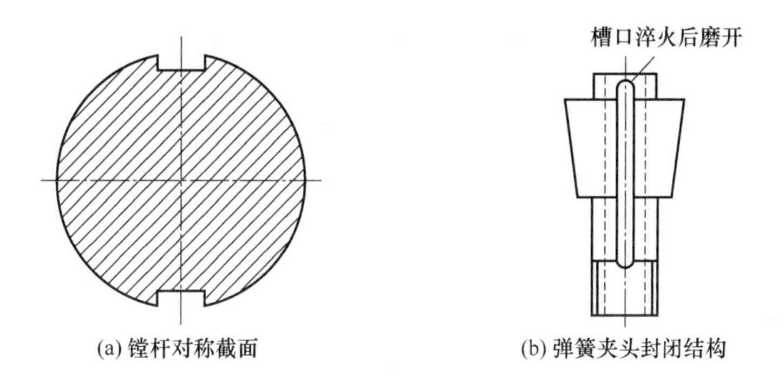

图 3-39 采用对称、封闭结构

④ 截面尺寸或性能相差较大时，可采用组合结构(见图 3-40)。

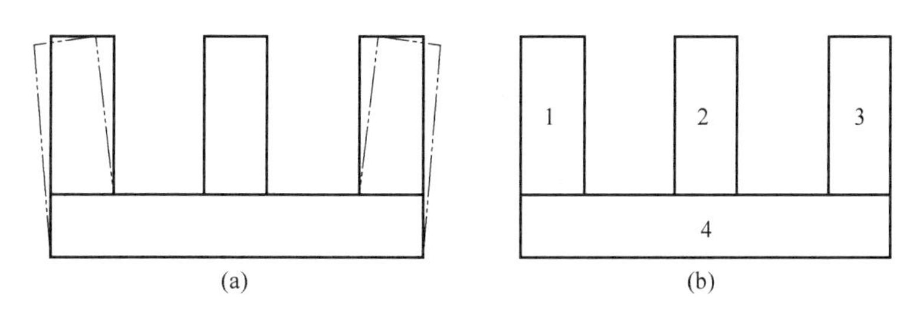

图 3-40 山字形硅钢片冲模

设计零件时，若能注意到以上几点结构工艺性要求，往往可以降低热处理的复杂性，并能提高产品质量，降低成本。当改进零件结构形状后，仍不能满足要求时，除了通过改变热处理操作方法和合理安排工艺路线来减小变形外，还可以采用更换材料，修改技术要求等措施加以解决。

相关知识:

3.3.2 热处理的技术条件

合理制定热处理技术条件,主要应考虑以下几点:

① 热处理技术条件的提出要适度,技术上要合理。正确的技术条件应当是既能满足产品技术要求,又能使热处理工艺方便。

② 要考虑到努力挖掘材料的性能潜力,不断提高材料强度的使用水平。例如,内燃机中的连杆螺栓,由40Cr调质(35~38HRC)改为15MnVB低碳马氏体钢(33~35HRC),抗拉强度提高近30%,室温下冲击韧性提高近一倍,亦降低了低温脆性。

③ 对于阶梯轴、曲轴的轴肩、齿轮的齿根等应力集中的部位,应尽可能予以强化,因为这些部位最易发生疲劳破坏;对于圆环、圆筒形零件,将内外表面都硬化,能显著提高疲劳强度。例如,20CrNiM钢制造圆筒(外径为38 mm,内径35 mm,长35 mm),内外表面都渗碳比仅外表面渗碳,疲劳强度可提高70%。

④ 摩擦零件(如涡轮副、轴与轴承、轨道等)接触面之间的最佳硬度配比,能显著提高疲劳强度和耐磨性。试验表明,用同一种钢材和相同硬度组成摩擦副的耐磨性最差。

⑤ 考虑热处理前后各工艺之间的相互衔接与配合,如考虑热处理变形及后继工序确定工艺性公差,为保证良好的切削加工性能而规定的硬度及组织状态等。

3.3.3 热处理的工序位置

1) 预备热处理的工序位置

包括退火、正火、调质等。其工序位置一般均紧接毛坯生产之后,切削加工之前;或粗加工之后,精加工之前。

例1:毛坯生产→退火(或正火)→机械加工。

例2:下料→锻造→正火(或退火)→机械粗加工→机械精加工。

2) 最终热处理的工序位置

一般情况下包括各种淬火、回火及化学热处理等。其工序位置应尽量靠后,安排在半精加工之后,磨削之前。

① 整体淬火件的加工路线一般为:

下料→锻造→退火(或正火)→粗加工、半精加工→淬火+回火(各种)→精加工

② 表面淬火件的加工路线一般为:

下料→锻造→正火(或退火)→粗加工→调质→半精加工→表面淬火+低温回火→磨削

③ 渗碳件的加工路线一般为:

下料→锻造→正火→机加工→渗碳→淬火+低温回火→磨削

④ 渗氮件的加工路线一般为:

下料→锻造→退火→粗加工→调质→半精加工→去应力退火→粗磨→渗氮→精磨

⑤ 精密工具件的加工路线一般为:

下料→锻造→球化退火→粗加工、半精加工→淬火、低温回火→粗磨→稳定化处理→精磨。

表 3－4 列举了某些零件的热处理工序位置的安排。

表 3－4　零件热处理工序位置安排举例　mm

零件名称	零件简图	热处理技术条件	加工路线
连杆螺栓（40Cr 钢）	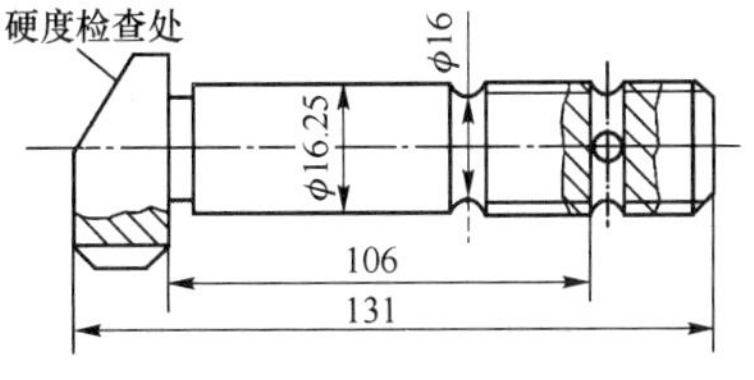	调质：硬度 263～322HBS；组织为回火索氏体，不允许有块状铁素体	下料→锻造→退火（或正火）→机械粗加工→调质→机械精加工
锥度塞规（T12A 钢）	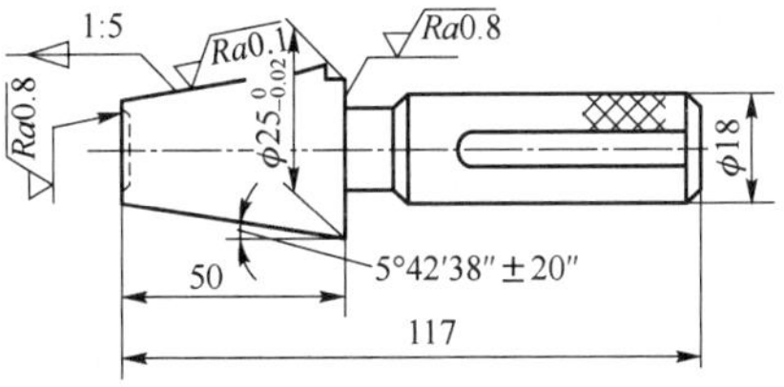	淬火＋低温回火至硬度 60～64HRC	下料→锻造→球化退火→机械粗加工、半精加工→淬火、回火→稳定化处理→粗磨→稳定化处理→精磨
蜗杆（45 钢）	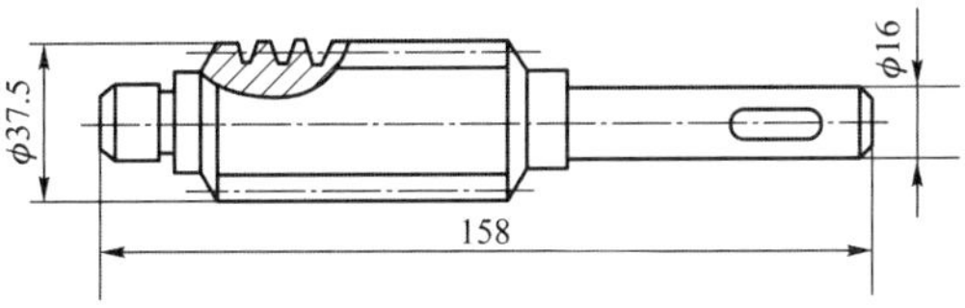	齿部淬火至硬度 45～50HRC，其余部位调质 220～250HRC	下料→锻造→正火→粗加工→调质→半精加工→表面淬火→精加工
板锉（T12 钢）	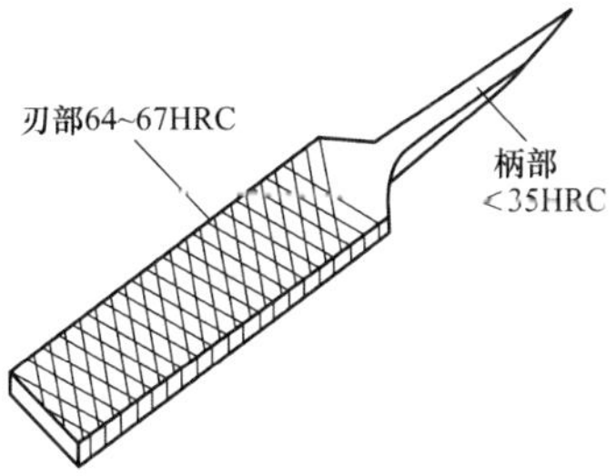	整体正火，手柄部（＜35HRC），球化退火，以利于切削加工，为淬火做准备，刃部淬火＋低温回火（63～65HRC）	下料→锻造→正火→球化退火→机加工→淬火、低温回火
机床主轴（40Cr 钢）	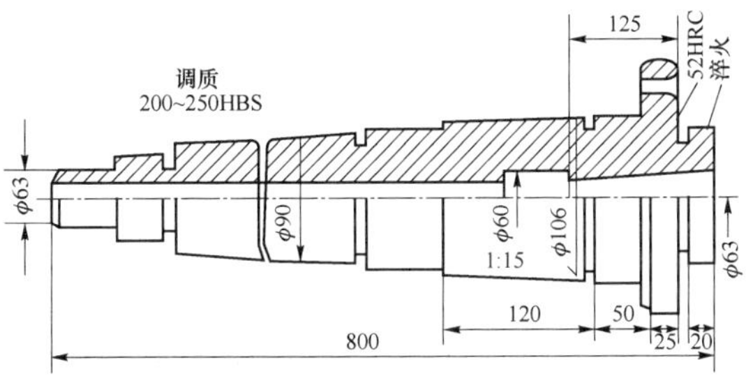	调质（220～250HBS）＋表面淬火＋低温回火（轴颈处）（50～55HRC）	下料→锻造→正火→粗加工→调质→精加工→表面淬火→低温回火→磨削加工

任务拓展:

热处理的表示方法:

热处理的表示方法推荐采用 GB/T 12603—2005《金属热处理工艺分类及代号》中的规定,并标出应达到的力学性能指标及其他要求。

热处理工艺代号标记规定如图 3-41 所示。

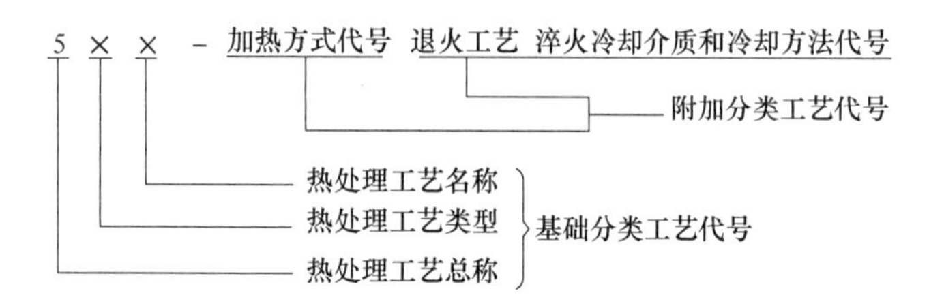

图 3-41　热处理工艺代号标记

热处理工艺代号由基础分类代号及附加分类代号组成。在基础分类代号中按照工艺名称、工艺类型和工艺总称 3 个层次进行分类,均有相应代号对应。其中工艺类型代号分为整体热处理、表面热处理和化学热处理 3 种;加热方法分为热炉加热、感应加热、电阻加热等类型。附加分类是对基础分类中的某些工艺的具体条件再进一步细化分类,其中包括各种加热的加热介质、退火工艺方法、淬火冷却介质或冷却方法、渗碳和碳氮共渗的后续冷却工艺等。

例如,标注"5151,235HBS",表示整体调质、热处理后硬度应达到 230～250HBS;标注为"5213,45HRC",表示表面火焰淬火,硬度应为 42～48HRC。

项目评定:

目前机器和仪器上的钢制零件 80%要进行热处理,而刀具、模具、量具、轴承等则全部要进行热处理。所以本项目重点介绍热处理的基本原理和常用的热处理工艺,并对典型零件的热处理进行分析。难点是钢在冷却时的组织转变规律。通过项目三的学习,我们可以获得以下的生产学习经验:

① 热处理是机器零件及工具制造过程中的一个重要工序,是发挥材料潜力、改善使用性能、提高产品质量、延长使用寿命的有效措施。

② 大多数热处理工艺首先要将钢加热到临界温度点(相变点)以上,目的是获得奥氏体。

③ 钢热处理后的力学性能不仅与加热和保温有关,更重要的是与冷却转变有关。

④ 退火和正火常作为钢件的预备热处理,但对于力学性能要求不高的中碳钢零件常采用正火作为最终热处理。

⑤ 淬火是钢最经济、最有效的强化手段之一。

习题与思考题

1. 什么是热处理? 常用热处理的方法有哪些? 热处理在机械制造中有什么作用?
2. 通常一个热处理工艺分哪 3 个阶段?
3. 奥氏体晶粒大小对钢热处理后的性能有何影响? 如何获得细小均匀的奥氏体晶粒?

4. 过冷奥氏体的等温转变与连续冷却转变有何区别？

5. 预备热处理与最终热处理的目的有何区别？

6. 画出共析钢的等温冷却转变曲线（C 曲线），说明图上各条线的含义，指出影响 C 曲线的主要因素。

7. 按照表 3-5 的要求，归纳、比较共析钢过冷奥氏体冷却转变中几种产物的特点。

表 3-5　习题 7 表

共析钢转变产物	采用符号	形成条件	相组分	显微组织	硬度/HRC	塑性、韧性
P						
S						
T						
$B_{上}$						
$B_{下}$						
低碳 M						
高碳 M						

8. 将共析钢加热到 760 ℃，保温足够长的时间，试问按图 3-42 所示①、②、③、④、⑤的冷却速度冷却到室温，各获得什么组织？

9. 确定下列钢件的退火工艺，说明退火目的和退火后的组织：

① 经冷轧后的 15 钢板；

② ZG270-500 的铸钢齿轮；

③ 锻造过热的 60 钢坯；

④ 具有片状 P 的 T12 钢坯。

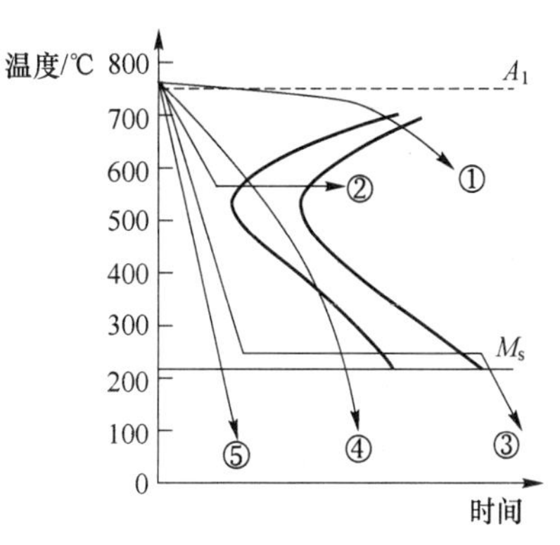

图 3-42　习题 8 图

10. 为什么亚共析钢正火后，可获得比退火后高的强度和硬度？

11. 指出下列钢件正火的主要目的及正火后的组织。

① 20 钢齿轮；

② 45 钢小轴；

③ T12 钢锉刀。

12. 试述常用淬火介质的种类、特点和应用。

13. 试述常用淬火方法的工艺特点和应用。

14. 钢的淬透性、淬硬性和淬硬层深度有何区别？影响淬透性的因素有哪些？

15. 现有 45、T8、T12 钢的试样，分别加热到 780 ℃、840 ℃、920 ℃后各得到什么组织？然后在水中淬火后各得到什么组织？这 3 种钢最合适的淬火温度分别应是什么？

16. 现有一批丝锥，要求用 T12 钢制造，硬度为 60～64HRC。现混入了 45 钢，若混入的 45 钢在热处理时：

① 按 T12 钢进行热处理，问能否达到要求？为什么？

② 按 45 钢进行热处理后能否达到要求？为什么？

17. 为什么淬火后的钢一般都要进行回火？按回火温度不同，回火分为哪几种？指出各种温度回火后得到的组织、性能及应用范围。

18. 退火和回火都可以消除钢中内应力，两者在生产中能否通用？为什么？

19. 45钢经调质处理后硬度为240HBS，若再进行200 ℃回火，能否提高其硬度？为什么？又45钢经淬火、低温回火后硬度为57HRC，若再进行560 ℃回火，能否降低其硬度？为什么？

20. 同一钢材，当调质后和正火后的硬度相同时，两者在组织上和性能上是否相同？为什么？

21. 用同一种钢制造尺寸不同的两个零件，试问：

① 它们的淬透性是否相同？为什么？

② 采用相同的淬火工艺，两个零件的淬硬深度是否相同？为什么？

22. 分析下列说法是否正确？为什么？

① 过冷奥氏体冷却速度越快，冷却后硬度越高；

② 钢经淬火后处于淬硬状态；

③ 同一种钢淬火到室温，淬火冷却速度越快，淬火后A′越多；

④ 钢中合金元素越多，则淬火后硬度就越高；

⑤ 同一种钢材在相同加热条件下，水淬比油淬的淬透性好，小件比大件的淬透性好；

⑥ 钢在加热时，A的起始晶粒越细小，则冷却后得到的组织也越细；

⑦ 淬火钢回火后的性能主要取决于回火后的冷却速度。

23. 为什么高平感应淬火零件的表层硬度、耐磨性及疲劳强度均高于一般淬火？

24. 指出下列工件的淬火及回火温度，并说明回火后得到的组织和大致硬度：

① 45钢小轴(要求良好综合力学性能)；

② 60钢弹簧；

③ T12钢锉刀。

25. 什么是表面淬火？为何能淬硬表层，而心部性能不变？它和淬火时没有淬透有何区别？

26. 什么是化学热处理？化学热处理包括哪些基本过程？常用的有哪些化学热处理方法？

27. 渗碳后的零件为什么要淬火、回火？淬火、回火后表层和心部性能如何？为什么？

28. 什么是渗氮？为何零件渗氮后不再淬火和进行切削量大的加工？

29. 常见的热处理缺陷有哪些？如何减少和防止？

30. 热处理对零件结构设计有哪些要求？

31. 某45钢制造的零件，其加工工艺路线如下：

备料→锻造→正火→粗加工→调质→精加工→表面淬火＋低温回火→磨削

请说明各热处理工序的目的及热处理后的显微组织。

32. 用T10钢制造的刀具，其加工工艺路线如下：

锻造→热处理→切削加工→热处理→磨削

请说明：

① 各热处理工序的名称和作用；

② 各热处理后的显微组织。

项目四　金属的塑性变形与再结晶

项目要求：

金属在拉延加工过程中(见图 4-1)，相应于凹模 r 处金属塑性变形最大，怎样能够得到厚薄均匀的制品呢？

金属经冷塑性变形后，将产生加工硬化现象。工业上对于那些不能用热处理强化的材料(如纯金属、某些铜合金、铬镍不锈钢和高锰钢等)，加工硬化是唯一有效的强化方法。冶金厂出厂的“硬”或“半硬”等供应状态的某些金属材料，就是经过冷轧或冷拉等方法，使之产生加工硬化的产品。

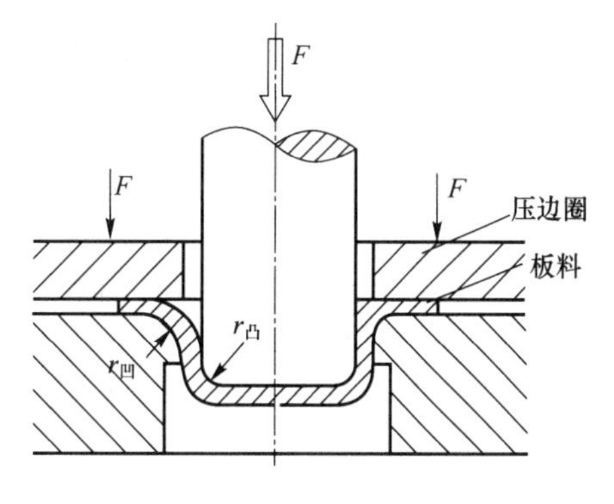

图 4-1　拉延时金属的变形

工业上某些构件使用时，会在某些部位(如孔、键槽、螺纹以及截面过渡处)产生应力集中和过载现象。由于金属能加工硬化，使局部过载部位在产生少量塑性变形后，提高了屈服强度并与所能承受的应力达到平衡，变形就不会继续发展，在一定程度上提高了构件的安全性。

对于截面尺寸较大、变形量较大、材料在室温下硬脆性较高的金属制品，要进行塑性变形加工须采用热变形加工。

项目解析：

本项目将从 3 方面讲解金属的塑性变形机理、冷塑性变形和热塑性变形的机理、冷加工和热加工分别对金属的组织和性能产生的影响。

任务 1　金属的塑性变形

任务引导：

塑性是金属的重要特性。不仅轧制、锻造、挤压、冲压、拉拔等成形加工工艺是金属发生大量塑性变形的过程，而且在车、铣、刨、钻等切削加工工艺中，也都发生金属的塑性变形。

塑性变形不仅可以使金属获得一定的形状和尺寸，还会引起金属内部组织和性能的变化，使金属的铸态组织和性能得到改善。要研究金属塑性变形后组织、结构和性能的变化规律，必须研究金属的塑性变形过程及机理。

相关知识:

4.1.1 单晶体的塑性变形

如图4-2所示,当单晶体所受外力较小时,晶体仅简单地产生原子间距的拉长和压缩,晶格类型不变,保持其基本位置。所加外力仅仅稍微破坏了原子键的力平衡,以便通过晶体传递所加外力。外力一旦去除,则平衡恢复,晶格恢复原来的大小及形状。在这种外力下,晶体产生的是弹性应变,伸长量和压缩量与所加外力的大小成正比,这种变形称为弹性变形。

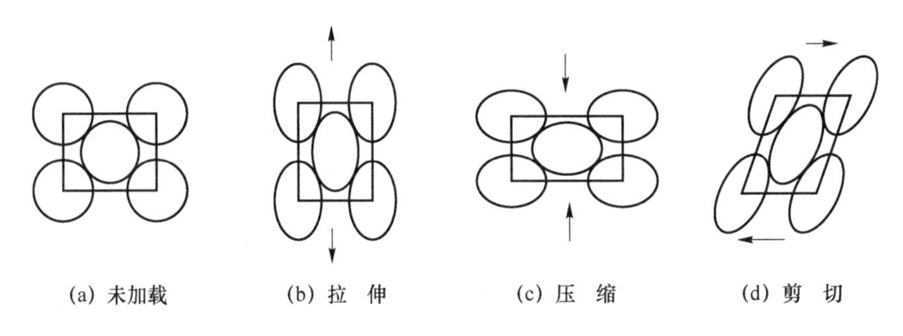

图4-2 在弹性载荷作用下的晶格畸变

1. 滑 移

当对单晶体施以切应力时,随着外力的增加,变形也增加,但达到一定程度时,会有可能发生以下两种情形:一种情形是原子键被破坏而发生断裂;另一种情形是原子之间发生相对滑移而产生永久性的原子位移。

滑移是指晶体的一部分沿一定的晶面和晶向相对于另一部分发生滑动位移的现象。

对金属材料而言,在较小外力下即出现原子之间发生相对滑移现象,产生了塑性变形。

研究表明,塑性变形的机理是通过原子平面(即晶面)相对滑移而产生一定位移的结果。这类似于一组扑克牌由各张之间相对滑移而产生的变形。

单晶体的变形过程如图4-3所示。

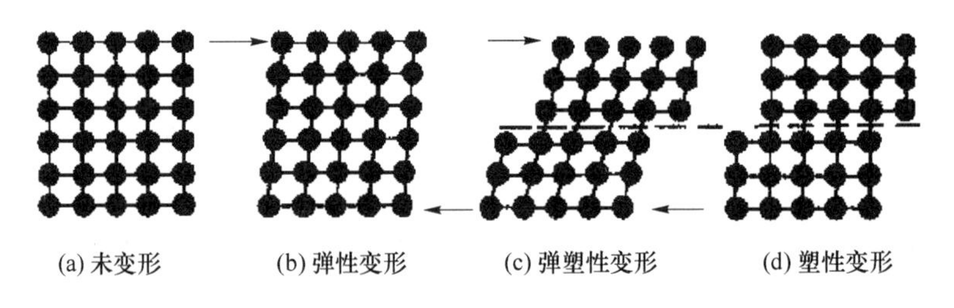

图4-3 单晶体的变形过程

如前所述,晶体结构是原子在空间规则和周期性的排列,这便可能有无数种方式将原子连成平面。以晶胞为基准，不同方位的原子平面中原子密度不同，相邻平行原子面的间距也不同。对于所有可能的选择来说，塑性变形最易沿原子密度最大、平行晶面间距最大的平面发生。其原理可参见简化了的图 4－4。A 及 A' 平面比 B 及 B' 平面有更大的原子密度及晶面间距，故 A 及 A' 两平面间原子结合力比 B 及 B' 平面弱，滑移阻力小。

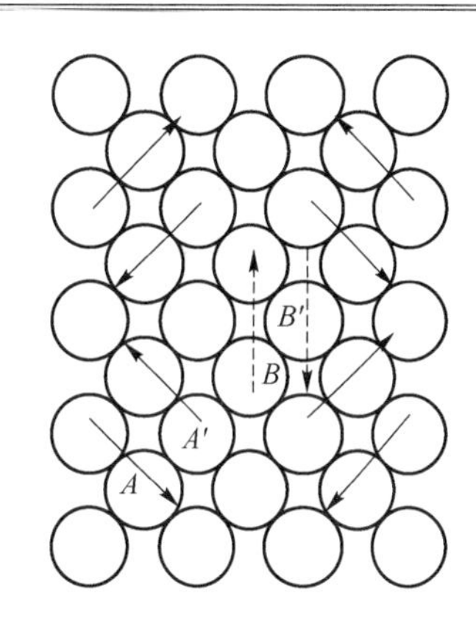

图 4－4　原子密度大且晶面间距大的平面具有较小的变形阻力

优先滑移的方向也位于优先滑移的平面内，如滑移沿平面内原子密排的方向进行（见图 4－5），则原子可以一个紧跟着一个前进，而不必跳过障碍，因此，塑性变形是以在原子最密排平面内沿最密排方向滑移的方式进行的。此面称滑移面，而此方向为滑移方向。滑移的结果会在晶体的表面上造成不均匀的阶梯状滑移带（如图 4－6所示）。

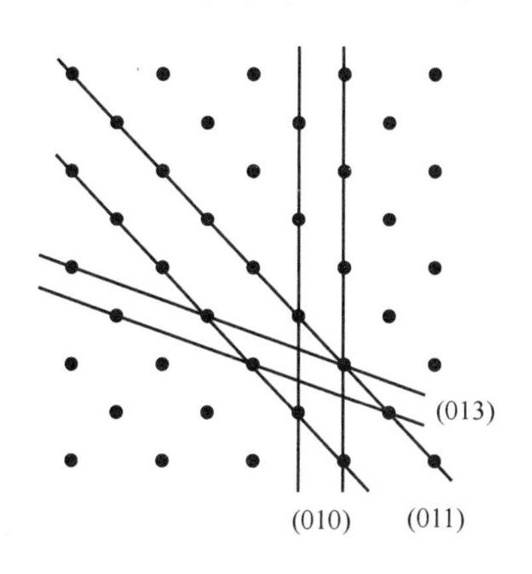

图 4－5　滑移面示意图

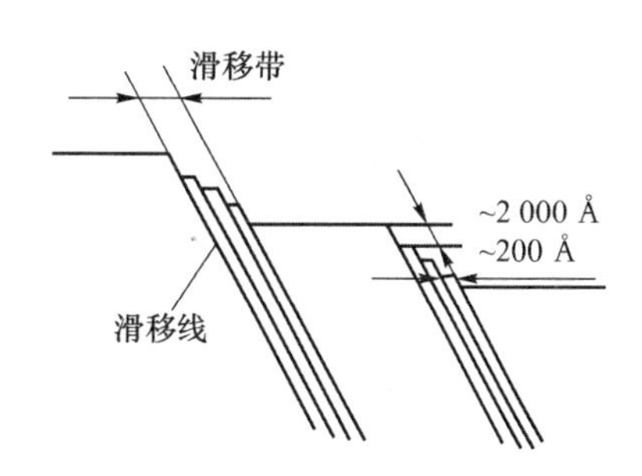

图 4－6　钢中滑移带及滑移线

某种晶格类型的金属是否容易变形，取决于其滑移面和滑移方向的数量。一个滑移面和该面上一个滑移方向组成一个滑移系统，称为滑移系。显然，滑移系越多的晶格类型，其塑性越好。

实际上，金属的塑性变形还与各种晶格缺陷有关系，位错的存在使滑移更能发生。

所谓位错是指原子排列规律性错排现象。其中刃型位错发生于多余半原子面的边缘，由于多余半原子面的挤入，将引起晶格的局部畸变。螺型位错对应于晶体平面的撕裂。两种位错都是偏离原子规则排列的一个区域，这个区域的原子在较小的应力下即可移动。因为位错移动一个原子距离时，只是位错附近少数几个原子移动不大的距离（见图 4－7），故只需较小的应力。这样，位错便由左向右一格格移动，当位错达到晶体边缘时，晶体上半部就相对下半部滑移了一个原子间距。

2. 孪　生

孪生是指晶体的一部分沿一定晶面和晶向相对于另一部分所发生的切变（见图 4－8）。

发生切变的部分称孪生带或孪晶，沿其发生孪生的晶面称孪生面。孪生的结果使孪生面两侧的晶体呈镜面对称。

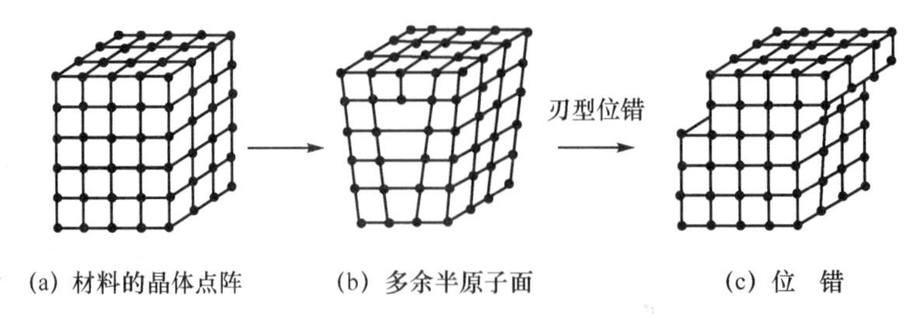

(a) 材料的晶体点阵　(b) 多余半原子面　(c) 位　错

图 4-7　滑移时位错运动示意图

与滑移相比,孪生使晶格位向发生改变;所需切应力比滑移大得多,变形速度极快,接近声速;孪生时相邻原子面的相对位移量小于一个原子间距(见图 4-9)。

密排六方晶格金属滑移系少,常以孪生方式变形。体心立方晶格金属只有在低温或冲击作用下才发生孪生变形。面心立方晶格金属,一般不发生孪生变形,但常发现有孪晶存在,这是由于相变过程中原子重新排列时发生错排而产生的,称退火孪晶(见图 4-10)。

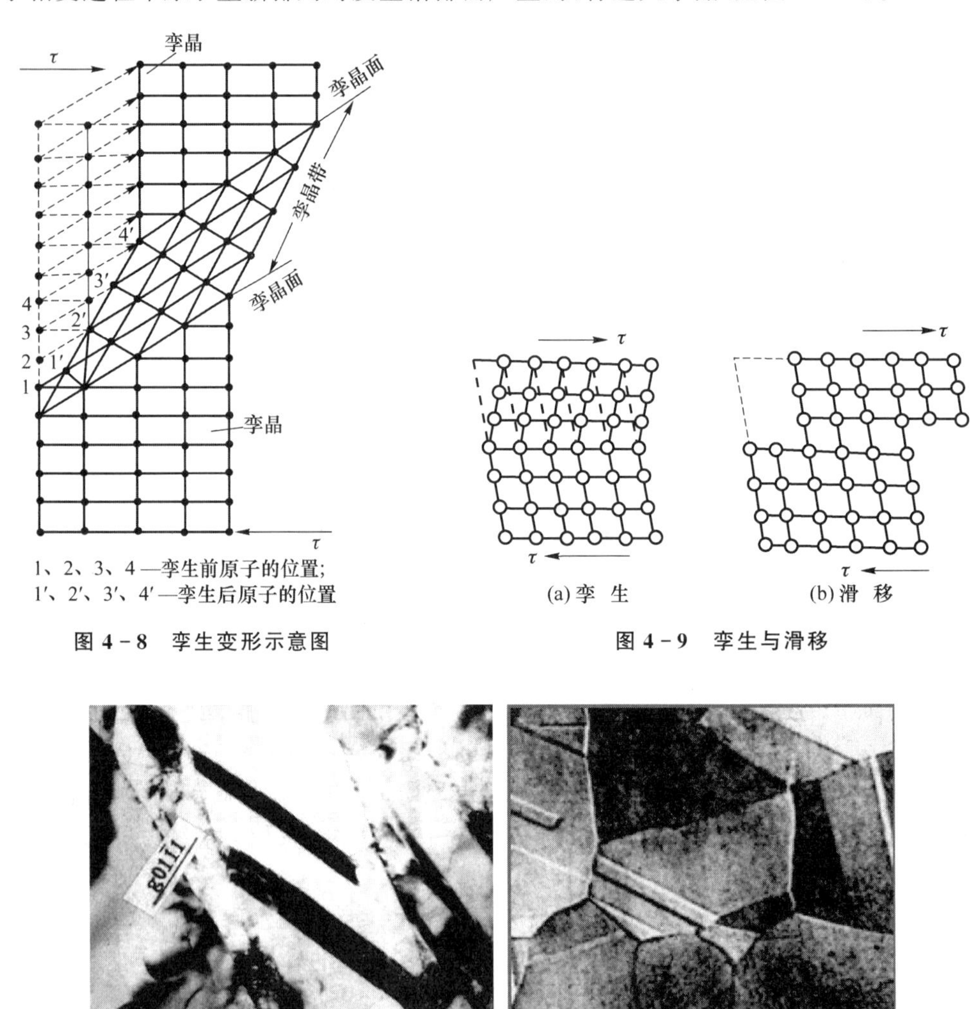

1、2、3、4—孪生前原子的位置;
1′、2′、3′、4′—孪生后原子的位置

图 4-8　孪生变形示意图

(a) 孪　生　(b) 滑　移

图 4-9　孪生与滑移

(a) 钛合金六方相中的形变孪晶　(b) 奥氏体不锈钢中退火孪晶

图 4-10　形变孪晶与退火孪晶

4.1.2　多晶体的塑性变形

实际使用的金属材料主要是多晶体，其塑性变形与单晶体无本质上的差别。但由于晶界的存在及各晶粒位向不同，从而使多晶体塑性变形更为复杂。

多晶体在外力作用下，变形过程并非在全部晶粒内进行，而是首先在那些取向比较适宜的晶粒中开始。这些晶粒中位错将沿最有利的滑移系运动，达到晶界。由于晶界处原子排列较混乱，而使位错滑移受阻，并在晶界附近堆积；同时也受到邻近的位向不同的晶粒的阻碍。随外力增加，位错进一步堆积，应力集中也越来越大，最后达到使邻近晶粒中位错开始运动，变形便由一批晶粒传递到另一批晶粒。

可见，多晶体滑移阻力大，故强度较单晶体高，且晶粒越细，强度越高，硬度越大。另外，因晶粒越细，变形被分散到更多的晶粒内进行，每晶粒变形也较均匀，所以塑性、韧性也越好。由此可见，可以通过细化晶粒来改善金属的力学性能。借助晶粒细化提高材料的强度、硬度，改善材料塑性的方法称为细晶强化。

当金属发生很大变形时，晶粒沿金属流动方向被拉长而成纤维状，晶界变模糊；同时，金属中夹杂物也被拉长，形成所谓的纤维组织。这使金属在不同方向上表现出不同的性能，即出现各向异性。在设计和制造中，正确利用材料的方向性是很重要的。

任务拓展：

合金元素的存在，使合金的变形与纯金属显著不同。

1. 单相固溶体合金的塑性变形与固溶强化

单相固溶体合金组织与纯金属相同，其塑性变形过程也与多晶体纯金属相似。但随溶质含量的增加，固溶体的强度、硬度提高，塑性、韧性下降，称固溶强化。

产生固溶强化，是溶质原子与位错相互作用的结果。溶质原子不仅使晶格发生畸变，而且易被吸附在位错附近形成柯氏气团，使位错被钉扎住，位错要脱钉，则必须增加外力，从而使变形抗力提高。

2. 多相合金的塑性变形与弥散强化

当合金的组织由多相混合物组成时，合金的塑性变形除与合金基体的性质有关外，还与第二相的性质、形态、大小、数量和分布有关。第二相可以是纯金属、固溶体或化合物，工业合金中第二相多数是化合物。当在晶界呈网状分布时，对合金的强度和塑性不利；当在晶内呈片状分布时，可提高强度、硬度，但会降低塑性和韧性；当在晶内呈颗粒状弥散分布时，第二相颗粒越细，分布越均匀，合金的强度、硬度越高，塑性、韧性略有下降，这种强化方法称为弥散强化或沉淀强化。弥散强化的原因是硬的颗粒不易被切变，因而阻碍了位错的运动，提高了变形抗力。

任务2 金属的冷塑性变形

任务引导:

金属材料经冷塑性变形后,强度和硬度显著提高,塑性则很快降低。变形越大,性能的变化也越大。

冷塑性变形后,金属材料性能的变化在生产实际中的应用有其有利的一面,比如可以强化金属材料,使塑性变形加工成为可能,提高构件在使用中的安全性;也有不利的一面,比如使金属塑性降低,给进一步冷塑性变形带来困难,使压力加工时能量消耗增大。因此,冷塑性变形加工过程中,往往必须进行热处理。

为什么冷塑性变形后,金属的性能会发生变化?其变化规律又是怎样的?

相关知识:

4.2.1 冷塑性变形对金属组织和性能的影响

塑性变形是通过位错运动来完成的。当位错运动发生时,它很可能和其他类似的位错相互作用而使进一步的运动受阻。另外,塑性变形时,位错数目会明显增加,其结果使位错相互干扰的可能性增加。可见,造成这种冷变形强化的根本原因是位错密度的增加。通过增加位错密度来提高金属强度的现象称为位错强化。

1. 塑性变形对材料组织结构的影响

形成显微组织,性能趋于各向异性。金属发生塑性变形时,不仅外形发生变化,而且其内部的晶粒也相应地被拉长或压扁。当变形量很大时,晶粒将被拉长为纤维状,晶界变得模糊不清,这种组织称为纤维组织,如图4-11所示。形成纤维组织后,金属的性能有明显的方向性,例如,纵向(沿纤维组织方向)的强度和塑性比横向(垂直于纤维组织方向)高得多。

2. 产生冷变形强化(加工硬化)

金属发生塑性变形时,不仅晶粒外形发生变化,而且晶粒内部结构也发生变化。在变形量不大时,先是在变形晶粒的晶界附近出现位错的堆积,随着变形量的增大,晶粒破碎为细碎的亚晶粒,变形量越大,晶粒破碎得越严重,亚晶界越多,位错密度越大。这种在亚晶界处大量堆积的位错,以及它们之间的相互干扰,均会阻碍位错的运动,使金属塑性变形抗力增大,强度和硬度显著提高。这种随着变形程度的增加,金属强度和硬度升高,塑性和韧性下降的现象,称为冷变形强化或加工硬化。图4-12所示为低碳钢变形度对力学性能的影响。

冷变形强化在生产实际中具有很重要的意义,是一种非常重要的强化手段,如冷拉高强度钢丝和冷卷弹簧等;有利于金属进行均匀变形,因为当金属已变形部分得到强化时,后续的变形将主要在未变形部分中发展;可保证金属零件和构件的工作安全性,因为金属具有较好的变形强化能力,能防止短时超载引起的突然断裂。

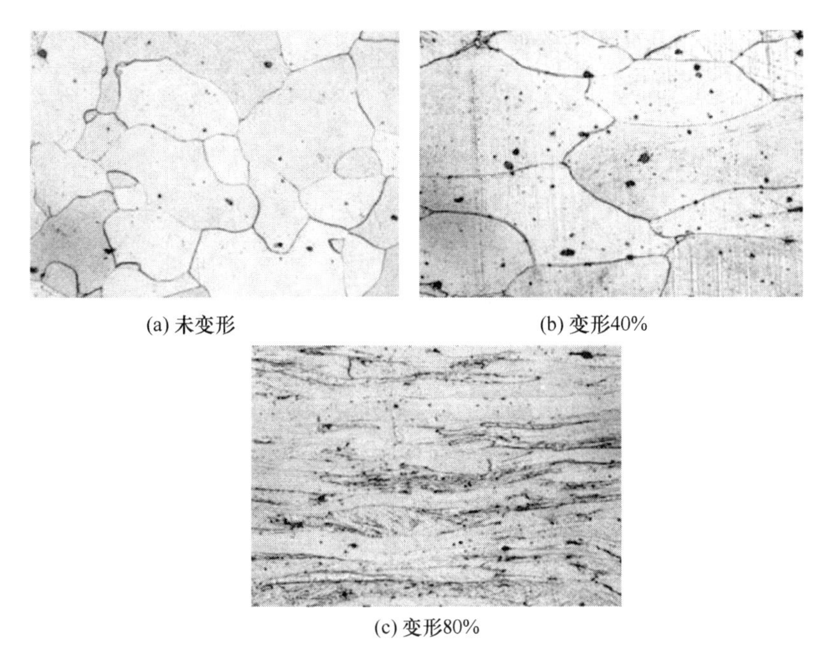

(a) 未变形　(b) 变形40%　(c) 变形80%

图 4－11　工业纯铁不同冷变形度的纤维组织

冷变形强化不仅使金属的力学性能发生变化，而且还使金属的某些物理和化学性能发生变化，如使金属电阻增大，耐蚀性增强等。

3. 形成形变织构(或择优取向)

金属发生塑性变形时，由于晶粒的转动，当塑性变形达到一定程度(＞70％)时，会使绝大部分晶粒的某一位向与变形方向趋于一致，这种现象称为形变织构或择优取向(见图 4－13)。

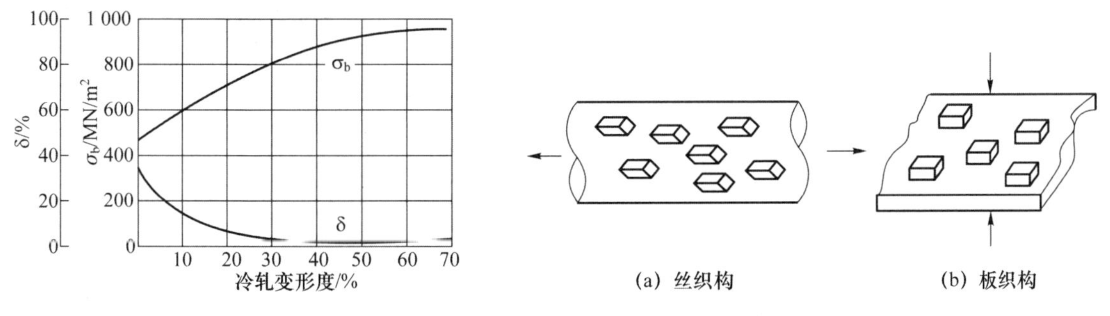

图 4－12　低碳钢变形度对力学性能的影响

图 4－13　形变织构示意图

形变织构使金属呈现各向异性。各向异性在多数情况下对金属的后续加工或使用是不利的。例如，当深冲零件时，易产生“制耳”现象，使零件边缘不齐，厚薄不匀(见图 4－14)。

形变织构很难消除。生产中为避免织构产生，常将零件的较大变形量分几次变形完成，并进行中间退火。

4. 产生残留应力

残留应力是指去除外力后，残留在金属内部的应力。它主要是由于金属在外力作用下内部变形不均匀造成的。金属发生塑性变形时，外力所做的功只有10%转化为内应力残留于金属中。

内应力分为3类：第1类内应力平衡于表面与心部之间（宏观内应力）；第2类内应力平衡于晶粒之间或晶粒内不同区域之间（微观内应力）；第3类内应力是由晶格缺陷引起的畸变应力。

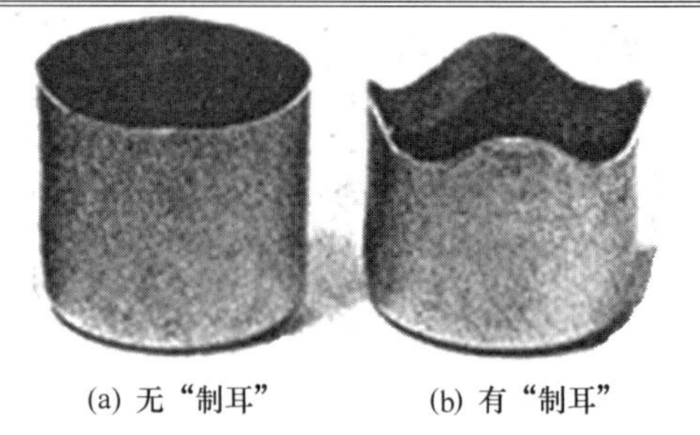

(a) 无“制耳”　(b) 有“制耳”

图4-14 各向异性导致的铜板“制耳”

第3类内应力是形变金属中的主要内应力，也是金属强化的主要原因；而第1、2类内应力不仅都使金属强度降低，而且还会因随后的应力松弛或重新分布引起金属变形。内应力的存在，使金属耐蚀性下降，引起零件加工、淬火过程中的变形和开裂。因此，金属在塑性变形后，通常要进行退火处理，以消除或降低内应力。

生产中若能合理控制和利用残留应力，则也可使其变为有利因素。例如，对零件进行喷丸、表面滚压处理等使其表面产生一定的塑性变形而形成残留压应力，从而可提高零件的疲劳强度。

4.2.2 回复与再结晶

塑性变形后，金属中晶体缺陷密度增大，金属处于能量较高的不稳定状态，其组织和结构具有恢复到稳定状态的倾向。通过加热和保温，可使这种倾向成为现实。对经过冷塑性变形的金属进行加热，其组织和性能将发生如图4-15所示的回复、再结晶和晶粒长大的变化过程。

1. 回　复

当变形金属的加热温度不太高时，变形引起的晶格畸变减弱。但此时的显微组织(晶粒的外形)尚无变化。把经过冷变形的金属加热时，在显微组织发生变化前所发生的一些亚结构的改变过程称为回复。由于在回复过程中晶格畸变显著减弱，因此，回复后残余内应力明显下降。但由于晶粒外形未变，位错密度降低很少，因而回复后，力学性能变化不大，冷变形强化状态基本保留。工业上“消除内应力退火”就是利用回复现象，以稳定变形后的组织，消除残余应力，而保留冷变形强化状态。例如，用冷拉钢丝卷制的弹簧在卷成之后，要进行一次250～300 ℃的低温退火，以消除内应力，使其定型。

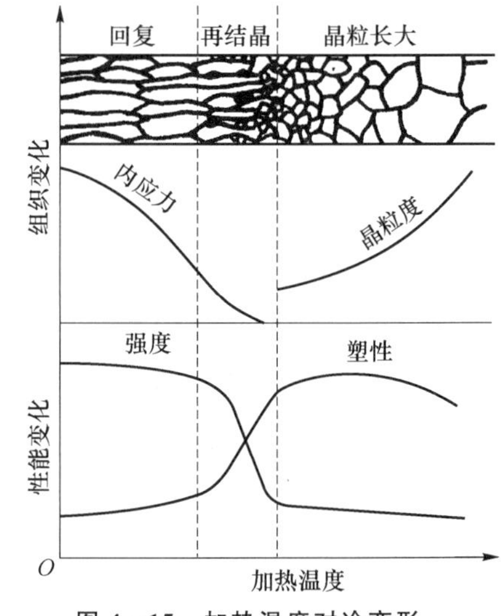

图4-15 加热温度对冷变形金属组织性能的影响

2. 再结晶

若塑性冷变形后的多晶金属进一步加热到足够高的温度，原来变了形的晶粒将形成新的、等轴的、无应变的晶粒，这一过程称为再结晶(见图4-16)。各种金属发生再结晶的温度是不同的，而且随冷变形量而变化。通常，变形量越大，再结晶温度越低。然而存在一个最低温度，低于此温度，再结晶不易发生，此温度称为再结晶温度（$T_{再}$）。对纯金属而言，$T_{再}=0.4T_{熔}$。

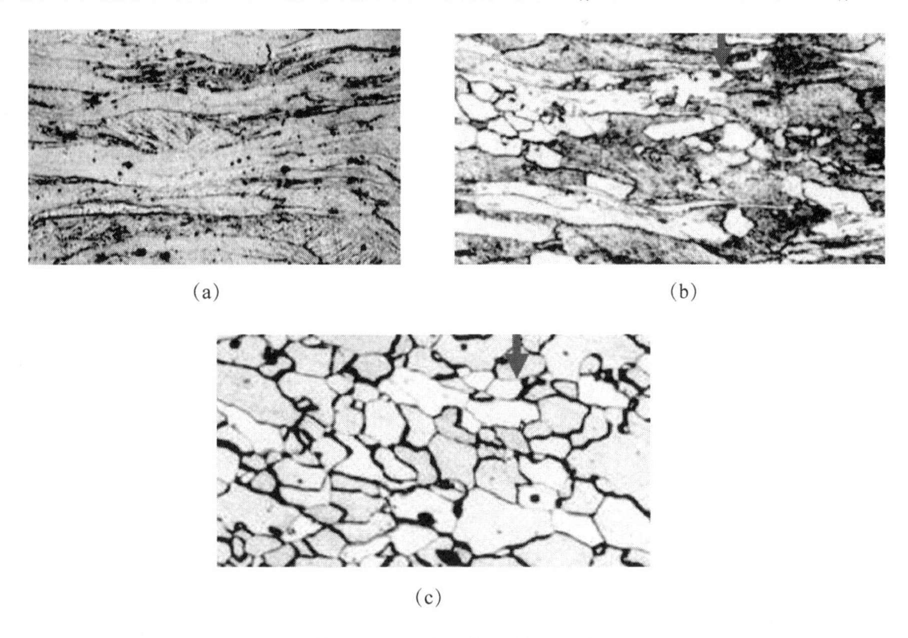

(a) (b) (c)

图 4-16 铁素体再结晶过程

在变形过程中，由于冷变形强化，将引起变形抗力的增加，如变形太大，甚至出现断裂。为此，可在金属承受一定量初始冷变形后使之再结晶，使其塑性得以恢复而可经受进一步变形，这一工艺称为再结晶退火。再结晶退火工艺可使金属产生很大变形而不断裂。如果金属在再结晶温度以上发生变形，则变形和再结晶同时发生，因而不产生冷变形强化，可产生很大变形。

再结晶也可作为控制晶粒尺寸的手段。在不发生同素异晶转变的金属中，再结晶可使粗晶粒组织转变成细晶粒，但材料必须先进行塑性变形以提供再结晶驱动力。

再结晶过程倾向于产生尺寸较小的均匀晶粒。金属在再结晶温度或再结晶温度以上长时间保温，新晶粒将开始长大。这是靠“吞并”邻近晶粒实现的，如图 4-17 所示。提高温度，可增加长大倾向。

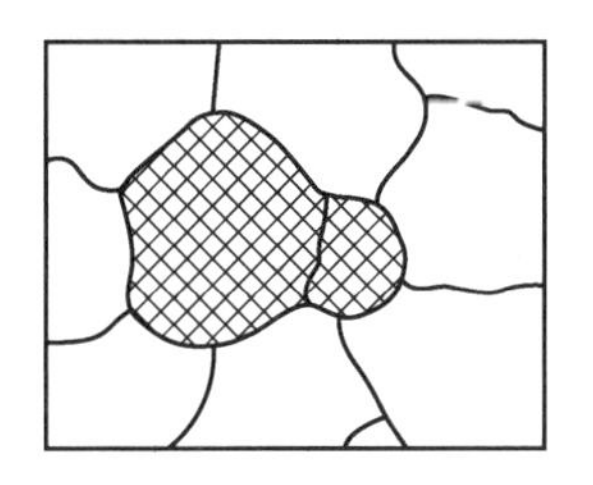

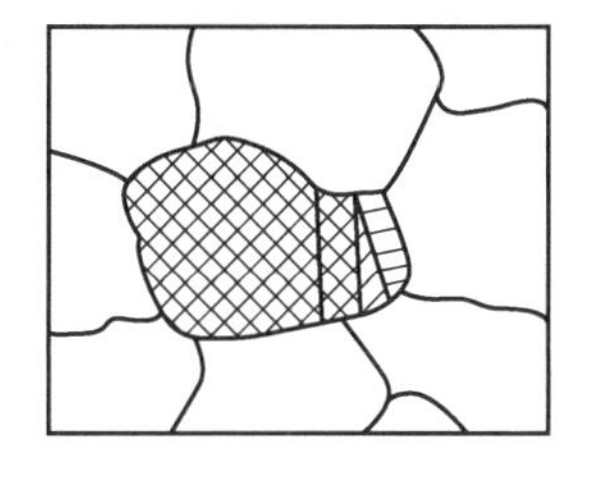

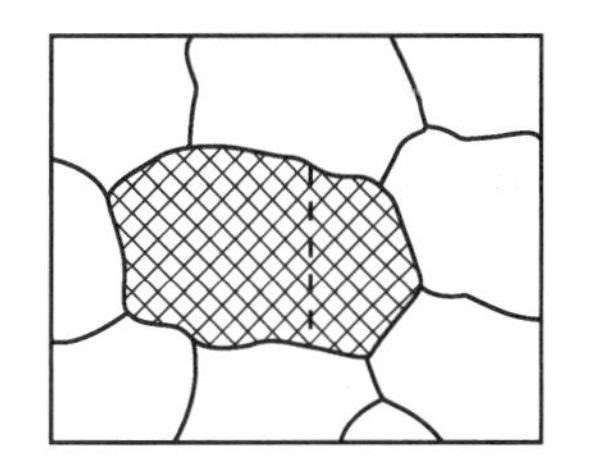

图 4-17 再结晶晶粒长大示意图

任务拓展：

影响再结晶退火后晶粒度的因素。

1）加热温度和保温时间

加热温度越高，保温时间越长，金属的晶粒越粗大，加热温度的影响尤为显著（见图4－18）。

2）预先变形度

预先变形度的影响，实质上是变形均匀程度的影响。当变形度很小时，晶格畸变小，不足以引起再结晶。当变形量达到2%～10%时，只有部分晶粒变形，变形极不均匀，再结晶晶粒大小相差悬殊，易互相吞并和长大，再结晶后晶粒特别粗大，这个变形度称临界变形度（见图4－19）。

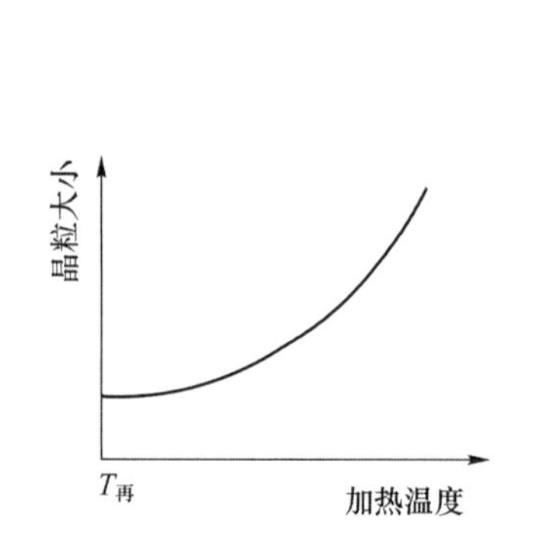

图4－18　再结晶退火温度对晶粒度的影响

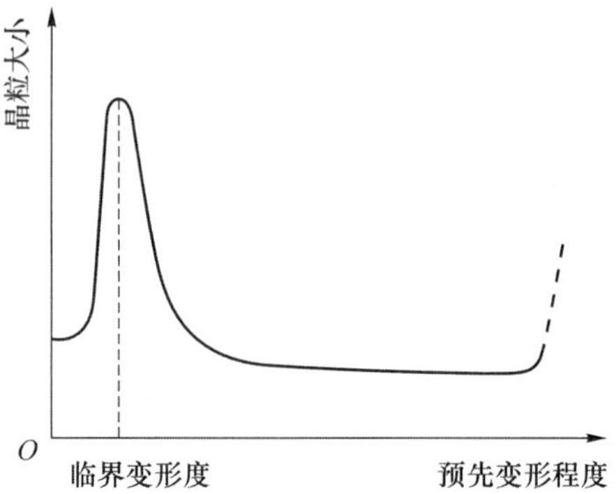

图4－19　预先变形度对再结晶晶粒度的影响

超过临界变形度后，随变形程度的增加，变形越来越均匀，再结晶时形核量大而均匀，使再结晶后晶粒细而均匀，达到一定变形量之后，晶粒度基本不变。

对于某些金属，当变形量相当大（90%）时，再结晶后晶粒又重新出现粗化现象，一般认为这与形成织构有关。

任务3　金属的热塑性变形

任务引导：

由于金属在高温下强度下降，塑性提高，易进行变形加工，故目前生产中有冷、热加工之分。例如，锻造、热轧等属于热加工，而冷轧、冷拔等属于冷加工。

相关知识：

4.3.1　热加工与冷加工的区别

热加工与冷加工的区别是以金属的再结晶温度为界限的，在再结晶温度以上的加工过程称为热加工，在再结晶温度以下的加工过程称为冷加工，而不以具体的加工温度高低来划分。如铅的再结晶温度低于室温（见表4－1），在室温下对铅进行加工仍属热加工；钨的再结晶温度约为1 200 ℃，即便在1 000 ℃拉制钨丝仍属于冷加工；铁的再结晶温度约为450 ℃，可见对铁在低于450 ℃温度下的加工变形均属于冷加工。

表 4-1　金属的再结晶温度

金属名称	$T_{再}$/℃	$T_{熔}$/℃	$T_{再}/T$	实际采用的再结晶温度/℃
铅	≈3	327	0.45	—
锡	−7～25	232	0.54	—
锌	7～75	419	0.4～0.5	50～100
镁	≈150	651	0.45	—
铝	150～240	660	0.4～0.55	370～400
银	≈200	960	0.38	—
铜	≈230	1 083	0.37	500～700
铁	≈450	1 535	0.40	650～700
铂	≈450	1 773	0.35	—
镍	530～600	1 456	0.46～0.54	700～800
钼	≈900	2 500	0.42	—
钽	≈1 000	3 030	0.39	—
钨	≈1 200	3 399	0.40	—
镉	≈7	321	0.47	—

4.3.2　热加工对金属组织和性能的影响

热加工是在再结晶温度以上进行的，因塑性变形引起的冷变形强化可立即被再结晶过程所消除，使金属的组织和性能发生显著变化。在一般情况下，正确的热加工可以改善金属材料的组织和性能。

1）改善钢锭和钢坯的组织和性能

通过热加工，使铸造时在钢锭中形成的组织缺陷明显减少，如气孔焊合，分散缩孔压实，金属材料的致密度增加。经过热加工之后，一般都会使晶粒变细。由于在温度和压力作用下，扩散速度快，因而钢锭中的偏析可以部分消除，使成分比较均匀。这些变化都使金属材料的性能有明显提高（见表 4-2）。

表 4-2　含碳 0.3%的碳钢锻态和铸态时的力学性能比较

状　态	σ_b/MPa	σ_s/MPa	δ/%	ψ/%	α_K/(J·cm^{-2})
锻态	530	310	20	45	70
铸态	500	280	15	27	35

2）锻造流线

在锻造时，金属的脆性杂质被打碎，顺着金属主要伸长方向呈碎粒状或链状分布，塑性杂质随着金属变形沿主要伸长方向呈带状分布（回复和再结晶不能改变这种分布特点）。这种热锻后的金属组织称为锻造流线，也称流线。流线使金属材料的性能呈现明显的各向异性，拉伸时沿着流线伸长的方向（纵向）具有较高的力学性能，垂直于流线方向的抗拉性能较差（见表 4-3）。

表 4-3 钢力学性能与测定方向的关系

取样方向	σ_b/MPa	σ_s/MPa	δ/%	ψ/%	α_K/(J·cm^{-2})
纵向	715	470	17.5	62.8	62
横向	672	440	10	31	30

在生产中必须严格控制工件的加工工艺,使流线分布合理。图 4-20(a)所示为锻造曲轴,其流线沿曲轴轮廓分布,它在工作时的最大拉应力将与其流线平行,流线分布合理。图 4-20(b)所示为由切削加工而成的曲轴,其纤维大部分被切断,故工作时极易沿轴肩处发生断裂。

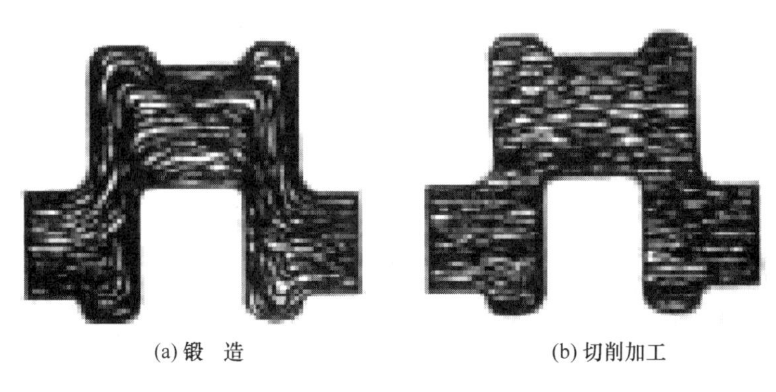

(a) 锻 造　　(b) 切削加工

图 4-20 曲轴的流线

3) 带状组织

金属材料经过锻造或热轧等加工变形后,常会出现的具有明显层状特性的组织,称为带状组织(如图 4-21 所示)。其形成原因主要是铸态中的成分偏析在压力加工时未被充分消除。带状组织不但会使金属材料的力学性能呈现各向异性,使塑性和韧性显著降低,而且会使其切削加工性恶化。

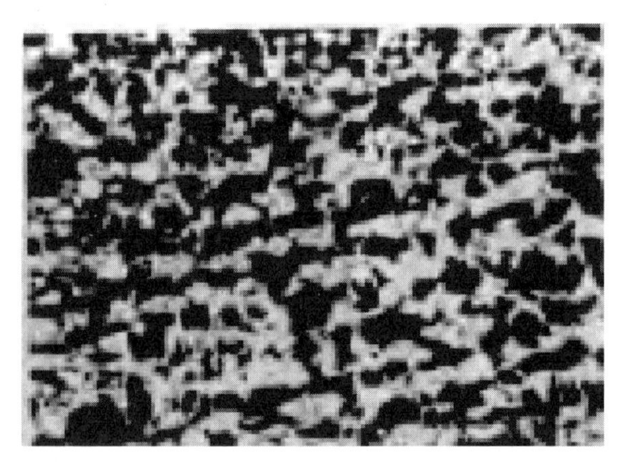

图 4-21 钢中的带状组织

任务拓展:

热加工后可能产生过热组织与魏氏组织。沿基体中一定晶面析出、呈片状或针状的第二相组织，称为魏氏组织。推广到碳钢中，凡在珠光体基体上分布着呈一定角度的针状铁素体或针状渗碳体，统称为魏氏组织或魏氏铁素体组织。

项目评定：

塑性变形是各种塑性加工的基础。研究塑性变形中金属的组织、结构与性能的变化规律，对改进金属加工工艺，提高产品质量和合理使用金属材料都具有重要的意义。

本项目的重点是冷变形加工和热变形加工的机理，以及两种加工分别对金属内部组织和性能产生的影响，难点是多晶体塑性变形的机理。

热加工和冷加工在实际生产中都得到了广泛的应用。热加工能量消耗小，但钢材表面易氧化，一般用于截面尺寸大、变形量大、在室温下加工困难的工件；而冷加工一般用于截面尺寸小、塑性好、尺寸精度及表面光洁度要求高的工件。

习题与思考题

1. 试说明单晶体和多晶体的塑性变形原理。

2. 为什么金属晶粒越细小强度越高，塑性、韧性也越好？

3. 什么是加工硬化现象？列举生产中的实例来说明加工硬化现象的利弊。

4. 根据已学知识，列举强化金属强度的方法。

5. 试比较液态结晶、重结晶、再结晶的异同。

6. 金属铸件能否通过再结晶来细化晶粒？

7. 已知纯铝的熔点是 660 ℃，黄铜的熔点是 950 ℃，试分别估算它们的最低再结晶温度，并确定其再结晶退火温度。

8. 金属热加工后，其组织和性能有什么变化？为什么在某些热加工过程中也会产生冷变形强化和晶粒粗大现象？

9. 采用以下 3 种方法加工制成的齿轮，哪一种最合理？为什么？

① 用厚钢板切成齿坯再加工成齿轮。

② 用钢棒切下做齿坯并加工成齿轮。

③ 用圆钢棒热镦成齿坯再加工成齿轮。

10. 比较纤维组织、形变织构、流纹间的区别，并分析其产生的原因及对材料性能的影响。

11. 分析以下几种说法是否正确，为什么？

① 工件中存在残余应力，对工件都是不利的。

② 冷变形金属经再结晶退火后，晶粒都可细化。

③ 室温下的变形加工称为冷加工，高温下的变形加工称为热加工。

④ 热变形加工都可细化晶粒和提高力学性能，而且也不会产生加工硬化。

⑤ 再结晶不是相变的过程，故它不影响金属的组织和性能。

项目五　钢

项目要求：

近几年，汽车工业迅速发展，对钢材的需求量很大，仅钢材品种就有500多种，且都有较高的质量要求。通过项目的引入，学生应掌握各种普通钢和特殊钢的基本理论，为以后的工作奠定坚实的基础。

项目解析：

钢种类众多，为了让学生更清晰地学习各种钢的特性、功能及用途，把项目解析为3个任务：结构钢、工具钢和特殊性能钢。

任务1　结构钢

任务引导：

汽车发动机配气机构中凸轮轴采用优质钢、进气门的材料采用合金钢。这些都是属于结构钢的范畴，因此，学习结构钢对研究零件的性能、强度及其结构的改进，具有重要意义。

相关知识：

5.1.1　杂质元素和合金元素在钢中的主要作用

钢在冶炼过程中不可避免地要带入少量的杂质元素（硅、锰、硫、磷），它们的存在必然对钢的性能产生影响。

硅：硅是炼钢后期以硅铁作为脱氧剂进行脱氧反应后残留在钢中的元素。硅能溶于铁素体，可提高钢的强度、硬度。由于其含量低，对钢的强化作用并不大。在碳素镇静钢中硅一般控制在0.17%～0.37%。

锰：锰主要来自炼钢脱氧剂。锰是有益元素，锰在钢中可溶于铁素体，亦可溶于渗碳体形成合金渗碳体，使钢的强度、硬度增加，此外，锰能与硫形成MnS，从而减轻硫对钢的危害。钢中锰的含量一般为0.25%～0.80%。

硫：硫主要是由生铁带入钢中的有害元素，它在钢中与铁生成化合物FeS。FeS与Fe可形成低熔点（985 ℃）的共晶体，分布在奥氏体的晶界上，当钢材加热到1 000～1 200 ℃进行热加工时，晶界上的共晶体已经融化，各晶粒间的连接被破坏，导致钢材开裂，这种现象称为热脆。钢中加入锰，可消除硫的有害作用，因为硫与锰的亲和力较硫与铁的亲和力强，锰能从FeS中夺走硫形成MnS，MnS的熔点高达1 620 ℃，具有一定的塑性，故能有效地避免钢的热脆性。因此，钢中硫的含量不得超过0.05%，且锰、硫含量常有定比。

磷:磷也是由生铁带入的有害元素。磷能全部溶于铁素体,有强烈的固溶强化作用,使钢的强度、硬度增加,但塑、韧性显著降低,这种脆化现象在低温时更为严重,称为冷脆。生产中含磷量一般控制在0.045%以下。

硫和磷在钢中均是有害元素,但硫、磷可改善钢的切削加工性能,在易切削钢和炮弹钢中常适当地提高硫、磷的含量。

为了改善钢的力学性能或获得某些特殊性能,有目的地在冶炼钢的过程中加入一些元素,这些元素称为合金元素。常用的合金元素有:锰、硅、铬、镍、钨、钒、钛、锆、钴、铝、硼等。

合金元素对钢的相变、组织和性能的影响,一般取决于合金元素与钢中铁、碳两种基本组元的作用。因此,通过合金化,可以提高和改善钢的性能。

1. 合金元素在钢中存在的形式

1) 形成合金铁素体

绝大多数合金元素都可或多或少地溶于铁素体中,形成合金铁素体。其中原子半径很小的合金元素(如氮、硼等)与铁形成间隙固溶体;原子半径较大的合金元素(如锰、镍、钴等)与铁形成置换固溶体。

合金元素溶入铁素体后,合金元素的原子半径与铁的原子半径相差越大,晶格类型越不相同,必然引起铁素体晶格畸变,产生固溶强化,使铁素体的强度、硬度提高,但塑性、韧性都有下降趋势。图5-1所示为溶于铁素体的合金元素含量对铁素体硬度和韧性的影响。

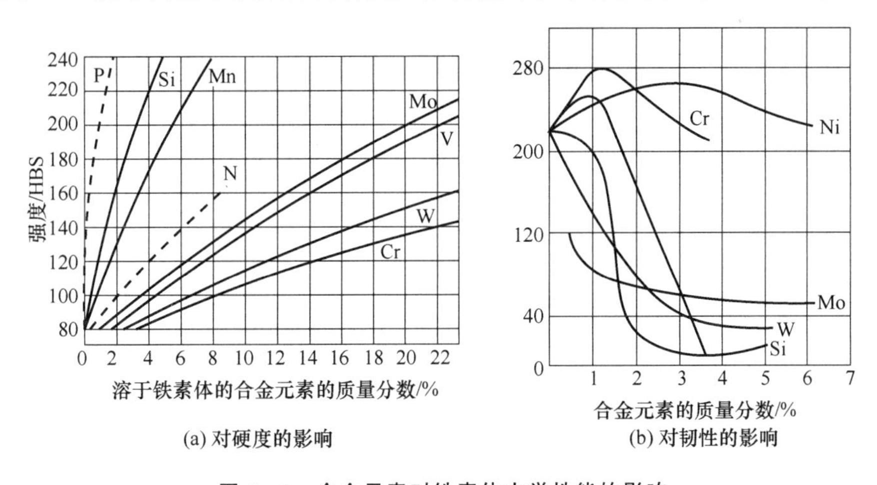

图5-1　合金元素对铁素体力学性能的影响

由图5-1可见,硅、锰能显著提高铁素体的强度、硬度,但当$w_{Si}>0.6\%$、$w_{Mn}>1.5\%$时,将降低其韧性,而铬、镍这两种元素在适当范围内($w_{Cr}\leqslant 2\%$、$w_{Ni}\leqslant 5\%$),不但可提高铁素体的硬度,而且能提高其韧性。在合金结构中,为了获得良好的强化效果,要将铬、镍、硅和锰等合金元素的含量控制在一定范围内。

2) 形成合金碳化物

作为碳化物形成元素,在元素周期表中都是位于铁左边的过渡族金属元素,离铁越远,则其与碳的亲和力越强,形成碳化物能力越强,形成的碳化物越稳定而不易分解。通常钒、铌、锆、钛为强碳化物形成元素;铬、钼、钨为中强碳化物形成元素;锰为弱碳化物形成元素。

钢中形成的合金碳化物的类型主要有以下 2 种。

(1) 合金渗碳体

锰一般是溶入钢中渗碳体,形成合金渗碳体(Fe、Mn)$_3$C;铬、钼、钨在钢中含量不大(w_{Mo}=0.5%～3%)时,形成合金渗碳体,如(Fe、Cr)$_3$C、(Fe、Mo)$_3$C。合金渗碳体较渗碳体略为稳定,硬度也较高,是一般低合金钢中碳化物的主要存在形式。

(2) 特殊碳化物

特殊碳化物是与渗碳体晶格完全不同的合金碳化物,通常是由中强或强碳化物形成元素所构成的碳化物。强碳化物形成元素,即使含量较少,但只要钢中有足够的碳,就倾向于形成特殊碳化物,即具有简单晶格的间隙相碳化物。中强碳化物形成元素,只有当其含量较高(>5%)时,倾向于形成特殊碳化物,即具有复杂晶格的碳化物。

特殊碳化物特别是间隙相碳化物,比合金渗碳体具有更高的熔点、硬度与耐磨性,并且更为稳定,不易分解。

合金碳化物的种类、性能和在钢中的分布状态会直接影响到钢的性能及热处理时的相变。例如,当钢中存在弥散分布的特殊碳化物时,将显著增加钢的强度、硬度与耐磨性,而不降低韧性,这对提高工具的使用性能极为有利。

2. 合金元素对铁碳合金相图的影响

1) 改变了奥氏体区的范围

(1) 扩大奥氏体相区

这类合金元素使 A_3、A_1 温度下降,GS 线向左下方移动,这类元素大都具有面心立方晶格,如钢、锰、镍等。随着锰、镍含量的增大,会使相图中奥氏体区一直延展到室温下。因此,它在室温下的平衡组织是稳定的单相奥氏体,这种钢称为奥氏体钢,如图 5-2 所示。

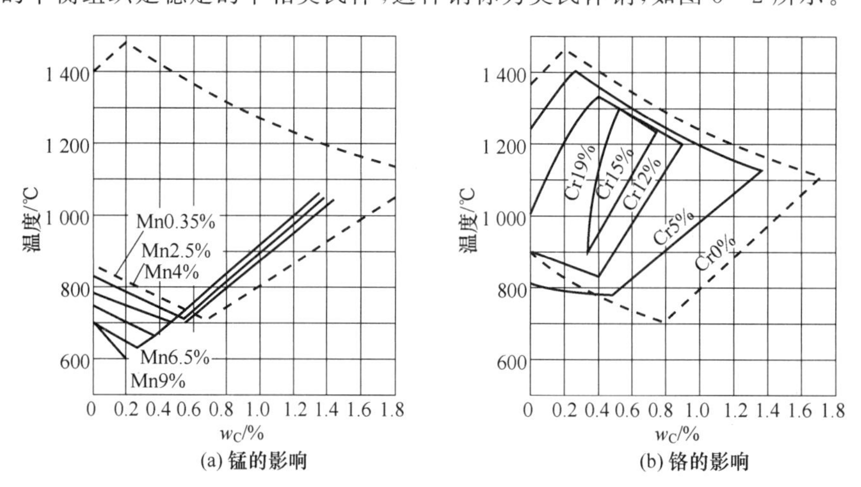

(a) 锰的影响 (b) 铬的影响

图 5-2 合金元素锰、铬对 Fe-Fe$_3$C 相图的影响

(2) 缩小奥氏体相区

这类合金元素与前者相应,使 A_3 和 A_1 温度升高,GS 线向左上方移动,如图 5-2 所示。这类元素有铝、铬、钼等,随着钢中这类元素含量增大,可使相图中奥氏体区消失,此时,钢在室温下的平衡组织是单相的铁素体,这种钢称为铁素体钢。

2）改变 S、E 点在铁碳合金相图中位置

大多数合金元素均能使 S 点、E 点左移，如图 5－3 所示。共析钢中碳的质量分数不是 $w_c=0.77\%$，而是 $w_c<0.77\%$。出现共晶组织的最低碳的质量分数不再是 $w_c=2.11\%$，而是 $w_c<2.11\%$。

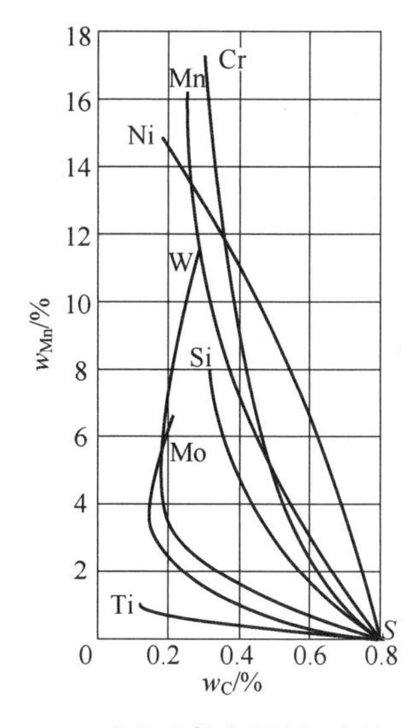

(a) 合金元素对共析点S在铁碳合金相图中的影响

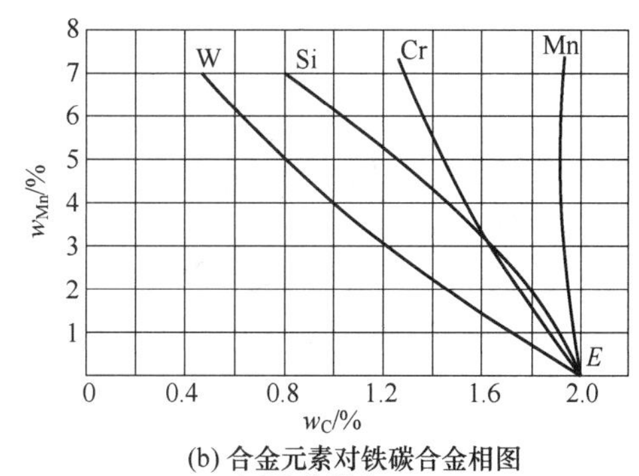

(b) 合金元素对铁碳合金相图中E点的影响

图 5－3　S、E 点在铁碳合金相图中位置的改变

实验证明，$w_c=0.4\%$的碳钢原属亚共析钢，当 $w_{Cr}=12\%$时就成了共析钢。又如 $w_c=0.7\%\sim0.8\%$的高速钢，由于大量合金元素的加入，在铸态组织中却出现合金莱氏体，这种钢称为莱氏体钢。

3. 合金元素对钢的热处理影响

1）合金元素对奥氏体形成的影响

（1）对奥氏体形成速度的影响

合金钢加热时奥氏体形成过程基本上与碳钢相同，但合金元素会影响奥氏体的形成速度，其主要原因是合金元素的加入改变了碳在钢中的扩散速度。

大多数合金元素（除钴、镍外），由于它们与碳有较强的亲和力，显著减缓了碳向奥氏体中的溶入与扩散速度，故大大减缓奥氏体的形成速度。由于合金元素的扩散速度很缓慢，因此，对于合金钢应采取较高加热温度和较长的保温时间，以保证合金元素溶入奥氏体并使之均匀化，从而充分发挥合金元素的作用。

（2）合金元素（除锰外）阻止奥氏体晶粒长大

碳化物形成元素（如钒、铌、锆等强碳化物形成元素），容易形成稳定的碳化物，这些特殊碳化物在高温下比较稳定，不易溶于奥氏体，并以细小质点的形式弥散地分布在奥氏体晶界上，机械地阻碍奥氏体晶粒长大。因此，除锰钢外，合金钢在加热时不易过热，使得钢在高温下较长时间地加热仍能保持细晶粒组织，这是合金钢的一个重要特点。

2)合金元素对钢冷却转变的影响

(1)合金元素对过冷奥氏体等温转变的影响

除钴外,大多数合金元素溶入奥氏体后降低了原子扩散速度,使奥氏体稳定性增加,从而使C曲线右移。这些合金元素均是非碳化物形成元素及弱碳化物形成元素。含有这类元素的低合金钢,其C曲线形状与碳钢相似,只有一个"鼻尖",如图5-4所示,当碳化物形成元素溶入奥氏体后,由于它们对推迟珠光体转变与贝氏体转变的作用不同,使C曲线出现两个"鼻尖",曲线分解成珠光体和贝氏体两个转变区,而两区之间,过冷奥氏体有很高的稳定性,如图5-4所示。

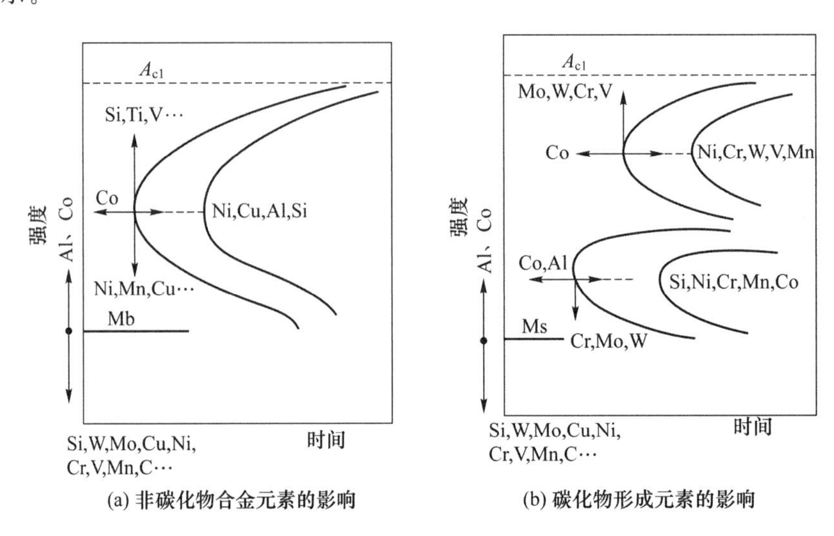

(a) 非碳化物合金元素的影响　　(b) 碳化物形成元素的影响

图5-4　合金元素对C曲线的影响

合金元素使C曲线右移,降低了钢的马氏体 v_k,增大了钢的淬透性。其中尤以碳化物形成元素的影响较为显著,特别是当钢中几种合金元素同时加入时,要比单独加入一种合金元素对增大钢的淬透性更有效。

(2)合金元素对过冷奥氏体向马氏体转变的影响

除钴、铝外,大多数合金元素溶入奥氏体后,使马氏体转变 M_s 和 M_f 降低,其中铬、镍、锰作用较大。图5-5所示为合金元素对马氏体的影响。

实验证明,M_s 越低,则淬火后钢中残余奥氏体的数量就越多。因此,凡使 M_s 降低的合金元素,均使残余奥氏体数量增加。图5-5所示为不同的合金元素对 $w_c=1.0\%$ 的钢,在1 150 ℃淬火后的残余奥氏体量的影响。一般合金钢淬火后,残余奥氏体量较碳钢多。

3)合金元素对淬火钢回火转变的影响

(1)提高淬火钢回火稳定性(耐回火性)

淬火钢在回火时,抵抗软化的能力称为回火稳定性。不同的钢在相同温度回火后,强度、硬度下降也不同,下降少的其回火稳定性较高。

由于合金元素阻碍马氏体分解和碳化物聚集长大过程,使回火的硬度降低过程变缓,从而提高钢的回火稳定性。由于合金钢的回火稳定性比碳钢高,若要得到相同的回火硬度,则合金钢的回火温度就比同样含碳量的碳钢要高,回火时间也长。而当回火温度相同时,合金钢的强度、硬度都比碳钢高。图5-6所示为Mo元素对钢回火硬度的影响。

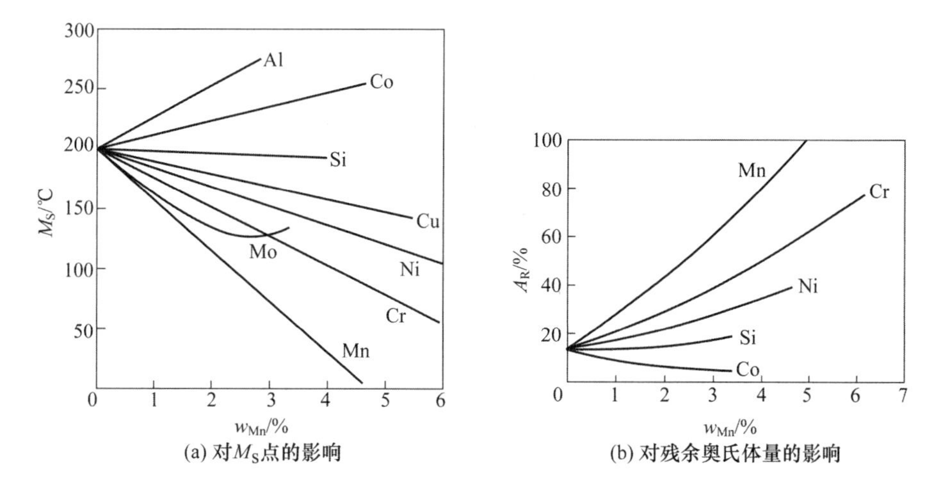

(a) 对M_S点的影响　　(b) 对残余奥氏体量的影响

图 5-5　合金元素对马氏体的影响

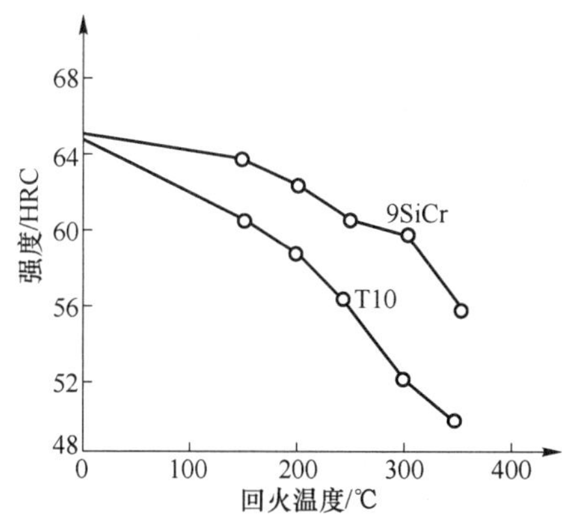

图 5-6　合金钢与非合金钢回火后硬度的比较

（2）产生二次硬化

含有钨、钼、钒的合金钢，经高温奥氏体充分均匀化并淬火后，在 500～600 ℃回火时硬度有回升的现象，称为二次硬化，如图 5-7 所示。这是因为含有上述合金元素较多的合金钢，在该温度范围内回火时会从马氏体中析出特殊碳化物，如 Mo_2C、W_2C、VC 等，析出的碳化物高度弥散分布在马氏体基体上，并与马氏体保持共格关系，阻碍位错运动，使钢的硬度反而有所提高，这就形成了二次硬化。另外，由于特殊碳化物的析出，使残余奥氏体中碳及合金元素浓度降低，提高了 M_s 温度，故在随后冷却时就会有部分残余奥氏体转变为马氏体，这也是在回火时钢的硬度提高而产生的二次硬化的原因。

（3）回火时产生第二类回火脆性

含有铬、锰、镍等元素的合金钢淬火后，在脆化温度（400～500 ℃）区回火，或经更高回火后缓慢冷却通过脆化温度区所产生的脆性，称为第二类回火脆性。

产生这类回火脆性的原因，一般认为是由于锡、磷、锑、砷等有害元素沿奥氏体晶界偏聚，减弱了晶界上原子间的结合力所致。偏聚程度越大，回火脆性越严重。减轻或消除第二类回

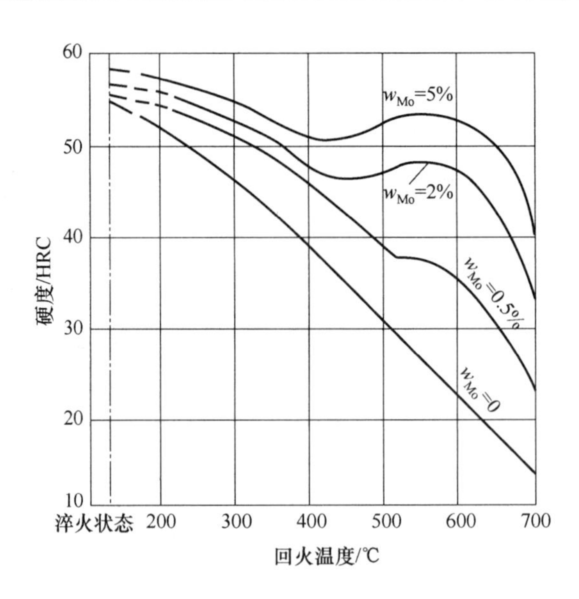

图 5-7 合金钢中加入钼后对回火硬度的影响

火脆性的方法有：提高钢的纯洁度，降低有害元素的含量；小截面零件在脆化温度回火后采用快冷的方法；大截面零件则采用含有钨(w_W约为 1%)或钼(w_{Mo}约为 0.5%)的合金钢，即使回火后缓冷也不产生脆性。

5.1.2 碳素结构钢

碳素结构钢的牌号用代表屈服点的第一个拼音字母“Q”、屈服点数值(单位为 MPa)、质量等级、脱氧方法等符号表示。质量等级由 A 到 E，硫、磷含量降低，质量提高。“F”表示沸腾钢，“b”表示半镇静钢，而用于表示镇静钢和特殊镇静钢的“Z”和“TZ”可以省略。例如，Q235Ab、Q255BF 分别表示屈服点≥235 MPa 的 A 级半镇静钢和屈服点≥255 MPa 的 B 级沸腾钢。

碳素结构钢冶炼简便，成本低，含碳量低，在热轧空冷状态下以板、带、棒及型钢的形式使用。其塑性高，焊接性好。这类钢主要保证力学性能，用量约占钢材总量的 70%，一般不进行热处理，但对某些零件也可进行正火、调质、渗碳等处理，以改善使用性能。碳素结构钢的牌号、成分和力学性能如表 5-1 所列。

Q195 钢、Q215 钢(相当于旧牌号 A1 钢、A2 钢)有一定的强度，塑性好。其主要用于制作薄板(如镀锌薄钢板)、钢筋、冲压件、铆钉、地脚螺栓、开口销和烟筒等，也可代替 08P 钢、10 钢用于制作冲压件和焊接结构件。Q235 钢(相当于 A3 钢)强度较高，用于制作钢筋、钢板、农业机械用型钢和不重要的机械零件，如拉杆、连杆、转轴等。Q235C 钢、Q235D 钢质量较好，可制作重要的焊接结构件。Q275 钢(相当于 A4 钢、C5 钢)强度高，质量好，可用于制作建筑、桥梁等工程上质量要求较高的焊接结构。

表 5-1 碳素结构钢的牌号、成分和力学性能(摘自 GB/T 700—2006)

牌号	统一数字代号	等级	化学成分 w/%					脱氧方法	屈服强度 σ_s/MPa						抗拉强度 σ_b/MPa	伸长率 δ/%					冲击试验(V形缺口)	
									厚度(或直径)/mm							程度(或直径)/mm					温度/℃	冲击吸收功(纵向) A_{KV}/J
			C	Mn	Si	P	S		≤16	>16~40	>40~60	>60~100	>100~150	>150~200		≤40	>40~60	>60~100	>100~150	>150~200		
			≤						≥							≥						≥
Q195	U11952	—	0.12	0.50	0.30	0.035	0.040	F、Z	195	185	—	—	—	—	315~430	33	—	—	—	—	—	—
Q215	U12152	A	0.15	1.20	0.35	0.045	0.050	F、Z	215	205	195	185	175	165	335~450	31	30	29	27	26	—	—
	U12155	B					0.045														+20	27
Q235	U12352	A	0.22	1.40	0.35	0.045	0.050	F、Z	235	225	215	205	195	185	370~500	26	25	24	22	21	—	—
	U12355	B	0.20				0.045														+20	27
	U12358	C	017			0.040	0.040	Z													0	
	U12359	D				0.035	0.035	TZ													−20	
Q275	U12752	A	0.24	1.50	0.35	0.045	0.050	F、Z	275	265	255	245	235	225	410~540	22	21	20	18	17	—	—
	U12755	B	0.21			0.045	0.045	Z													+20	27
	U12758	C	0.22			0.040	0.040	Z													0	
	U12759	D	0.20			0.035	0.035	TZ													−20	

注:① 表中为镇静钢、特殊镇静钢牌号的统一数字代号,沸腾钢牌号的统一数字代号如下:Q195F-U11950;Q215AF-U12150、Q215BF-U12153;Q235AF-U12350、Q235BF-U12353;Q275AF-U12750。

② Q195 的屈服强度值仅供参考,不作交货条件,本类钢通常不进行热处理而直接使用,因此,只考虑其力学性能和有害杂质含量,不考虑含碳量。

③ A、B 级钢为普通质量碳钢;C、D 级钢为优质碳钢。

1. 优质碳素结构钢

优质碳素结构钢的牌号,用两位数字表示钢中平均碳的质量分数的万分数,钢中锰的质量分数较高时,在数字后面加“Mn”,如65Mn表示钢平均 w_c=0.65%,并含有较多Mn(w_{Mn}=0.9%~1.2%)的优质碳素结构钢。在两位数字后加“A”表示高级优质钢,加“E”表示特级优质钢。

这类钢中有害杂质元素磷、硫受到严格限制,非金属夹杂物含量较少,塑性和韧性较好,主要用于制作较重要的机械零件。

按使用加工方法分为压力加工用钢(UP)和切削加工用钢(UC)。压力加工用钢包括热压力加工用钢(UHP)、顶锻用钢(UF)、冷拔坯料用钢(UCD)。

优质碳素结构钢的牌号和化学成分见表5-2。

表5-2　优质碳素结构钢(优质钢)的牌号和化学成分(摘自GB/T 699—1999)

牌号 (统一数字代号)	化学成分 w/%					
	C	Si	Mn	Cr	Ni	Cu
08F(U20080)	0.05~0.11	≤0.03	0.25~0.50	≤0.10	≤0.30	≤0.25
15F(U20150)	0.12~0.18	≤0.07	0.25~0.50	≤0.25	≤0.30	≤0.25
08(U20082)	0.05~0.11	0.17~0.37	0.35~0.65	≤0.10	≤0.30	≤0.25
10(U20102)	0.07~0.13	0.17~0.37	0.35~0.65	≤0.15	≤0.30	≤0.25
15(U20152)	0.12~0.18	0.17~0.37	0.35~0.65	≤0.25	≤0.30	≤0.25
20(U20202)	0.17~0.23	0.17~0.37	0.35~0.65	≤0.25	≤0.30	≤0.25
25(U20252)	0.22~0.29	0.17~0.37	0.50~0.80	≤0.25	≤0.30	≤0.25
30(U20302)	0.27~0.34	0.17~0.37	0.50~0.80	≤0.25	≤0.30	≤0.25
35(U20352)	0.32~0.39	0.17~0.37	0.50~0.80	≤0.25	≤0.30	≤0.25
40(U20402)	0.37~0.44	0.17~0.37	0.50~0.80	≤0.25	≤0.30	≤0.25
45(U20452)	0.42~0.50	0.17~0.37	0.50~0.80	≤0.25	≤0.30	≤0.25
50(U20502)	0.47~0.55	0.17~0.37	0.50~0.80	≤0.25	≤0.30	≤0.25
55(U20552)	0.52~0.60	0.17~0.37	0.50~0.80	≤0.25	≤0.30	≤0.25
60(U20602)	0.57~0.65	0.17~0.37	0.50~0.80	≤0.25	≤0.30	≤0.25
65(U20652)	0.62~0.70	0.17~0.37	0.50~0.80	≤0.25	≤0.30	≤0.25
70(U20702)	0.67~0.75	0.17~0.37	0.50~0.80	≤0.25	≤0.30	≤0.25
85(U20852)	0.82~0.90	0.17~0.37	0.50~0.80	≤0.25	≤0.30	≤0.25
15Mn(U21152)	0.12~0.18	0.17~0.37	0.70~1.00	≤0.25	≤0.30	≤0.25
35Mn(U21352)	0.32~0.39	0.17~0.37	0.70~1.00	≤0.25	≤0.30	≤0.25
50Mn(U21502)	0.48~0.56	0.17~0.37	0.70~1.00	≤0.25	≤0.30	≤0.25
65Mn(U21652)	0.62~0.70	0.17~0.37	0.90~1.20	≤0.25	≤0.30	≤0.25
70Mn(U21702)	0.67~0.75	0.17~0.37	0.90~1.20	≤0.25	≤0.30	≤0.25

钢、65Mn钢、70Mn钢经热处理后,可获得较高的弹性极限、足够的韧性和一定的强度,常用来制作弹性零件和易磨损的零件,如弹簧、弹簧垫圈、轧辊、犁镜等。

2. 低合金结构钢

按主要性能和使用特性，低合金结构钢可分为：可焊接的低合金高强度结构钢、易切削结构钢、低合金耐候钢、低合金钢筋钢、铁道用低合金钢、矿用低合金钢、其他低合金钢等。

1）低合金高强度结构钢

低合金高强度结构钢是在低碳钢的基础上加入少量合金元素而形成的钢。钢中 $w_C \leqslant 0.2\%$，常加入的合金元素有硅、锰、钛、铌、钒等，其总含量 $w < 3\%$。

钢中含碳量低是为了获得良好的塑性、焊接性和冷变形能力。合金元素硅、锰主要溶于铁素体中，起固溶强化的作用。钛、铌、钒等在钢中形成细小碳化物，起细化晶粒和弥散强化的作用，从而提高钢的强韧性。此外，合金元素能降低钢的共析含碳量，与相同含碳量的碳钢相比，低合金高强度结构钢组织中珠光体较多，且晶粒细小，故也可提高钢的强度。

低合金高强度结构钢大多在热轧、正火状态下供应，组织为铁素体加珠光体，使用时一般不再进行热处理。

低合金高强度结构钢的强度高，塑性和韧性好，焊接性和冷成形性良好，耐蚀性较好，韧脆转变温度低，成本低，适于冷成形和焊接。在某些情况下，用这类钢代替碳素结构钢，可大大减轻零件或构件的质量。例如，我国载重汽车的大梁采用 Q345（16Mn）钢后，使载重比由 1.05 提高到 1.25；又如，南京长江大桥采用 Q345 钢比用碳钢节约钢材 15%以上。Q460 钢含有 Mo 和 B，正火后组织为贝氏体，强度高。

低合金高强度结构钢广泛用于桥梁、车辆、船舶、锅炉、高压容器、输油管以及低温下工作的构件等。最常用的是 Q345 钢。

低合金高强度结构钢新、旧牌号对照见表 5-3，常用低合金高强度结构钢见表 5-4。

表 5-3　低合金高强度钢新、旧标准牌号对照

GB/T 1591—2008	GB 1591—1988
Q345	12MnV、14MnNb、16Mn、16MnRE、18Nb
Q390	15MnV、15MnTi、16MnNb
Q420	15MnN、14MnVTiRE

2）易切削结构钢

易切削结构钢是指含硫、锰、磷量较高或含微量铅、钙的低碳或中碳结构钢，简称易切钢。

硫在钢中以 MnS 夹杂物的形式存在，它割裂了钢基体的连续性，使切屑易脆断，便于排屑，切削抗力小。MnS 的硬度低，摩擦系数小，有润滑作用，可减轻刀具磨损，并能降低零件加工表面粗糙度。磷固溶于铁素体中，使铁素体强度提高，塑性降低，也可改善切削加工性。但硫、磷含量不能过高，以防产生热脆和冷脆。

铅在室温下不溶于铁素体，呈细小的铅颗粒分布在钢的基体上，既容易断屑，又起润滑作用。但铅含量不宜过高，以防产生重力偏析。钙在钢中以钙铝硅酸盐夹杂物的形式存在，具有润滑作用，可减轻刀具磨损。

易切削结构钢可经渗碳、淬火或调质、表面淬火等热处理提高其使用性能。所有易切削结构钢的锻造性能和焊接性能都不好，选用时应注意。

易切削结构钢主要用于成批、大量生产时制作对力学性能要求不高的紧固件和小型零件。

常用易切削结构钢见表 5－5。

表 5－4 常用低合金高强度结构钢力学性能和用途(摘自 GB/T 1591—2008)

牌　号	质量等级	R_m /MPa	R_{El} /MPa (≥)	A /% (≥)	冲击试验		用途举例
					温度 /℃	KV/J (≥)	
Q345	A B C D E	470～630	345	20 21	 20 0 −20 −40	— 34 34 34 34	大型船舶、铁路车辆、桥梁、管道、锅炉、压力容器、石油储罐、水轮机涡壳、起重及矿山机械、电站设备、厂房钢架等承受动载荷的各种焊接结构件。一般金属构件、零件
Q390	A B C D E	490～650	390	20	 20 0 −20 −40	— 34 34 34 34	中、高压锅炉汽包,中、高压石油化工容器,大型船舶,桥梁,车辆及其他承受较高载荷的大型焊接结构件,承受动载荷的焊接结构件,如水轮机涡壳
Q420	A B C D E	520～680	420	19	 20 0 −20 −40	 34 34 34 34	大型桥梁、船舶、电站设备、起重机械、机车车辆、中压或高压锅炉及容器、大型焊接结构件
Q460	C D E	550～720	460	17	0 −20 −40	34	厂房、一般建筑、高层钢结构建筑及各类工程机械,如矿山和各类工程施工用的钻机、电铲、电动轮翻斗车、矿用汽车、挖掘机、装载机、推土机、各类起重机、煤矿液压支架等机械设备及其他结构件
Q500	C D E	610～770	500	17	0 −20 −40	55 47 31	
Q550	C D E	670～830	550	16	0 −20 −40	55 47 31	
Q620	C D E	710～80	620	15	0 −20 −40	55 47 31	
Q690	C D E	770～940	690	14	0 −20 −40	55 47 31	

表 5-5　常用易切削结构钢的牌号、化学成分、性能及用途(摘自 GB/T 8731—1988)

牌号	化学成分 w/%						σ_b /MPa	δ_s /%	ψ /%	硬度 HBS	用途举例
	C	Si	Mn	S	P	其他		≥		≤	
Y12	0.08~0.16	0.15~0.35	0.70~1.00	0.10~0.20	0.08~0.15		390~540	22	36	170	双头螺柱、螺钉、螺母等一般标准紧固件
Y12Pb	0.08~0.16	≤0.15	0.70~1.10	0.15~0.25	0.05~0.10	Pb0.15-0.35	390~540	22	36	170	同 Y12,但切削加工性提高
Y15	0.10~0.18	≤0.15	0.80~1.20	23~0.33	0.05~0.10		390~540	22	36	170	同 Y12,但切削加工性显著提高
Y30	0.27~0.35	0.15~0.35	0.70~1.00	0.08~0.15	≤0.06		510~655	15	25	187	强度较高的小件,结构复杂、不易加工的零件,如纺织机、计算机上的零件
Y40Mn	0.37~0.45	0.15~0.35	1.20~1.55	0.20~0.30	≤0.05		590~735	14	20	207	要求强度、硬度较高的零件,如机床丝杠和自行车、缝纫机上的零件
Y45Ca	0.42~0.50	0.20~0.40	0.60~1.90	0.04~0.08	≤0.04	Ca 0.002~0.006	600~745	12	26	241	同 Y40Mn,齿轮、轴

注:表中 Y12 钢、Y15 钢和 Y30 钢为非合金易切削结构钢。

3) 低合金高耐候钢

低合金高耐候钢即耐大气腐蚀钢,是近年来在我国开始推广应用的新钢种。在钢中加入少量合金元素(如铜、磷、铬、钼、钛、铌、钒等),使其在钢表面形成一层致密的保护膜,提高了钢材的耐候性能。与碳钢相比,这类钢具有良好的抗大气腐蚀能力。

常用低合金高耐候钢的牌号有 09CuPCrNi-A 钢、09CuPCrNi-B 钢和 09CUP 钢等。

09CuPCrNi-A 含义:09 表示平均碳的质量分数 $w_c=0.09\%$,w_{Cu}、w_p、w_{Cr}、w_{Ni} 均小于 1.5%,不标出;A 表示质量等级。这类钢主要用于铁道车辆、农业机械、起重运输机械、建筑和塔架中制作螺栓连接、铆接和焊接结构件。12MnCuCr 为焊接结构用耐候钢,主要用于制造桥梁、建筑等结构件。

除上述钢种外,为适应某些专业的特殊需要,对低合金高强度结构钢的成分、工艺做某些相应的调整,从而派生出很多低合金专业用钢,在锅炉、压力容器、船舶、汽车、桥梁、农机、矿山、自行车、建筑钢筋等行业应用广泛。例如,制造汽车大梁的微合金化钢、车门和挡板用的高塑性高强度钢、轮毂用的低合金双相钢等。

5.1.3　合金结构钢

合金结构钢的牌号由两位数字、合金元素符号和数字组成。两位数字表示钢中平均碳的质量分数的万分数,元素符号表示钢中的合金元素,合金元素后面的数字表示该元素的质量分数的百分数(若平均质量分数小于 1.5%,则元素后不标出数字),高级优质钢牌号后加 A,特级优质钢后加 E。如 60Si2MnA 表示钢中平均碳质量分数为 0.6%,Si 的质量分数为 2%,Mn 的质量分数小于 1.5%的高级优质合金结构钢。

1. 合金渗碳钢

许多机械零件如汽车、拖拉机齿轮、内燃机凸轮、活塞销等是在冲击力和表面受到强烈摩擦、磨损条件下工作的,因此,要求零件表面有高的硬度和耐磨性,心部有足够的强度和很好的韧性。为满足上述性能要求,常选用渗碳钢。渗碳钢属于表面硬化合金结构钢。

1) 化学成分

渗碳钢的 w_C=0.10%~0.25%,含碳量低可以保证零件心部有足够的塑性和韧性。加入铬、锰、镍、硼等合金元素可提高淬透性,并保证钢经渗碳、淬火后心部得到低碳马氏体组织,以提高强度和韧性。加入少量钛、钒、钨、钼等强和中强碳化物形成元素,可形成稳定的合金碳化物,以阻碍奥氏体晶粒长大,起细化晶粒作用,同时还可提高渗碳层的耐磨性。

2) 热处理特点

为改善渗碳钢毛坯的切削加工性能,应在锻造后进行正火。为保证零件表面有高的硬度和耐磨性,一般应在渗碳后进行淬火、低温回火(180~200 ℃)。渗碳后零件表层的 w_C 为0.85%~1.0%,经淬火、回火后表层组织为回火马氏体、合金碳化物和少量残留奥氏体,硬度可达60~62HRC。心部如淬透,回火后组织为低碳回火马氏体,硬度为40~48HRC;如未淬透,则为托氏体、少量低碳回火马氏体和铁素体,硬度为25~40HRC,韧性 $A_{KV}\gg$48 J。

3) 常用渗碳钢

渗碳钢按淬透性高低分为以下3类。

(1) 低淬透性渗碳钢

这类钢合金元素含量较少,淬透性较差,主要用于受冲击力较小、截面尺寸不大的耐磨件。常用牌号有20钢、20Cr钢、20MnV钢等。

(2) 中淬透性渗碳钢

这类钢淬透性较好,淬火后心部强度高(可达1 000 ~1 200 MPa),常用于制造承受高速、中载,并要求有足够韧性、耐磨性及抗冲击性的零件。常用牌号有20CrMnTi钢、20MnVB钢等。

(3) 高淬透性渗碳钢

这类钢含有较多的铬、镍等合金元素,淬透性好,甚至空冷也能得到马氏体组织,心部强度可达1 175 MPa以上,主要用于制作承受重载荷,要求高强韧性和耐磨性的大型零件。常用牌号有2Ct2Ni4钢、18Ct2Ni4WA钢。

常用渗碳钢见表5-6。

2. 调质钢

调质钢是指经调质后使用的钢。经调质后,这类钢具有良好的综合力学性能,主要用于制作要求综合力学性能好的重要零件,如机床主轴、汽车半轴、连杆等。

1) 化学成分

调质钢的 w_C=0.25% ~0.50%,含碳量过低,不易淬硬,回火后强度不够;含碳量过高,韧性差。由于合金元素代替了部分碳的强化作用,故含碳量可偏低。加入锰、硅、铬、镍、硼元素可提高淬透性,除硼以外,这些元素均能强化铁素体,当含量在一定范围时还可提高铁素体的韧性。钨、钼、钒、钛等碳化物形成元素可细化晶粒,提高耐回火性,钼、钨还能防止产生第二类回火脆性。

2) 热处理特点

为改善调质钢锻造后的组织、切削加工性能和消除应力,切削加工前应进行退火或正火。最终热处理一般为淬火、高温回火,其组织为回火索氏体,具有良好的综合力学性能。对于某些零件,不仅要求有良好的综合力学性能,而且在某些部位还要求高硬度、高耐磨性和高疲劳强度,这些零件在调质后还要进行感应淬火或氮化处理。

表 5-6　常用渗碳钢的牌号、成分、热处理、力学性能及用途(摘自 GB/T 3077—1999)

类别	牌号（统一数字代号）	化学成分 w/%				热处理（温度/℃、冷却剂）			力学性能(≥)					退火硬度 HBS (≤)	用途举例
		C	Si	Mn	其他	一次淬火	二次淬火	回火	σ_b /MPa	σ_s /MPa	δ_s /%	ψ /%	A_{KV} /J		
低淬透性	15 (U20152)	0.12~0.18	0.17~0.37	0.35~0.65	Ni≤0.30	920 ℃正火			375	225	27	55			形状简单、强度要求不高的耐磨件，如小轴、套筒、链条等
低淬透性	20 (U20152)	0.17~0.23	0.17~0.37	0.35~0.65	Ni≤0.30	920 ℃正火			410	245	25	55			形状简单、强度要求不高的耐磨件，如小轴、套筒、链条等
低淬透性	15Cr (A20152)	0.12~0.18	0.17~0.37	0.40~0.70	Cr 0.70~1.00	880 水、油	780~820 水、油	200 水、空	735	490	11	45	55	179	截面不大、心部要求较高强度和韧性、表面承受磨损的零件，如齿轮、凸轮、活塞、活塞环、联轴器、轴等
低淬透性	20Cr (A20202)	0.18~0.24	0.17~0.37	0.50~0.80	Cr 0.70~1.00	880 水、油	780~820 水、油	200 水、空	835	540	10	40	47	179	截面在 30 mm^2 以下、形状复杂、心部要求较高强度、工作表面承受磨损的零件、如机床变速箱齿轮、凸轮、蜗杆、爪形离合器等
低淬透性	20MnV (A01202)	0.17~0.24	0.17~0.37	1.30~1.60	V 0.70~0.12	880 水、油		200 水、空	785	590	10	40	55	187	高压容器、大型高压管道等较高载荷的焊接结构件，使用温度 450~475 ℃，亦可用于冷拉、冷冲压零件，如活塞销、齿轮等
低淬透性	20Mn2 (A00202)	0.17~0.24	0.17~0.37	1.40~1.80		850 水、油		200 水、空	785	590	10	40	47	187	代替 20Cr 钢制作渗碳的小齿轮、小轴、活塞销、汽门顶杆、变速箱操纵杆等

续表 5-6

类别	牌号(统一数字代号)	化学成分 w/%				热处理(温度/℃、冷却剂)			力学性能(≥)					退火硬度HBS(≤)	用途举例
		C	Si	Mn	其他	一次淬火	二次淬火	回火	σ_b/MPa	σ_s/MPa	δ_s/%	ψ/%	A_{KV}/J		
中淬透性	20CrMnTi(A26202)	0.17~0.23	0.17~0.37	0.80~1.10	Cr 1.00~1.30 Ti 0.04~0.10	880 油	870 油	200 水、空	1 080	850	10	45	55	217	在汽车、拖拉机工业中用于截面在30 mm^2 以下,承受高速、中或重载荷以及受冲击、摩擦的重要渗碳件,如齿轮、轴、齿轮轴、爪形离合器、蜗杆等
中淬透性	20CrMnVB(A73202)	0.17~0.23	0.17~0.37	1.20~1.60	V 0.07~0.12 B 0.000 5~0.003 5	886 油		200 水、空	1 080	885	10	45	55	207	模数较大、载荷较重的中、小渗碳件,如重型机床上的齿轮、轴、汽车后桥主动、从动齿轮等
中淬透性	20CrMnMo(A34202)	0.17~0.23	0.17~0.37	0.90~1.20	Cr 1.10~1.40 Mo 0.20~0.30	850 油		200 水、空	1 180	885	10	45	55	217	大截面渗碳件,如大型拖拉机齿轮、活塞销等
中淬透性	20CrMnTiB(A74202)	0.17~0.24	0.17~0.37	1.30~1.60	B 0.000 5~0.003 5 Ti 0.04~0.10	860 油		200 水、空	1 130	930	10	45	55	187	20CrMnTi 的代用钢,制造汽车、拖拉机上小截面、中等载荷的齿轮
高淬透性	20Cr2Ni4(A43202)	0.17~0.23	0.17~0.37	0.30~0.60	Cr 1.25~1.65 Ni 3.25~3.65	880 油	780 油	200 水、空	1 180	1 080	10	45	63	269	大截面,载荷较高,交变载荷下的重要渗碳件,如大型齿轮轴等
高淬透性	18Cr2Ni4WA(A52183)	0.13~0.19	0.17~0.37	0.30~0.60	Ni 4.0~4.5 W 0.80~1.20	950 空	805 空	200 水、空	1 180	835	10	45	78	269	大截面、高强度,良好附件以及缺口敏感性低的重要渗碳附件,如大截面齿轮、传动轴、曲轴、花键轴、活塞销、精密机床上的蜗轮等

注:15 钢、20 钢试样毛坯尺寸为 25 mm,其他试样尺寸均为 15 mm。

w_c<0.30%的调质钢也可在中、低温回火状态下使用，其组织分别为回火托氏体和回火马氏体。例如，锻锤锤杆采用中温回火，凿岩机活塞和混凝土振动器的振动头等都采用低温回火。

调质钢在退火或正火状态下使用时，其力学性能与相同含碳量的碳钢差别不大，只有通过调质，才能获得优于碳钢的性能，见表5－7。

表5－7　调质钢正火、调质后的力学性能

热处理方法	牌　号	热处理工艺	试样尺寸/mm	σ_b/MPa	σ_s/MPa	δ_s/%	A_{KV}/J
正火	40	870 ℃空冷	ϕ25	580	340	19	48
	40Cr	860 ℃空冷	ϕ60	740	450	21	72
调质	40	870 ℃水淬，600 ℃回火	ϕ25	620	450	20	72
	40Cr	850 ℃油淬，550 ℃回火	ϕ25	960	800	13	68

3）常用调质钢

调质钢按淬透性高低分为以下3类。

（1）低淬透性调质钢

低淬透性调质钢含合金元素较少，淬透性较差，合金调质钢经调质后强度比碳钢高，工艺性能较好，主要用于制作中、小截面的零件。常用牌号有40钢、45钢、40C钢、40MnB钢、42SiMn钢等。

（2）中淬透性调质钢

中淬透性调质钢含合金元素较多，淬透性较高，调质后强度高，主要用于制作截面较大、承受较大载荷的零件。常用牌号有40CrMn钢、35CrMo钢、38CrMoAl钢、40CrNi钢等。

（3）高淬透性调质钢

高淬透性调质钢合金元素含量比前两类调质钢多，淬透性高，调质后强度和韧性好，主要用于制作大截面、承受重载荷的重要零件。常用牌号有40CrMnMo钢、25Cr2Ni4WA钢等。

近年来，利用低碳钢和低碳合金钢经淬火加低温回火处理，得到强度和韧性配合较好的低碳马氏体代替中碳调质钢，在石油、矿山、汽车工业上得到广泛应用，收效显著。如用15MoVB代替40Cr制造汽车连杆螺栓等，效果很好。

常用调质钢见表5－8。

3. 弹簧钢

弹簧钢主要用于制造各种弹簧及类似性能的结构件，如机械和仪表中的弹簧。弹簧利用弹性变形储存能量，减缓振动和冲击。弹簧一般在交变载荷下工作，受到反复弯曲或拉、压应力，常产生疲劳破坏。因此，要求弹簧钢具有高的弹性极限、疲劳强度，足够的韧性，良好的淬透性、耐蚀性和不易脱碳等。一些特殊用途的弹簧钢还要求有高的屈强比（σ_s/σ_b）。

1）化学成分

碳素弹簧钢的w_c=0.6%～0.9%，合金弹簧钢的w_c=0.5%～0.7%，含碳量低，强度不够；含碳量高，塑性、韧性下降。加入合金元素锰、硅、铬、钼、钒等主要是提高淬透性、耐回火性和强化铁素体，经热处理后有高的弹性和屈强比。但硅易使钢脱碳和产生石墨化倾向，使疲劳强度降低。加入少量铬、钼、钒可防止脱碳，并能细化晶粒，提高屈强比、弹性极限和高温强度。

表 5-8 常用调质钢的牌号、成分、热处理、力学性能及用途(摘自 GB/T 3077—1999)

类别	牌号(统一数字代号)	化学成分 w/%				热处理(温度/℃、冷却剂)		力学性能(≥)					退火硬度HBS(≤)	用途举例
		C	Si	Mn	其他	淬火	回火	σ_b/MPa	σ_s/MPa	δ_s/%	ψ/%	A_{KV}/J		
碳素调质钢	40(U20402)	0.37～0.44	0.17～0.37	0.50～0.80	Cr≤0.25 Ni≤0.30 Cu≤0.25	840 水	600 水	570	335	19	45	7	187	小截面、中等载荷的调质件，如主轴、曲轴、齿轮、连杆、链轮等
	45(U20452)	0.42～0.50	0.17～0.37	0.50～0.80	Cr≤0.25 Ni≤0.30 Cu≤0.25	840 水	600 水	600	355	16	40	39	197	
	50(A20502)	0.47～0.55	0.17～0.37	0.50～0.80	Cr≤0.25 Ni≤0.30 Cu≤0.25	830 水	600 水	630	375	14	40	31	207	
低淬透性钢	40Cr(A20402)	0.37～0.44	0.17～0.37	0.50～0.80	Cr 0.80～1.10	850 油	520 水、油	980	785	9	45	47	207	中载和中速工作下的零件，如汽车后半轴及机床上齿轮、轴、花键轴、顶尖套等
	40Mn2(A00402)	0.37～0.44	0.17～0.37	1.40～1.80		840 水、油	540 水	885	735	12	45	55	217	轴、半轴、活塞杆、连杆、螺栓
	42SiMn(A10422)	0.39～0.45	1.10～1.40	1.10～1.40		880 水	590 水	885	735	15	40	47	229	在高频淬火及中温回火状态下制造中速、中载的齿轮；调质后高频淬火及低温回火状态下制造表面要求高硬度，较高耐磨性，较大截面的零件，如主轴、齿轮等
	40MnB(A71402)	0.37～0.44	0.17～0.37	1.10～1.40	B 0.000 5～0.003 5	850 油	500 水、油	980	785	10	45	47	207	代替40Cr钢制造中、小截面重要调质件，如汽车半轴、转回轴、蜗杆以及机床主轴、齿轮等
	40MnVB(A73402)	0.37～0.44	0.17～0.37	1.10～1.40	V 0.05～0.10 B 0.000 5～0.003 5	850 油	520 水、油	980	785	10	45	47	207	代替40Cr钢制造汽车、拖拉机和机床上的重要调质件，如轴、齿轮等

续表 5－8

类别	牌号（统一数字代号）	化学成分 w/%				热处理（温度/℃、冷却剂）		力学性能（≥）					退火硬度 HBS（≤）	用途举例
		C	Si	Mn	其他	淬火	回火	σ_b/MPa	σ_s/MPa	δ_s/%	ψ/%	A_{KV}/J		
中淬透性钢	35CrMo（A30352）	0.32～0.40	0.17～0.37	0.40～0.70	Cr 0.80～1.10 Mo 0.15～0.25	850 油	550 水、油	980	835	12	45	63	229	可在高、中频感应淬火，低温回火后用于高载荷下工作的重要结构件，特别是受冲击、振动、弯曲、扭转载荷的机件，如主轴、大电动机轴、曲轴、锤杆等
	40CrMn（A22402）	0.37～0.45	0.17～0.37	0.90～1.20	Cr 0.90～1.20	840 油	550 水、油	980	835	9	45	47	229	在高速、高载荷下工作的齿轮轴、齿轮、离合器等
	30CrMnSi（A24302）	0.27～0.34	0.90～1.20	0.80～1.10	Cr 0.80～1.10	880 油	520 水、油	1 080	885	10	45	39	229	重要用途的调质件，如高速、高载荷条件下使用的砂轮轴、齿轮轴、螺母、螺栓、轴套等
	40CrNi（A40402）	0.37～0.44	0.17～0.37	0.50～0.80	Gr 0.45～0.75 Ni 1.00～1.40	820 油	500 水、油	980	785	10	45	55	241	截面较大、载荷较大的零件，如轴、连杆、齿轮轴等
	38CrMoAl（A33382）	0.35～0.42	0.20～0.45	0.30～0.60	Cr 1.35～1.65 Mo 0.15～0.25 Al 0.70～1.10	940 水、油	640 水、油	980	835	14	50	71	229	高级氮化钢，制造磨床主轴、自动车床主轴、精密丝框、精密齿轮、高压阀门、压缩机活塞杆、橡胶及塑料挤压机上的各种耐磨件
高淬透性钢	40CrMnMo（A34402）	0.37～0.45	0.17～0.37	0.90～1.20	Cr 0.90～1.20 Mo 0.20～0.30	850 油	600 水、油	980	7855	10	45	63	217	截面较大、要求高强度和高韧性的调质件，如 8 t 卡车的后桥半轴、齿轮轴、偏心轴、齿轮、连杆等
	40CrNiMoA（A50403）	0.37～0.44	0.17～0.37	0.50～0.80	Cr 0.60～0.90 Mo 0.15～0.25 Ni 1.25～1.65	850 油	600 水、油	980	835	12	55	78	269	要求韧性好、强度高及大尺寸的重要调质件，如重型机械中高载荷的轴类件、直径大于 250 mm 的汽轮机轴、叶片、曲轴等
	25Cr2Ni4WA（A52253）	0.21～0.28	0.17～0.37	0.30～0.60	Cr 1.35～1.65 W 0.80～1.20 Ni 4.0～4.50	850 油	550 水、油	1 080	930	11	45	71	269	200 mm 以下要求淬透的大截面重要零件
	37CrNi3（A42372）	0.34～0.41	0.17～0.37	0.30～0.60	Cr 1.20～1.60 Ni 3.00～3.50	820 油	500 水、油	1 130	980	10	50	47	269	高强韧性大型重要零件，如汽轮机叶轮、转子轴等

2) 热处理特点

因弹簧成形工艺不同,故热处理特点也不同。

(1) 热成形弹簧的热处理

当弹簧直径或板簧厚度大于10 mm时,常采用热态下成形,即将弹簧加热至比正常淬火温度高50～80 ℃进行热卷成形,然后利用余热立即淬火、中温回火,获得回火托氏体,硬度为40～48HRC,具有较高的弹性极限、疲劳强度和一定的塑性与韧性。

(2) 冷成形弹簧的热处理

当弹簧直径或板簧厚度小于10 mm时,常用冷拉弹簧钢丝或弹簧钢带冷卷成形。按制造工艺不同,冷拉弹簧钢丝有3种:

① 铅淬冷拉钢丝　将钢丝坯料奥氏体化后,在500～550 ℃的铅浴中保温,获得索氏体,然后经多次冷拔至所需直径。这种钢丝强度很高,且有足够韧性。钢丝冷卷成弹簧后,只进行一次200～300 ℃低温回火,以消除应力,并使弹簧定型,不需再经淬火、回火处理。

② 淬火及回火钢丝　即将钢丝冷拔到规定尺寸后,进行油淬和中温回火。此种钢丝性能比较均匀。冷卷成弹簧后在200～300 ℃低温回火,以消除应力,此后不需再经淬火和回火处理。

③ 退火钢丝　此种钢丝是退火状态供应的。钢丝经冷卷成弹簧后,应进行淬火和中温回火,以满足所需性能。

弹簧经热处理后要进行喷丸处理,使表面产生残留压应力,以提高其疲劳强度,使用寿命可提高3～5倍。

3) 常用弹簧钢

应用最广泛的是65Mn钢、60Si2Mn钢。其中60Si2Mn钢淬透性、弹性极限、屈服点和疲劳强度均较高,价格较低,主要制作截面尺寸较大的弹簧。50CrVA钢的力学性能与60Si2Mn钢相近,但淬透性更高,且铬和钒能提高弹性极限、强度、韧性和耐回火性,常用于制作承受重载荷及工作温度较高、截面尺寸大的弹簧。常用弹簧钢见表5-9。

4. 滚动轴承钢

轴承钢的牌号由“滚”字汉语拼音首字母“G”、合金元素符号“Cr”和数字组成,数字表示平均铬的质量分数的千分数。如GCr15SiMn表示平均$w_{Cr}=1.5\%$、w_{Si}和w_{Mn}均小于1.5%的轴承钢。渗碳轴承钢牌号的表示方法与合金结构钢相似,只是在牌号前加“G”轴承钢均为高级优质钢,故牌号后不标“A”。

滚动轴承钢主要用于制作滚动轴承的滚动体(滚珠、滚柱、滚针)和内、外套圈等,属于专用结构钢。

滚动轴承工作时承受很大的局部交变载荷,滚动体与套圈间接触应力大(3 000～5 000 MPa),易使轴承工作表面产生接触疲劳破坏和磨损。因此,要求轴承钢具有高的硬度、耐磨性、弹性极限和接触疲劳强度,足够的韧性和耐蚀性。

从化学成分来看,轴承钢属于工具钢,故也可用于制造耐磨件,如精密量具、冷冲模、机床丝杠等。

1) 化学成分

轴承钢的$w_C=0.90\%\sim1.10\%$,以保证具有高的硬度和耐磨性。$w_C=0.40\%\sim1.65\%$,以提高淬透性,并使钢热处理后形成细小、弥散分布的合金渗碳体,提高钢的强度、硬度、接触疲劳强度、耐磨性和耐蚀性。含铬量不易过高,否则会增加残留奥氏体量,降低钢的耐磨性和疲劳强度。对大型轴承可加入硅、锰等元素,以提高强度、弹性极限,进一步改善淬透性。

轴承钢对硫、磷的质量分数要求严格($w_S<0.025\%$、$w_P<0.030\%$),以提高抗疲劳能力,增加轴承使用寿命。

表 5-9 常用弹簧钢的牌号、成分、热处理、力学性能及用途(摘自 GB/T 1222—2007)

牌号	化学成分 w/%					热处理(温度/℃)		力学性能(≥)				用途举例
	C	Si	Mn	Cr	其他	淬火	回火	σ_s/MPa	σ_b/MPa	δ_b/%	ψ/%	
65	0.62~0.70					840	500	785	981	9	35	截面小于 15 mm 的小弹簧,如柱塞弹簧、测力弹簧、调压调速弹簧,一般机械用的圆、方形螺旋弹簧
70	0.62~0.75	0.17~0.37	0.50~0.80	≤0.25	P、S≤0.035	830	480	834	1 030	8	30	
85	0.82~0.90					820	480	981	1 128	6	30	火车、汽车、拖拉机的扁形弹簧及圆形螺旋弹簧
65Mn	0.62~0.70	0.17~0.37	0.90~1.20	≤0.25	P、S≤0.035	830	540	785	981	8	30	小截面弹簧,如发条、制动弹簧、弹簧垫圈、离合器簧片、冷拔钢丝、冷卷旋转弹簧
55Si2Mn	0.52~0.60	1.50~2.00	0.60~0.90	≤0.35	P、S≤0.035	870(油)	480	1 200	1 300	6	30	汽车、拖拉机、机车上的减振板簧和螺旋弹黄,气缸安全阀簧,电力机车用升弓钩弹簧,止回阀簧,<250 ℃使用的耐热弹簧
55Si2MnB	0.52~0.60	1.50~2.00	0.60~0.90	≤0.35	P、S≤0.035 B 0.000 5~0.00 4	870(油)	480	1 200	1 300	6	31	
60Si2Mn	0.56~0.64	1.50~2.00	0.60~0.90	≤0.35	P、S≤0.035	870(油)	480	1 177	1 275	5	25	
60Si2MnA	0.56~0.64	1.50~2.00	0.60~0.90	≤0.35	P、S≤0.030	870(油)	440	1 400	1 600	5	20	
55SiMnVB	0.52~0.60	0.70~1.00	1.00~1.30	≤0 35	P、S≤0.030 V 0.08~0.16 B 0.00 5~0.003 5	860(油)	460	1 300	1 400	5	30	代替 60Si2Mn 钢制作重型、中型、小型汽车的板簧,中型截面的板簧和螺旋弹簧

续表 5-9

牌号	化学成分 w/%					热处理(温度/℃)		力学性能(≥)				用途举例
	C	Si	Mn	Cr	其他	淬火	回火	σ_s/MPa	σ_b/MPa	δ_b/%	ψ/%	
60Si2CrA	0.56~0.64	1.40~1.80	0.40~0.70	0.70~1.00	P、S≤0.030	870(油)	420	1 600	1 800	6(δ_s)	20	承受高应力及工作温度<350 ℃的弹簧,如调速器弹簧、汽轮机汽封弹簧、破碎机用弹簧等
60Si2CrVA	0.56~0.64	1.40~1.80	0.40~0.70	0.90~1.20	P、S≤0.030 V 0.10~0.20	850(油)	410	1 667	1 863	6(δ_s)	20	
55CrMnA	0.52~0.60	0.17~0.37	0.65~0.95	0.65~0.95	P、S≤0.030	830~860(油)	460~510	$\sigma_{0.2}$ 1 100	1 300	9(δ_s)	20	汽车、拖拉机、机车上载荷较重,应力较大的板簧和直径较大的螺旋弹簧
60CrMnA	0.56~0.64	0.17~0.37	0.70~1.00	0.70~1.00	P、S≤0.030	830~860(油)	460~520	$\sigma_{0.2}$ 1 100	1 300	9(δ_s)	20	
50CrVA	0.46~0.54	0.17~0.37	0.50~0.80	0.80~1.10	P、S≤0.030 V 0.10~0.20	850(油)	500	1 150	1 300	10(δ_s)	40	较大截面的高载荷重要弹簧及工件温度<350 ℃的阀门弹簧、活塞弹簧、安全阀弹簧等
3W4Cr2VA	0.26~0.34	0.17~0.37	≤0.40	2.00~2.50	P、S≤0.030 V 0.50~0.80 W 4.00~4.50	1 050~1 100(油)	600	1 350	1 500	7(δ_s)	40	工作温度≤500 ℃的耐热弹簧,如锅炉主安全阀弹簧、汽轮机汽封弹簧等

注:表中所列性能用于截面尺寸≤80 mm的钢材。

2）热处理特点

轴承钢的热处理是球化退火、淬火和低温回火。球化退火可以降低锻造后的硬度(180～207HBS)，以利于切削加工，并为最终热处理做好组织准备。球化退火后的组织是铁素体和均匀分布的细粒状碳化物。若钢原始组织中有粗大的片状珠光体和网状渗碳体，则应在球化退火前进行正火，以改善原始组织。淬火和低温回火后，组织为细回火马氏体、均匀分布的细粒状碳化物和少量残留奥氏体，硬度为 61～65HRC。

对精密轴承，为保证尺寸稳定性，可在淬火后立即进行冷处理(－80～－60 ℃)，以减少残留奥氏体量，然后进行低温回火消除应力，并在精磨后进行稳定化处理(120～130 ℃，保温 10～15 h)，以进一步提高尺寸稳定性。

3）常用轴承钢

轴承钢包括高碳铬轴承钢、渗碳轴承钢、高碳铬不锈轴承钢、高温轴承钢、无磁轴承钢等。其中 GCr15 钢是应用最广的高碳铬轴承钢，主要制作中、小型轴承，还可制作冷冲模、精密量具、机床丝杠等。对大型、重载荷轴承常采用 GCr15SiMn 钢。根据我国的资源条件，已研制出不含铬的轴承钢，如 GSiMnV 钢、GSiMnMoV 钢等代替 GCr15 钢。常用轴承钢的牌号、化学成分、热处理及用途见表 5－10。

表 5－10　常用轴承钢的牌号、化学成分、热处理及用途(摘自 GB/T 18254—2002)

牌号(统一数字代号)	化学成分 w/%					热处理			用途举例
	C	Cr	Mn	Si	其　他	淬火温度/℃	回火温度/℃	回火后硬度HRC	
GCr4 (B00040)	0.95～1.05	0.35～0.50	0.15～0.30	0.15～0.30	Mo≤0.08 S≤0.02 P≤0.025	800～820	150～170	62～66	载荷不大、形状简单的机械传动轴上的滚珠和滚柱
GCr15 (B00150)	0.95～1.05	1.40～1.65	0.25～0.45	0.15～0.35	Mo≤0.10 S、P≤0.025	820～840	150～170	62～66	壁厚≤12 mm，外径≤250 mm 的各种轴承套圈，直径≤50 mm 的钢球，直径 22 mm 的圆锥滚子，直径≤22 mm 的球面滚子；冲压模具，具量、机床丝杠等
GCr15SiMn (B01150)	0.95～1.05	1.40～1.65	0.95～1.25	0.45～0.75	Mo≤0.10 S、P≤0.025	820～840	170～200	≥62	壁厚＞30 mm 的大型套圈，$S\varphi$(50～100)mm 的钢球，模具、量具、丝锥、耐磨件
GSiMnV	0.95～1.10	—	1.30～1.80	0.55～0.80	V 0.20～0.30 S、P≤0.025	780～810	150～170	≥62	代替 GCr15 钢
GMnMoVRE	0.95～1.10	Mo 0.4～0.6	1.10～1.40	0.15～0.40	V 0.15～0.25 RE 0.05～0.01	770～810	165～175	≥62	代替 GCr15 钢及 GCr15SiMn 钢
GSiMoMnV	0.95～1.10	—	0.75～1.05	0.45～0.65	Mo 0.20～0.40 V 0.20～0.30	780～820	175～200	≥62	代替 GCr15SiMn 钢及 GCr15 钢

注：表中后两种为新钢种，RE 为稀土元素。

5. 铸　钢

生产中,有些形状复杂的零件很难用锻压方法成形,用铸铁又难以满足性能要求,此时可采用铸钢件。铸钢的 w_C=0.15%～0.60%,以保证足够的塑性、韧性和强度。工程用铸钢的牌号、成分、力学性能和用途见表 5-11。

表 5-11　工程用铸钢牌号、力学性能和用途(摘自 GB/T 11352—2009)

牌　号	力学性能(≥)					用途举例
	$R_{P0.2}$ /MPa	R_m /MPa	$A_{11.3}$ /%	Z /%	KV /J	
ZG200-400	200	400	25	40	30	塑性、韧性和焊接性好。用于制作受力不大、韧性好的机械零件,如机座、变速箱壳
ZG230-450	230	450	22	32	25	强度、塑性、韧性和焊接性能良好。用于制作受力不大、韧性好的机械零件,如砧座、外壳、轴承盖、底板、阀体、犁柱
ZG270-500	270	500	18	25	22	强度、塑性、铸造性、焊接性、切削性好。用于制作轧钢机架、轴承座、连杆、箱体、曲轴、缸体
ZG310-570	310	570	15	21	15	强度和切削性好,塑性、韧性较低。用于制作载荷较高的零件,例如大齿轮、缸体、制动轮、辊子
ZG340-640	340	640	10	18	10	强度、硬度、耐磨性高,切削性好,焊接性较差,流动性好,裂纹敏感性较大。用于制作齿轮、棘轮

铸钢件常见的缺陷是魏氏组织(组织组分之一呈片状或针状沿母相特定晶面析出的显微组织),如图 5-8 所示。这种组织使钢的塑性及韧性显著降低。生产中常用退火或正火消除魏氏组织,改善钢的性能。

图 5-8　铸钢中的魏氏组织

6. 高锰耐磨钢

高锰耐磨钢是指在巨大压力和强烈冲击力作用下才能发生硬化的钢。这类钢的 w_C = 0.9%～1.5%，以保证高的耐磨性；w_{Mn} = 11%～14%，以形成单相奥氏体组织，获得良好韧性。由于高锰耐磨钢易冷变形强化，很难进行切削加工，因此，大多数高锰耐磨钢件采用铸造成形。高锰耐磨钢铸态组织中存在许多碳化物，因此，钢硬而脆。为改善其组织以提高韧性，将铸件加热至 1 000～1 100 ℃，使碳化物全部溶入奥氏体中，然后水冷得到单相奥氏体组织，称此处理为水韧处理。铸件经水韧处理后，强度、硬度（180～230HBS）不高，塑性、韧性良好。工作时，若受到强烈冲击、巨大压力或摩擦，则因表面塑性变形而产生明显的冷变形强化，同时还发生奥氏体向马氏体转变，使表面硬度（52～56HRC）和耐磨性大大提高，而心部仍保持奥氏体组织的良好韧性和塑性，有较高的抗冲击能力。

高锰耐磨钢主要用于制作受强烈冲击、巨大压力并要求耐磨的零件，如坦克、拖拉机的履带板、破碎机颚板、铁路道岔、挖掘机的铲齿、保险箱钢板、防弹板等。常用牌号有 ZGMn13－1 铸钢和 ZGMn13－4 铸钢。常用耐磨钢的牌号、化学成分、力学性能及用途见表 5－12。

表 5－12　常用耐磨钢的牌号、化学成分、力学性能及用途（摘自 GB/T 5680—1998）

牌号	化学成分 w/%					力学性能（≥）					用途举例
	C	Si	Mn	S（≤）	P（≤）	σ_s/MPa	σ_b/MPa	δ_s/%	A_K/J	硬度 HBS（≤）	
ZGMn13－1	1.00～1.50	0.30～1.00	11.00～14.00	0.040	0.090	—	635	20	—	—	形状简单，以耐磨为主的低冲击铸件，如衬板、齿板、辊套、铲齿等
ZGMn13－2	0.90～1.40	0.30～1.00	11.00～14.00	0.040	0.070	—	685	25	147	300	
ZGMn13－3	0.95～1.35	0.30～0.80	11.00～14.00	0.035	0.070	—	735	30	147	300	结构复杂、要求以韧性为主的高冲击铸件，如履带板、斗前壁、提梁等
ZGMn13－4	0.90～1.30	0.30～0.80	11.00～14.00	0.040	0.070	390	735	20	—	300	
ZGMn13－5	0.75～1.30	0.30～1.00	11.00～14.00	0.040	0.070	—	—	—	—	—	特殊耐磨件，如自固型无螺栓磨煤机衬板等

任务 2　工具钢

任务引导：

众所周知，随着汽车工业的发展，汽车对钢材的需求量越来越大，汽车发动机上的曲轴、凸轮轴等很多零件都是通过模锻的方法制造的，而模具的材料就是工具钢；另外，汽车维修中所使用的卡尺、直尺、量规等测量工具也是如此。我们为什么要这样选择呢？

相关知识:

5.2.1 刃具钢

碳素工具钢的牌号由“T”和数字组成,数字表示钢的平均碳的质量分数的千分数,含锰量较高的在后面加“Mn”,高级优质钢在牌号末尾加“A”。如T10Mn表示平均含碳量为1%,含锰量较高的碳素工具钢。

合金工具钢的牌号与合金结构钢相似,只是:若钢中平均w_c<1%,牌号前以1位数字表示平均碳的质量分数的千分数;若钢中平均w_c≥1%,则牌号前不写数字。

高速工具钢的牌号表示与合金工具钢基本相同,只是有些牌号的钢即使w_c<1%,其牌号前也不标出数字。例如,W18Cr4V,其w_c=0.7%~0.8%。

刃具钢主要制作切削刃具(如板牙、丝锥、铰刀等)。刃具工作时,刃部与切屑、毛坯间产生强烈摩擦,使刃部磨损并产生高温(可达500~600 ℃)。另外,刃具还承受冲击和振动。

1. 性能要求

1) 高的硬度和耐磨性

一般切削加工用刃具的硬度应大于60HRC。耐磨性好坏直接影响刃具使用寿命,耐磨性不仅与硬度有关,而且还与钢中碳化物的性质、数量、大小、分布有关。通常硬度越高,耐磨性越好,当硬度基本相同时,若在马氏体基体上分布着一定数量硬而细小的碳化物则比单一马氏体具有更高的耐磨性。

2) 高的热硬性

热硬性是指钢在高温下保持高硬度的能力。为保证钢有高的热硬性,通常在钢中加入提高耐回火性的合金元素。

3) 足够的强度和韧性

以防在受冲击和振动时,刀具突然断裂或崩刃。

2. 常用刃具钢

1) 碳素工具钢

碳素工具钢的w_C=0.65%~1.35%,一般需热处理后使用。这类钢经热处理后具有较高的硬度和耐磨性,主要用于制作低速切削刃具,以及对热处理变形要求低的一般模具、低精度量具等。碳素工具钢的牌号、成分、力学性能和用途见表5-13。

表5-13 碳素工具钢牌号、性能和用途(摘自GB/T 1298—2008)

牌 号	退火状态硬度 HBW (≤)	淬火温度/℃ (冷却剂)	硬度 HRC (≥)	用途举例
T7 T7A	187	800~820 (水冷)	62	承受振动、冲击、硬度适中有较好韧性的工具,如錾子、冲头、木工工具、大锤、剪切金属用的剪刀
T8 T8A	187	780~800 (水冷)	62	

续表 5-13

牌　号	退火状态硬度 HBW (≤)	淬火温度/℃ (冷却剂)	硬度 HRC (≥)	用途举例
T8Mn T8MnA	187	780～800 (水冷)	62	性能和用途与 T8 钢相似，锰提高淬透性，可用于截面较大的工具
T9 T9A	192	760～780 (水冷)	62	硬度高、韧性中等工具。如冲模、冲头、錾岩石用錾子
T10 T10A	197	760～780 (水冷)	62	耐磨性较高、不受剧烈振动、韧性中等，锋利刃口的工具，如刨刀、车刀、钻头、丝锥、手锯条、拉丝模、冷冲模
T11 T11A	207			
T12 T12A	207	760～780 (水冷)	62	不受冲击、高硬度的工具，如丝锥、锉刀、刮刀、铰刀、板牙、量具
T13 T13A	217			

2）低合金刃具钢

低合金刃具钢是在碳素工具钢的基础上加入少量合金元素形成的，其 $w_C=0.80\%\sim1.50\%$，以保证高硬度和耐磨性。加入合金元素铬、锰、硅等可提高淬透性、耐回火性和改善热硬性。加入钨、钒等碳化物形成元素可形成 WC、VC 或 V4C3 等特殊碳化物，提高钢的热硬性和耐磨性。

这类钢锻造后进行球化退火，以改善切削加工性能。最终热处理为淬火和低温回火，其组织为细回火马氏体、合金碳化物和少量残留奥氏体，硬度为 60～65HRC。

9SiCr 钢是常用的合金刃具钢，具有高的淬透性和耐回火性，热硬性可达 300～350 ℃。主要制造变形小的薄刃低速切削刀具(如丝锥、板牙、铰刀等)。CrWMn 钢具有高的淬透性，淬火变形小，适于制造较复杂的低速切削刀具(如拉刀)。常用合金刃具钢见表 5-14。

表 5-14　常用合金刃具钢的牌号、成分、热处理、力学性能及用途(GB/T 1299—2000)

牌号 (统一数字代号)	化学成分 w/%					热处理				用途举例
	C	Mn	Si	Cr	其他	淬火温度 /℃	硬度 HBS (≥)	回火温度 /℃	交货硬度 HBS	
9SiCr (T30100)	0.85 ～0.95	0.30 ～0.60	1.20 ～1.60	0.95 ～1.25		820 ～860 (油)	62	180 ～200	197 ～241	板牙、丝锥、铰刀、钻头、搓丝板、冷冲模、冷轧辊等
9Mn2V (T20000)	0.85 ～0.95	1.70 ～2.00	≤0.40		V 0.10 ～0.25	780 ～810 (油)	62	170 ～250	≤229	冲模、剪刀、冷压模、量规、样板、丝锥、板牙、铰刀

续表 5-14

牌号（统一数字代号）	化学成分 w/%					热处理				用途举例
	C	Mn	Si	Cr	其他	淬火温度/℃	硬度HBS（≥）	回火温度/℃	交货硬度HBS	
8MnSi（T30000）	0.75～0.85	0.80～1.10	0.30～0.60	—		800～820（油）	60	150～160	≤229	木工錾子、锯条、切削工具等
Cr06（T30060）	1.30～1.45	≤0.40	≤0.40	0.50～0.70		780～810（水）	64		187～241	外科手术刀、剃刀、刮刀、刻刀、锉刀等
Cr2（T30201）	0.95～1.10	≤0.40	≤0.40	1.30～1.65		830～860（油）	62	150～170	179～229	车刀、插刀、铰刀、钻套、冷轧辊、量具、样板等
9Cr2（T30200）	0.80～0.95	≤0.40	≤0.40	1.30～1.70		820～850（油）	62		179～217	木工工具、冷冲模、钢印、冷轧辊等
W（T30001）	1.05～1.25	≤0.40	≤0.40	0.10～0.30	W 0.80～1.20	840～860（油）	62	130～140	187～229	低速切削硬度较高金属的刀具，如麻花钻、车刀等

注：各牌号钢中 w_S、w_P 均不高于0.030%。

3）高速工具钢(高速钢)

高速钢含有较多合金元素，热硬性高，切削温度高达600 ℃时，硬度仍保持在55～60HRC以上，故俗称“锋钢”。高速钢分为钨系、钨钼系和超硬系3类。

(1) 化学成分

高速钢的 w_C=0.70%～1.25%，以保证获得高碳马氏体和形成足够的合金碳化物，从而提高钢的硬度、耐磨性和热硬性。加入合金元素钨、钼、铬、钒等，钨一部分形成很稳定的合金碳化物，提高钢的硬度和耐磨性；另一部分溶于马氏体，提高耐回火性。在560 ℃左右回火时析出弥散的特殊碳化物，产生二次硬化，提高热硬性。钼的作用与钨相似，可用1%的钼取代2%的钨。铬可提高淬透性，当 w_{Cr}=4%时，空冷即可得到马氏体组织，故此钢又俗称“风钢”。钒与碳形成稳定的VC，有极高的硬度(2 010HV)，并呈颗粒细小、均匀分布状，可提高钢的硬度、耐磨性和热硬性。钒量不宜过多，否则将使钢韧性降低。

(2) 锻造与热处理特点

高速钢属莱氏体钢，铸态组织中有粗大鱼骨状的合金碳化物，如图5-9所示。

这种碳化物硬而脆，不能用热处理方法消除，必须反复锻打将其击碎，使碳化物细化并均匀分布在基体上。高速钢锻造后硬度较高并存在应力，为改善切削加工性能，消除应力，并为淬火做好组织准备，应进行退火。退火后组织为索氏体和细粒状碳化物(见图5-10)，硬度为207～255HBS。

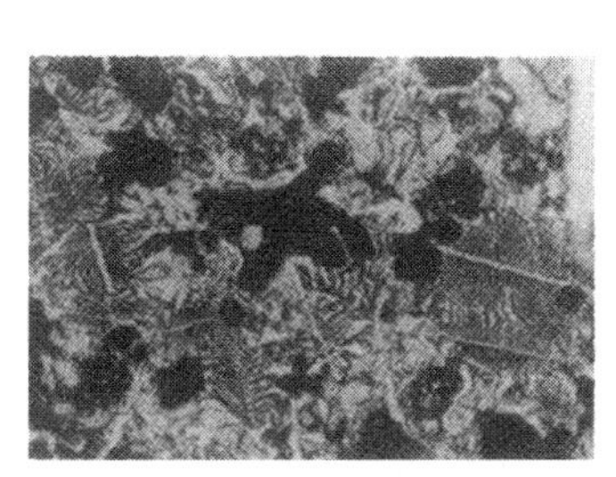
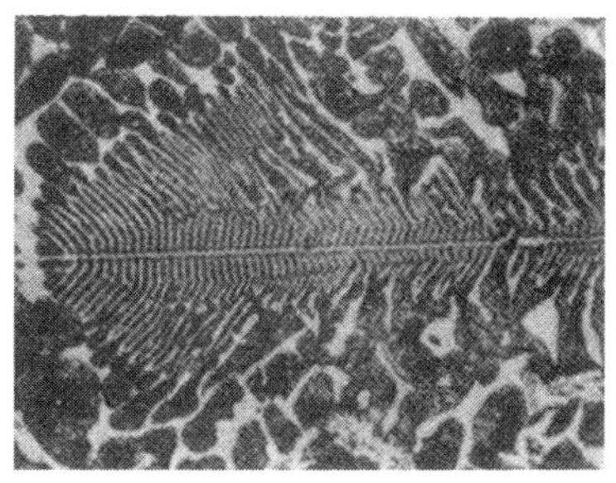

图 5-9　高速钢(W18Cr4V)的铸态组织

为缩短退火时间，生产中常采用等温退火，退火工艺如图 5-11(a)所示。高速钢只有通过正确的淬火和回火，才能获得优良性能。高速钢热导性差，为减小淬火加热时的热应力，防止变形和开裂，必须在 800～850 ℃预热，待工件整个截面上的温度均匀后，再加热到淬火温度。对大截面、形状复杂的刀具，常采用二次预热(第 1 次为 500～600 ℃，第 2 次为 800～850 ℃)。为使钨、钼、钒尽可能多地溶入奥氏体，以提高热硬性，其淬火温度一般很高(如 W18Cr4V 钢为 1 270～1 280 ℃)，常采用油冷单介质淬火或盐浴中分级淬火，其工艺曲线如图 5-11(b)所示。

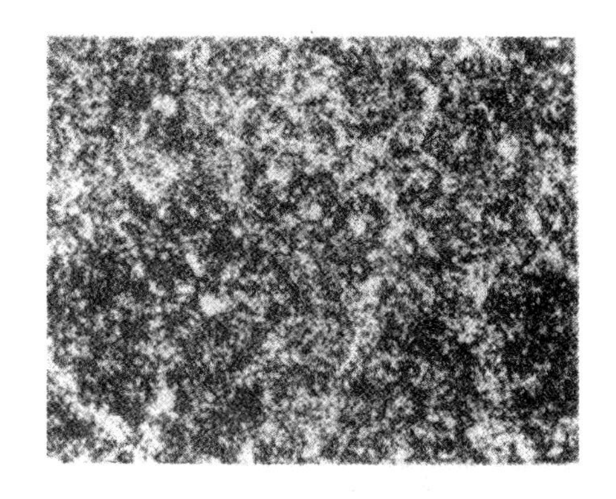

图 5-10　高速钢(W18Cr4V)的退火组织

淬火后组织为马氏体、粒状碳化物和残留奥氏体(20%～30%)，如图 5-12 所示。为使淬火后组织中残留奥氏体量从 20%～30%减少到 1%～2%，必须进行多次回火(一般为 3 次)，如图 5-11(c)所示。

在回火过程中，从马氏体中析出特殊碳化物(W、C、VC)，对马氏体起弥散硬化作用，提高了钢的硬度。从残留奥氏体中析出合金碳化物，降低了残留奥氏体中碳及合金元素的含量，使 M_s 点升高，在回火冷却中残留奥氏体转变为马氏体，也使钢硬度提高，产生二次硬化。高速钢正常淬火、回火后的组织为回火马氏体、细颗粒状合金碳化物和少量残留奥氏体，如图 5-13 所示。其硬度为 63～65HRC。

(3) 常用高速钢

W18Cr4V 钢发展最早，应用广泛，热硬性高，过热和脱碳倾向小，但碳化物较粗大，韧性较差，主要制作中速切削刀具或结构复杂的低速切削刀具(如拉刀、齿轮刀具等)。W6M05Cr4V2 钢可作为 W18Cr4V 钢的代用品。两者相比，W6M05Cr4V2 钢由于钼的碳化物细小，故有较好的韧性。此外，因钢中碳、钒含量较高，可提高钢的耐磨性。但此钢易脱碳和过热，热硬性略差，主要制作耐磨性和韧性配合较好的刀具，尤其适于制作热加工成形的薄刃刀具(如麻花钻头等)。

含钴和铝的超硬高速钢(如 W18Cr4V2C08 钢、W6M05Cr4V2A1 钢)，其硬度、耐磨性和热硬性均比 W18Cr4V 钢和 W6M05Cr4V2 钢高，但可磨削性差。

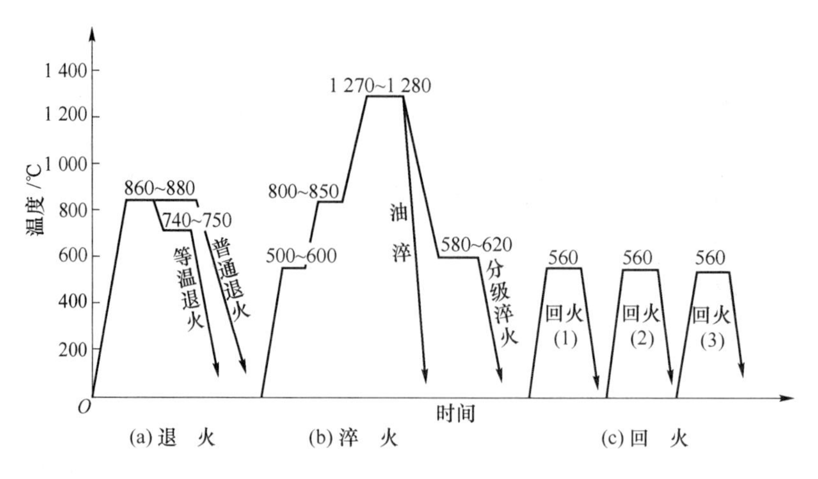

图 5-11 高速钢(W18Cr4V)的退火、淬火、回火工艺曲线

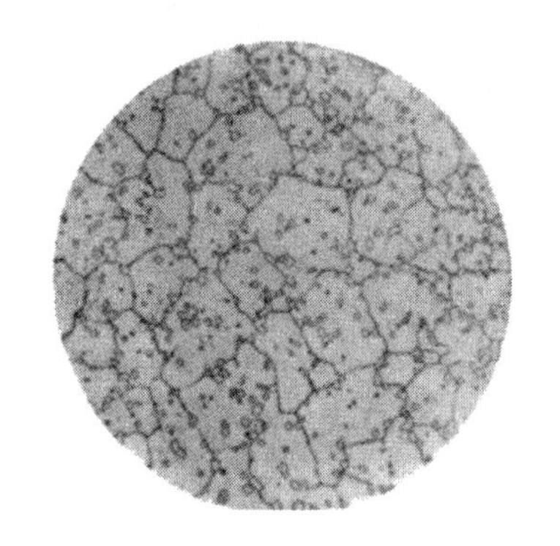

图 5-12 高速钢(W18Cr4V)的淬火组织

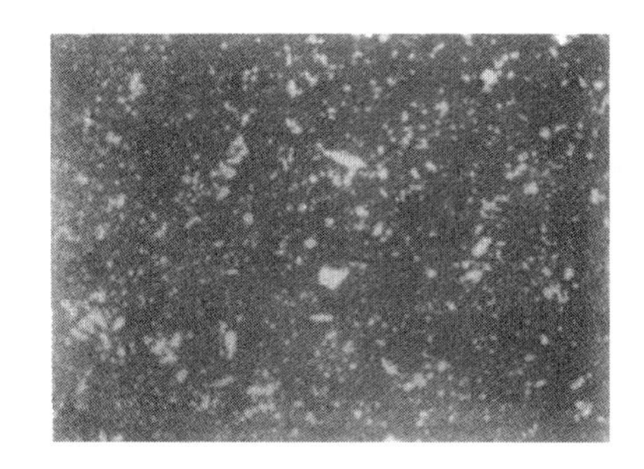

图 5-13 高速钢(W18Cr4V)的淬火、回火后的组织

各种高速钢均有较高的热硬性(约600 ℃)、耐磨性、淬透性和足够的强韧性,应用广泛,除制造刃具外,还可制造冷冲模、冷挤压模和要求耐磨性高的零件。常用高速钢见表5-15。

表 5-15 常用高速钢的牌号、成分、热处理及用途(摘自 GB/T 9943—1988、GB/T 3080—2001)

牌号(统一数字代号)	化学成分 w/%							热处理			用途举例
	C	Mn	Si	Cr	W	V	Mo	淬火温度/℃	回火温度/℃	硬度HBS(≥)	
W18Cr4V(T51841)	0.70~0.80	≤40	≤0.40	3.80~4.40	17.50~19.00	1.00~1.40	≤0.30	1 260~1 280(油)	550~570	62	中速切削车刀、刨刀、钻头、铣刀等
W18Cr4V2Co8	0.75~0.85	0.20~0.40	0.20~0.40	3.75~5.00	17.50~19.00	1.80~2.40	0.50~1.25	1 270~1 290(油)	540~560	63	复杂条件下工作的车刀、铣刀、滚刀等
W12Cr4V5Co5	1.50~1.60	0.15~0.40	0.15~0.40	3.75~5.00	11.75~13.00	4.50~5.25	≤1.00	1 220~1 240(油)	530~550	65	特殊耐磨刀具,如螺纹梳刀、车刀、铣刀、刮刀、滚刀等

续表 5-15

牌号（统一数字代号）	化学成分 w/%							热处理			用途举例
	C	Mn	Si	Cr	W	V	Mo	淬火温度/℃	回火温度/℃	硬度 HBS (≥)	
W6Mo5Cr4V2 (T66541)	0.80~0.90	≤0.35	≤0.35	3.80~4.40	5.50~6.75	1.75~2.20	4.50~5.50	1 210~1 230（油）	540~560	64	要求耐磨性和韧性配合的中速切削刀具，如丝锥、钻头等
W9Mo3Cr4V (T69341)	0.77~0.87	0.20~0.40	0.20~0.40	3.80~4.40	8.50~9.50	1.30~1.70	2.70~3.30	1 210~1 230（油）	540~560	64	各种切削刀具和冷、热模具
W6Mo5Cr4V2Al	1.05~1.20	0.15~0.40	0.20~0.60	3.80~4.40	5.50~6.75	1.75~2.20	4.50~5.50	1 230~1 240（油）	540~560	65	切削难加工材料的车刀、镗刀、铣刀、钻头、拉刀、齿轮刀具等
W2Mo9Cr4V2	0.97~1.05	0.15~0.40	0.20~0.55	3.50~4.00	1.40~2.10	1.75~2.25	8.20~9.20	1 190~1 210（油）	540~560	65	铣刀、丝锥、锯条、车刀、拉刀、冷冲模具等

注：各牌号钢中 w_S、w_P 均不高于 0.030%。

5.2.2　量具用钢

量具用钢是指用来制作各种测量工具（如卡尺、千分尺、块规、塞规等）的钢。

量具工作时，主要受摩擦、磨损，承受外力很小，因而要求量具用钢要有高的硬度（62~65HRC）、耐磨性和良好的尺寸稳定性。量具经淬火、低温回火后，组织为回火马氏体和少量残留奥氏体，在使用和放置过程中因组织发生变化，导致量具形状尺寸变化。为保证量具精度和提高尺寸稳定性，常在淬火后立即进行－80 ℃左右的冷处理，使残留奥氏体转变为马氏体，然后低温回火，再经磨削，最后进行稳定化处理，使淬火组织尽量转变为回火马氏体，并消除应力。

量具用钢没有专用钢。精度较低、尺寸较小、形状简单的量具（如样板、塞规等），可采用 T10A 钢、T12A 钢制作，经淬火、低温回火后使用；或用 50 钢、60 钢、65Mn 钢制作，经高频感应淬火；也可用 15 钢、20 钢经渗碳、淬火、低温回火后使用。对形状复杂、高精度的量具（如块规），常采用热处理变形小的 GCr15 钢、CrWMn 钢、CrMn 钢、9SiCr 钢等制作，经淬火、低温回火后使用。由于 CrWMn 钢淬火变形小，故称微变形钢。要求耐蚀的量具可用不锈钢 3Cr13 等制造。

5.2.3 模具钢

模具钢按使用条件不同分为冷作模具钢、热作模具钢和塑料模具钢等。

1. 冷作模具钢

冷作模具钢用于制造在冷态下变形或分离的模具,如冷冲模、冷镦模、冷挤压模、拔丝模等。这类模具工作时,因坯料冷态下变形抗力大,模具要承受很大的载荷及冲击、摩擦作用,工作温度一般低于200~300 ℃,主要失效形式是磨损、变形和断裂。因此,要求有高的硬度和耐磨性,足够的强度和韧性。大型模具用钢还应具有淬透性好,热处理变形小等性能。冷作模具钢主要有以下3种类型:

1) 碳素工具钢和低合金工具钢

碳素工具钢和低合金工具钢用于制造小尺寸、形状简单、受力小的模具,如T8A钢、9Mn2V钢、9SiCr钢、CrWMn钢等。

2) 耐冲击工具用钢

耐冲击工具用钢用于制造剪切钢板或型材用的冷剪刀片、热剪刀片及风动工具、热冲孔工具,如4CrW2Si钢、5CrW2Si钢等。

3) Cr12型钢

Cr12型钢的成分特点是高碳(w_C=1.4%~2.3%),其目的是获得高硬度和耐磨性。加入合金元素铬、钼、钨、钒等,以提高耐磨性、淬透性和耐回火性。

Cr12型钢属莱氏体钢,其网状共晶碳化物需通过反复锻造来改善形态和分布。最终热处理一般为淬火和回火。回火温度较低时,硬度约为61~64HRC,耐磨性和韧性较好,适用于重载模具;在较高温度下多次回火时,会产生二次硬化,硬度可达60~62HRC,热硬性和耐磨性较高,适用于在450 ℃左右工作的模具。回火后组织为回火马氏体、颗粒状碳化物和残留奥氏体。

Cr12型钢常用牌号是Cr12MoV钢、Cr12钢等。Cr12MoV钢具有很高的硬度(约1 820HV)和耐磨性、较高的强度和韧性、热处理变形小等特点,主要用于制作截面较大、形状复杂的冷作模具。

常用冷作模具钢见表5-16。

2. 热作模具钢

热作模具钢用来制造使热态固体金属或液体金属在压力下成形的模具,如热锻模、热挤压模、压铸模等。模具工作时受到强烈摩擦,并承受较高温度(600 ℃以上)和大的冲击力,另外模膛受炽热金属和冷却介质的交替反复作用产生热应力,模膛易龟裂(即热疲劳)。因此,要求模具在高温下应有较高的强度、韧性,足够的硬度(40~50HRC)和耐磨性,良好的热导性和抗热疲劳性,高的抗氧化性。对尺寸较大的模具,还要求有好的淬透性,以保证模具整体性能均匀,且热处理变形小。

热作模具钢主要有以下两种类型。

表 5-16　常用冷作模具钢的牌号、化学成分、热处理及用途(摘自 GB/T 1299—2000)

牌号(统一数字代号)	化学成分 w/%							交货状态(正火)硬度 HBS	热处理		用途举例
	C	Si	Mn	Cr	W	Mo	V		淬火温度/℃	硬度 HBS(≥)	
Cr12(T21200)	2.00~2.30	≤0.40	≤0.40	11.50~13.00				217~269	950~1 000(油)	60	耐磨性好、尺寸较大的模具,如冷冲模、冲头、钻套、量规、螺纹滚丝模、拉丝模、冷切剪刀等
Cr12MoV(T21201)	1.45~1.70	≤0.40	≤0.40	11.00~12.50		0.40~0.60	0.15~0.30	207~255	950~1 000(油)	58	截面较大、形状复杂,工作条件繁重的冷作模具及螺纹搓丝板、量具等
Cr4W2MoV(T20421)	1.12~1.25	0.40~0.70	≤0.40	3.50~4.00	1.90~2.60	0.80~1.20	0.80~1.10	退火≤269	960~980(油) 1 020~1 040(油)	60	可代替 Cr12MoV、Cr12 制作冷冲模、冷挤压模、搓丝板等
CrWMn(T20111)	0.90~1.05	≤0.40	0.80~1.10	0.90~1.20	1.20~1.60			207~255	800~830(油)	62	淬火要求变形很小,长而形状复杂的切削刀具,如拉刀、长丝锥及形状复杂、高精度的冷冲模
6W6Mo5Cr4V(T20465)	0.55~0.65	≤0.40	≤0.60	3.70~4.30	6.00~7.00	4.50~5.50	0.70~1.10	退火≤269	1 180~1 200(油)	60	冲头、冷作凹模、冷挤压模、温挤压模、热剪切模等

注:各牌号钢中 w_F、w_S 均不高于 0.03%。

1) 热锻钢

热锻钢是中碳合金钢,w_C=0.5%~0.6%,以保证有良好的强度、硬度。加入合金元素镍、铬、钼、锰等,可提高淬透性;镍在强化基体的同时,还能提高其韧性,并与铬、钼一起提高钢的抗热疲劳性,镍与铬还可提高钢的耐回火性;加入钼主要是提高耐回火性和防止第二类回火脆性。

常用的热锻模锻造后进行退火,以消除锻造应力,降低硬度,利于切削加工,最终热处理为淬火、高温(或中温)回火,组织为均匀的回火索氏体(或回火托氏体),具有较高的强韧性和一定的硬度与耐磨性。模尾处回火温度应高些,硬度为 30~39HRC;工作部分(即模面)回火温度较低,硬度为 34~48HRC。

5CrMnMo 钢和 5CrNiMo 钢是常用的热锻模钢,它们有较高的强度、耐磨性和韧性,优良的淬透性和良好的抗热疲劳性能。主要用于制作大、中型热锻模。根据我国的资源情况,应尽可能采用 5CrMnMo 钢。

2) 压铸模钢

在静压下使金属变形的热挤压模、压铸模用钢是中碳高合金钢,w_C=0.3%~0.6%。加入铬、锰、硅可提高淬透性;加入钨、钼、钒能产生二次硬化,提高耐磨性,钨、铬还能提高抗热疲劳性能。这类钢淬火后在略高于二次硬化峰值的温度(600 ℃)回火，组织为回火马氏体、颗粒状碳化物和少量残留奥氏体。典型牌号是高温下性能较好的3Cr2W8V钢或4CrSW2VSi钢。常用热作模具钢见表5-17。

表5-17 常用热作模具钢的牌号、化学成分、热处理及用途(摘自GB/T 1299—2000)

牌号(统一数字代号)	化学成分 w/%							交货状态(退火)硬度HBS	热处理	用途举例
	C	Si	Mn	Cr	W	Mo	V		淬火温度、回火温度/℃(冷却剂)	
5CrMnMo(T20102)	0.50~0.60	0.25~0.60	1.20~1.60	0.60~0.90		0.15~0.30		197~241	820~850(油)、回火490~640	中、小型热锻模(边长≤300~400 mm)
5CrNiMo(T20103)	0.50~0.60	≤0.40	0.50~0.80	0.50~0.80	Ni 1.40~1.80	0.15~0.30		197~241	830~860(油)、回火490~660	形状复杂、冲击载荷大的大、中型热锻模(边长>400 mm)
3Cr2W8V(T20280)	0.30~0.40	≤0.40	≤0.40	2.20~2.70	7.50~9.00		0.20~0.50	207~255	1 075~1 125(油)、1 020~1 040(油)、回火600~620	压铸模、平锻机上的凸模和凹模镶块，铜合金挤压模等
4Cr5W2VSi(T20520)	0.32~0.42	0.80~1.20	≤0.40	4.50~5.50	1.60~2.40		0.60~1.00	≤229	1 030~1 050(油或空冷)	高速锤用模具与冲头，热挤压模及芯棒，有色金属压铸模等
4Cr5MoSiV(T20501)	0.33~0.43	0.80~1.20	0.20~0.50	4.75~5.50		1.10~1.60	0.30~0.60	≤235	1 000 ℃盐浴或1 010 ℃(炉控气氛)空冷、550 ℃回火	使用性能和寿命高于3Cr2W8V钢。铝合金压铸模、热挤压模、锻模
5Cr4W5Mo2V(T20452)	0.40~0.50	≤0.40	≤0.40	3.40~4.40	4.50~5.30	1.50~2.10	0.70~1.10	≤269	1 100~1 150(油)、回火600~630	中、小型精锻模，或代替3Cr2W8V钢作热挤压模

注：各牌号钢中 w_P、w_S 均不高于0.03%。

3. 塑料模具钢

塑料模具钢是指制造塑料模具用的钢种。因塑料制品的强度、硬度和熔点比钢低，所以塑料模具失效的形式是表面质量下降，不是磨损和开裂。由塑料模具的工作特点可知，塑料模具钢应具有：加工性好，易于蚀刻图案、文字和符号，且清晰、美观；表面抛光性能好，热处理性能和焊接性能好；良好的耐磨性，足够的强度和韧性；有些塑料成形时会释放出腐蚀性气体，故要求有一定的耐蚀性。

一般的中、小型且形状不复杂的塑料模具可用T7A钢、T8A钢、12CrMo钢、CrWMn钢、20Cr钢、40Cr钢、Ct2钢等制造。但这些钢难以全面具备上述要求，因此发展了塑料模具钢，常用的有以下几种。

1) 3Cr2Mo(T22020)钢

3Cr2Mo(T22020)钢退火状态 $\sigma_s=650$ MPa,$\delta=15\%$,调质后力学性能可提高 30%~50%。这种钢工艺性能优良,镜面抛光性好,表面粗糙度 *Ra* 值可达 0.025 μm;可渗碳、渗硼、氮化和镀铬,耐蚀性和耐磨性好,是目前国内外应用最广的塑料模具钢之一,主要用于制造形状复杂、精密、大型塑料模具和低熔点金属的压铸模。

2) 3Cr2NiMo 钢

3Cr2NiMo 钢是 3Cr2Mo 钢的改进型,镍可提高淬透性、强度、韧性和耐蚀性。这种钢镜面抛光性好,表面粗糙度 *Ra* 值可达 0.015~0.025 pm;镀铬性和焊接性良好;加热至 800~825 ℃后空冷,硬度可达 58~62HRC,表面热处理后硬度可达 1 000HV,耐磨性显著提高。

3) 5NiSCa 钢

5NiSCa 钢属于复合系易切削高韧性预硬钢,钙可改善切削加工性,降低钢中硬质点的硬度,减少对刀具的磨损。这种钢当硬度为 30~35HRC 时,切削加工性与 45 钢退火态相近;硬度为45HRC 时仍可切削加工,表面粗糙度 *Ra* 值可达 0.05~0.10 pm,易于补焊和蚀刻图案,适于制造高精度、小粗糙度值的塑料模具,例如,收音机外壳、后盖、齿轮、录音机磁带门仓等。

4) 3Cr2MnNiMo(T22024)钢

3Cr2MnNiMo(T22024)钢适于制作大型、特大型塑料模具及精密塑料模具等。例如,大型电视机外壳、洗衣机面板等。

除上述塑料模具钢外,4Cr5MoSiV、Cr12MoV、18CrMnTi、12CrNi3A、2Cr13、3Cr13 等钢也可用于制造塑料模具。

任务 3 特殊性能钢

任务引导:

汽车发动机配气机构中进气门采用合金钢,排气门的材料为什么采用耐热合金钢?这就需要我们了解特殊性能钢。

相关知识:

5.3.1 不锈钢

特殊性能钢的牌号表示与合金结构钢基本相同,只是:若钢中 $w_c \leqslant 0.03\%$ 或 $w_c \leqslant 0.08\%$ 时,牌号分别以"00"或"0"为首,例如,00Cr17Ni14Mo2、0Cr18Ni11Ti 钢。

不锈钢是指能抵抗大气或其他介质腐蚀的钢。按其组织不同分为以下 3 类。

1. 铁素体不锈钢

这类钢的 $w_C<0.12\%$,$\sigma_{Cr}=12\%\sim32\%$,加热时组织无明显变化,为单相铁素体组织,故

不能用热处理强化，通常在退火状态下使用。这类钢耐酸蚀，高温抗氧化性、塑性和焊接性好，但强度低，有脆化倾向。主要制作要求耐蚀性高，强度不高，在氧化性腐蚀介质中工作的构件，例如，化工设备的容器和管道，硝酸和氮肥工业中的耐蚀件等。常用牌号有1Cr17钢等。

2. 马氏体不锈钢

这类钢的 w_C=0.10%～1.20%，随含碳量增加，钢的强度、硬度和耐磨性提高，但耐蚀性下降。为提高耐蚀性，钢中加 σ_{Cr}=12%～18%的铬。这类钢在大气、水蒸气、海水、氧化性酸等氧化性介质中有较好的耐蚀性，在非氧化性介质中耐蚀性低，主要用于制作要求力学性能较高，并有一定耐蚀性的零件。当 $w_C \leqslant$0.4%时，主要用于结构件；当 w_C=0.6%～1.2%时，主要用于刃具、量具和要求耐磨的结构件，如汽轮机叶片、阀门、喷嘴、滚动轴承、医疗器械、手术刀等。这类钢一般淬火、回火(低温或高温)后使用。这类钢主要为Cr13型，常用牌号有1Cr13钢、3Cr13钢、4Cr13钢等。

3. 奥氏体不锈钢

这类钢的 σ_{Cr}=18%，w_{Ni}=8%～11%，含碳量很低，也称为18-8型不锈钢。镍可使钢在室温下呈单一奥氏体组织，铬、镍可提高耐蚀性和耐热性。这类钢无磁性，塑性、韧性和耐蚀性高于Cr13型不锈钢，但强度、硬度低，可利用冷塑性变形进行强化。

这类钢采用固溶处理，即将钢加热到1 050～1 150 ℃，使碳化物全部溶于奥氏体中，然后水淬快冷至室温，得到单相奥氏体组织。对于含钛或铌的奥氏体不锈钢，为彻底消除晶间腐蚀倾向，在固溶处理后再进行一次稳定化处理(加热到850～880 ℃，保温6 h)，使(Cr、Fe)23C6完全溶解，钛或铌的碳化物部分溶解，在随后缓冷中，使钛或铌的碳化物充分析出。经此处理后，碳几乎全部稳定于碳化钛或碳化铌中，不会再析出(Cr、Fe)23C6，从而提高了固溶体中的含铬量。为消除冷加工或焊接后产生的残留应力，防止应力腐蚀，应进行去应力退火。这类钢主要用于制作在腐蚀性介质中工作的零件，如管道、容器、医疗器械等。常用的牌号有1Cr18Ni9钢和1Cr18Ni9Ti钢，1Cr18Ni9Ti钢可制作焊芯、抗磁仪表、医疗器械、耐酸容器及设备衬里、输送管道的零件。常用不锈钢见表5-18。

5.3.2 耐热钢

耐热钢是指在高温下具有热化学稳定性和热强性的钢。耐热钢一般分为抗氧化钢(或称热稳定性钢)和热强钢两类。

热化学稳定性是指抗氧化性，即钢在高温下对氧化作用的稳定性。抗氧化钢在高温下工作时承受的载荷不大，主要失效原因是高温氧化，例如，工业炉窑的炉栅及炉底板等。为提高钢的抗氧化能力，向钢中加入合金元素铬、硅、铝等，使其在钢的表面形成一层致密的氧化膜(如 Cr_2O_3、SiO_2、Al_2O_3)，保护金属在高温下不再继续被氧化。

热强性是指钢在高温下对外力的抵抗能力，热强钢在高温下工作时承受较大载荷，主要失效形式是由于高温强度不足导致高温致脆和蠕变开裂。高温(再结晶温度以上)下金属原子间结合力减弱，扩散加快，晶界强度下降，强度降低，此时金属在恒定应力作用下，随时间的延长会产生缓慢的塑性变形，称此现象为蠕变。为提高高温强度，防止蠕变，可向钢中加入铬、钼、钨、镍等元素，以提高钢的再结晶温度，并产生固溶强化；或加入钛、铌、钒等元素。形成稳定且均匀分布的碳化物，产生弥散强化；或加入硼、锆等元素，可净化晶界或填充晶界空位，使晶界强化，从而提高高温强度。

耐热钢按组织不同分为以下4类。

1. 珠光体耐热钢

这类钢的合金元素总量一般不高于5%，是低合金耐热钢。常用牌号有15CrMo钢、25Cr2MoVA钢、35CrMoV钢等，主要用于制作锅炉炉管、耐热紧固件、汽轮机转子、叶轮等。此类钢工作温度<600 ℃，一般在正火加高温回火状态下使用，组织为珠光体加铁素体。

表5-18　常用不锈钢牌号、热处理、力学性能及用途(摘自GB/T 20878—2007)

类别	统一数字代号	牌号(旧牌号)	热处理温度/℃(冷却剂)		力学性能(≥)						用途举例
					R_m/MPa	$R_{P0.2}$/MPa	A/%	Z/%	K/J	硬度HBW	
铁素体型	S1110	10Cr17(1Cr17)	退火780～850(空冷或缓冷)		450	205	22	50		≤185	耐蚀性好，用于建筑装潢、家用电器和用具，食品、硝酸工厂设备
铁素体型	S13091	008Cr30Mo2(00Cr30Mo2)	退火900～1 050(快冷)		450	295	20	45		≤228	耐蚀性很好，用于耐有机酸、苛性碱设备
马氏体型	S41010	12Cr13(1Cr13)	退火880～900(缓冷或约750快冷)	淬火950～1 000(油冷)回火700～750(快冷)	540	345	25	55	78	≤200	好的耐蚀性和切削加工性。用于一般零件和刃具，螺母、螺栓、生活用品
马氏体型	S42030	30Cr13(3Cr13)		淬火920～980(油冷)回火600～750(快冷)	735	540	12	40	24	≤235	用于硬度较高的耐蚀耐磨的刃具、量具、喷嘴、阀座、阀门、医疗器械
马氏体型	S44070	68Cr17(7Cr17)	退火800～920(缓冷)淬火1 010～1 070(油冷)回火100～180(快冷)							54HRC	强度、韧性、硬度较高，用于刃具、量具、轴承
马氏体型	S44096	108Cr17(11Cr17)	淬火1 010～1 070(油冷)回火100～180(快冷)							58HRC	不锈钢和耐热钢中硬度最高，用于喷嘴、轴承

续表 5－18

类别	统一数字代号	牌号(旧牌号)	热处理温度/℃(冷却剂)	力学性能(≥)						用途举例
				R_m /MPa	$R_{P0.2}$ /MPa	A /%	Z /%	K /J	硬度HBW	
奥氏体型	S30210	12Cr18Ni9 (1Cr18Ni9)	固溶处理 1 050～1 150(快冷)	520	205	40	60		≤187	冷加工后强度高,用于建筑装潢材料和硝酸、化肥等化工设备零件
	S30458	06Cr19Ni10N (0Cr19Ni9N)	固溶处理 1 050～1 550(快冷)	649	275	35	50		≤217	应用最广,用于食品、化工、核能设备零件
	S30403	022Cr19Ni10 (00Cr19Ni10)	固溶处理 1 050～1 150(快冷)	480	177	40	60		≤187	含碳量低,用于耐晶间腐蚀,焊接后不热处理的零件

2. 马氏体耐热钢

这类钢通常是在Cr13型不锈钢的基础上加入一定量的钼、钨、钒等元素,钼、钨可提高再结晶温度,钒可提高高温强度,其抗氧化性及热强性均高于珠光体耐热钢。此类钢为保持在使用温度(＜650 ℃)下钢的组织和性能稳定,需进行调质处理,组织为回火索氏体,常用于制作承载较大的零件,如汽轮机叶片、汽车阀门等。常用牌号有1Cr13钢和1Cr11MoV钢。

3. 奥氏体耐热钢

这类钢含有较多的铬和镍。铬可提高钢的高温强度和抗氧化性,镍可促使形成稳定的奥氏体组织。此类钢工作温度为650～900 ℃,常用于制造锅炉和汽轮机零件。常用牌号有1Cr18Ni9Ti钢和4Cr14Ni14W2Mo钢。1Cr18Ni9Ti钢作耐热钢使用时,要进行固溶处理和时效处理,以进一步稳定组织。

4. 铁素体耐热钢

这类钢主要含有铬,以提高钢的抗氧化性。经退火后得到铁素体组织,强度不高,但耐高温氧化,可制作在900 ℃以下工作的耐氧化零件,如散热器等,常用牌号有1Cr17钢等。1Cr17钢可长期在580～650 ℃使用。

常用耐热钢的牌号、成分、热处理、力学性能及用途见表5－19。

任务拓展:

各种新材料不断出现,我们只有在掌握传统材料的基本知识的前提下,才能有所创新和发展。随着工业的发展,尤其近些年来,安全、环保、轻量化对汽车用钢提出了更高的要求,如玻璃钢,其所具有的强度更高、质量更轻、耐热性更好、大量节约能源等特性在各个领域发挥着越来越重要的作用。在大力提倡节能、环保的今天,相信等待我们的是更高性能钢材的出现。

表 5-19　常用耐热钢的牌号、成分、热处理、力学性能及用途(摘自 GB/T 1221—1999)

类别	牌号	化学成分 w/%					热处理温度/℃（冷却剂）	力学性能(≥)						用途举例
		C	Si	Mn	Cr	其他		σ_b/MPa	$\sigma_{0.2}$/MPa	δ_s/%	ψ/%	A_K/J	硬度 HBS	
马氏体型	2Cr13	0.16~0.25	≤1.00	≤1.00	12.00~14.00		淬火 920~980(油) 回火 600~750(水)	635	440	20	50	63	≥192	淬火后硬度高，耐蚀性好，汽轮机叶片
马氏体型	1cR5Mo	≤0.15	≤0.50	≤0.60	4.00~6.00	Mo 0.45~0.60 Ni≤0.60	淬火 900~950(油) 回火 600~700(空)	590	390	18			≤200	汽轮机气缸衬套、阀、活塞杆、紧固件、锅炉吊架、再热蒸汽气管
马氏体型	4Cr9Si2	0.35~0.50	2.00~3.00	≤0.70	8.00~10.00	Ni ≤0.60	淬火 1 020~1 040(油) 回火 700~780(油)	885	590	19	50		≤269	较高的热强性，<700 ℃内燃机进气阀或轻载荷发动机排气阀
马氏体型	1Cr11MoV	0.11~0.18	≤0.50	≤0.60	10.00~11.50	Ni≤0.60 Mo 0.50~0.70 V 0.25~0.40	淬火 1 050~1 100(空) 回火 720~740(空)	685	490	16	55	47	≤200	较高热强性、组织稳定性和减振性。制作汽轮机叶片和导向叶片
马氏体型	1Cr12WMoV	0.12~0.18	≤0.50	0.50~0.90	11.00~13.00	V 0.18~0.30 W 0.70~1.10 Mo 0.50~0.70	淬火 1 000~1 050(油) 回火 680~700(空)	735	585	15	45	47		较好的热强性、组织稳定性和减振性。制作汽轮机叶片、轮子、转盘和紧固件
奥氏体型	1Cr18Ni9Ti	≤0.12	≤1.00	≤2.00	17.00~19.00	Ni 8.00~11.00 Ti~0.80	固溶处理 920~1 150(快冷)	520	205	40	50		≤187	良好的耐热性和抗蚀性。制作加热炉管、燃烧室筒体、退火炉罩等。也是不锈钢
奥氏体型	0Cr25Ni20	≤0.08	≤1.50	≤2.00	24.00~26.00	Ni 19.00~22.00	固溶处理 1 030~1 100(快冷)	520	205	40	50		≤187	抗氧化钢，可承受 1 035 ℃加热，炉用材料、汽车净化装置材料
奥氏体型	0Cr18Ni10Ti	≤0.08	≤1.00	≤2.00	17.00~19.00	Ni 9.00~12.00	固溶处理 920~1 150(快冷)	520	205	40	50		≤187	用于 400~900 ℃腐蚀介质中使用的材料，高温焊接件

续表 5-19

类别	牌号	化学成分 w/%					热处理温度/℃(冷却剂)	力学性能(≥)						用途举例
		C	Si	Mn	Cr	其他		σ_b /MPa	$\sigma_{0.2}$ /MPa	δ_s /%	ψ /%	A_K /J	硬度 HBS	
奥氏体型	4Cr14Ni14W2Mo	0.40~0.50	≤0.80	≤0.70	13.00~15.00	Ni 13.00~15.00 Mo 0.25~0.40 W 2.00~2.75	退火 820~850(快冷)	705	315	20	35		≤248	热强性较高,用于500~600 ℃锅炉和汽轮机零件,内燃机重载荷排气阀
	3Cr18Mn12Si2N	0.22~0.30	1.40~2.20	10.50~12.50	17.00~19.00	N 0.22~0.33	固溶处理 1 100~1 150(快冷)	685	390	35	45		≤248	较高的热强性,有抗氧性、抗硫性和抗增碳性。用做渗碳炉构件,加热炉传送带、料盒、炉爪等,使用温度1 000 ℃
铁素体型	0Cr13Al	≤0.08	≤1.00	≤1.00	11.50~14.50	Al 0.10~0.30	退火780~830 (空冷或缓冷)	410	175	20	60		≥183	燃气轮机、压缩机叶片,淬火台架,退火箱
	1Cr17	≤0.12	≤1.00	≤1.00	16.00~18.00		退火780~850 (空冷或缓冷)	450	205	22	50		≥183	<900 ℃的抗氧化部件,如散热器、喷嘴、炉用部件
	00Cr12	≤0.03	≤1.00	≤1.00	11.00~13.00		退火700~820 (空冷或缓冷)	365	195	22	60		≥183	抗高温氧化,用于要求焊接的部件,如汽车排气阀净化装置、燃烧室、喷嘴
	2Cr25N	≤0.20	≤1.00	≤1.50	23.00~27.00	Ni≤0.60 N≤0.25	退火780~880(快冷)	510	275	20	40		≤201	耐高温腐蚀性强,用于1 080 ℃以下抗高温氧化件,如燃烧室等
珠光体型	15CrMo	0.12~0.18	0.17~0.37	0.40~0.70	0.30~1.10	Mo 0.40~0.55 W 0.80~1.10	淬火900~950(空) 回火630~700(空)	440	295	22	60	12	≥179	正火后用于510 ℃锅炉及汽轮机主汽管,≤540 ℃导管、过热器管。淬火回火后制作常温下工作的重要零件
	12CrMoV	0.08~0.15	0.17~0.37	0.40~0.70	0.40~0.60	Mo 0.25~0.35 V 0.15~0.30	淬火960~980(空) 回火700~760(空)	440	225	22	50	10	≥241	≤540 ℃汽轮机主汽管、转向导热环、隔板,≤570 ℃过热器管、导管

项目评定：

重点：各种常见结构钢、工具钢、特殊性能钢的牌号、化学成分和用途。

难点：各种合金元素及热处理对钢结构的影响。

习题与思考题

1. 试述钢中常存杂质元素对钢性能的影响。钢中加入合金元素的主要作用是什么？

2. 与碳钢相比，为什么合金钢的力学性能好且热处理变形小？

3. 为什么合金工具钢的耐磨性、热硬性比碳钢高？

4. 解释下列现象：

① 在含碳量相同时，大多数的合金钢都比碳钢的加热温度高，保温时间长。

② 高速工具钢在热轧或热锻后空冷，能获得马氏体组织。

③ $w_C \geqslant 0.4\%$，$w_{Cr}=12\%$的铬钢属于过共析钢，$w_C=1.50\%$，$w_{Cr}=12\%$的铬钢属于莱氏体钢。

5. 什么是调质钢？为什么调质钢大多数是中碳钢或中碳的合金钢？合金元素在调质钢中的作用是什么？

6. 为什么弹簧钢大多数是中、高碳钢？合金元素在弹簧钢中的作用是什么？

7. 为什么铬轴承钢要有高的含碳量？铬在轴承钢中起什么作用？

8. 对冷作模具钢、热作模具钢、塑料模具钢的性能要求有何不同？

9. 试分析高速工具钢中，碳与合金元素的作用及高速工具钢热处理工艺的特点。

10. 试举例说明，结构钢能否用来制造工具？工具钢能否用来制造机械零件？

11. 滚动轴承钢除专用于制造滚动轴承外，是否可用来制造其他结构零件和工具？举例说明。

12. 高速工具钢经铸造后为什么要反复锻造？锻造后在切削加工前为什么必须退火？淬火后为什么要经 3 次回火？

13. 判断下列说法是否正确：

① 40Mn 是合金结构钢。

② GCr15 钢中铬的质量分数为 15%。

③ 1Cr13 钢的碳的质量分数为 1%。

④ W18Cr4V 钢的碳的质量分数≥1%。

⑤ 60Si2Mn 钢是合金调质钢。

⑥ 40Cr 钢是合金渗碳钢。

14. 奥氏体不锈钢能否通过热处理来强化？为什么？生产中常用什么方法强化？

15. 说明下列牌号属于哪种钢？并说明其数字和符号的含义，每个牌号的用途各举 1～2 个实例。

钢：Q215、Q235B、20、45、60、T8、T12、ZG310 - 570、Q345、20CrMnTi、40Cr、GCr15、60Si2Mn、ZGMn13 - 2、W18Cr4V、1Cr13、9SiCr、CrWMn、38CrMoAl、9Mn2V、1Cr17、3Cr2Mo。

项目六 铸 铁

项目要求:

中国早在春秋时期已发明铸铁技术。现代所知的早期铸铁器件如江苏六合铁丸、湖南长沙铁臿、铁鼎等,其年代都在公元前6世纪左右,《左转》记载,昭公二十九年(公元前513),汉武帝实行盐铁官营,在全国设立49处铁官,全国的农具均以铁器为主。特别是西汉后期已出现具有球状石墨的高强度铸铁,如巩县铁生沟出土的铁镢(见图6-1(a))。

沧州铁狮子(见图6-1(b))位于沧州市政府驻地东南偏北16.5公里,坐落在东关村西0.5公里处。铁狮身高5.78米,长5.34米,宽3.17米,体重约50吨,铸于后周广顺三年(公元953年),距今已有一千多年的历史,代表了中国铸铁技术的水平。

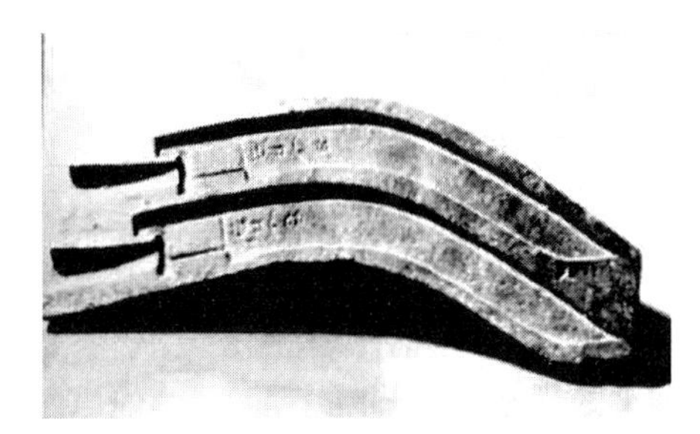

(a) 铁 镢

(b) 沧州铁狮子

图6-1 古代铸铁器件

直至今天,铸铁在现代机械生产中,体积上仍然比重最大,重要的机体以及钢的替代件多由铸铁来充当。

铸铁是指在凝固过程中经历共晶转变,用于生产铸件的铁基合金的总称。在这些合金中,碳当量超过了在共晶温度时能使碳保留在奥氏体固溶体中的量。

铸铁中的碳以游离碳化物(渗碳体)或以石墨(G)的形式存在。在不同的热处理和杂质条件下,产生了不同的铸铁,也具有不同的性能。

项目解析:

铸铁有多种类型,通过本项目的学习,可了解各种铸铁的特点及应用;理解作为基材的灰铸铁、钢的替代物的球墨铸铁、各项性能比较平均的蠕墨铸铁、可以锻造的可锻铸铁以及适应各种环境的合金铸铁;掌握各种铸铁的生成方式、特性,进一步掌握其在生产中的作用。

任务1 灰铸铁

任务引导:

灰铸铁是碳主要以片状石墨形式析出的铸铁。灰铸铁应用很广,在各类铸铁的总产量中,灰铸铁占80%以上，主要用作各种机件的底座和壳体，如发动机汽缸、机床床身、箱体等结构件。片状石墨具有润滑性，可以实现一定的减振性和耐磨性。

相关知识：

6.1.1 铸铁的石墨化

1. 铸铁的分类

碳在铸铁中既可形成化合状态的渗碳体(Fe_3C)，也可形成游离状态的石墨(G)。根据碳在铸铁中存在形式的不同，可将铸铁分为以下3类。

(1) 白口铸铁

碳除少量溶于铁素体外，其余都以渗碳体的形式存在于铸铁中，其断口呈银白色，故称白口铸铁。由于组织中存在大量的渗碳体，性能硬而脆，难以切削加工。工业上很少用来制造各种零件，主要用作炼钢原料、可锻铸铁的毛坯及不需切削加工，但要求硬度高、耐磨性好的零件，如轧辊、犁铧等。

(2) 灰口铸铁

碳大部分或全部以石墨的形式析出，断口呈暗灰色，故称灰口铸铁。灰口铸铁具有良好的切削加工性、减磨性、减振性及铸造性能等，而且熔炼的工艺与设备简单，成本低廉，目前工业生产中主要应用这类铸铁。按照石墨的形态不同，又可将灰口铸铁分为灰铸铁、球墨铸铁、蠕墨铸铁、可锻铸铁4类，其中灰铸铁价格低廉，生产工艺简单，在工业上应用最广。

(3) 麻口铸铁

碳一部分以石墨形式存在，类似灰铸铁，另一部分以自由渗碳体形式存在，类似白口铸铁。断口呈灰白相间的麻点，故称麻口铸铁。麻口铸铁具有较大的脆硬性，在工业上很少使用。

2. 铸铁的石墨化

1) 石墨的晶体结构

石墨的晶体结构为简单六方晶格(如图6-2所示)，原子呈层状排列，同一层的原子间距较近，结合力较强；而层与层之间的间距较大，是依靠较弱的金属键结合，故石墨具有不太明显的金属性能(如导电性)，层与层之间由于结合力弱，易滑移，故石墨的强度、塑性、韧性均较低，硬度仅为3～5HBS。

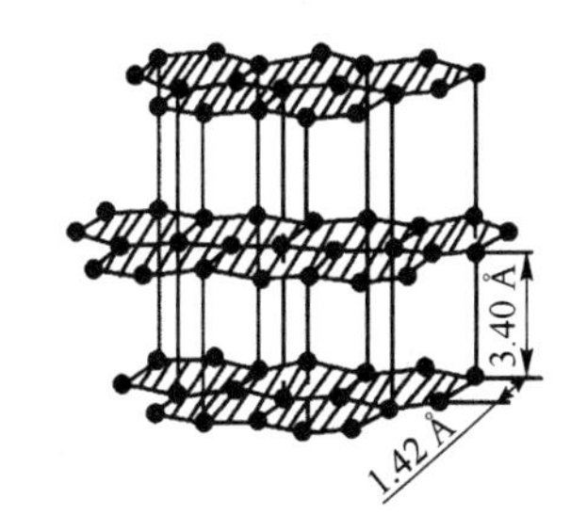

图6-2 石墨的晶体结构

2) 铁碳合金双重相图

渗碳体为亚稳定相，若将渗碳体加热到高温将分解为铁和石墨，$Fe_3C \longrightarrow 3Fe+C(G)$，石墨是稳定相。成分相同的铁液在冷却时，冷却速度越快，析出渗碳体的可能性越小；冷却速度越慢，析出石墨的可能性越小。描述铁碳合金结晶过程相图有$Fe-Fe_3C$相图和$Fe-C(G)$相图，将两者叠合在一起，称为铁碳合金双重相图，如图6-3所示。图中实线表示$Fe-Fe_3C$相图，虚线表示$Fe-C(G)$相图。

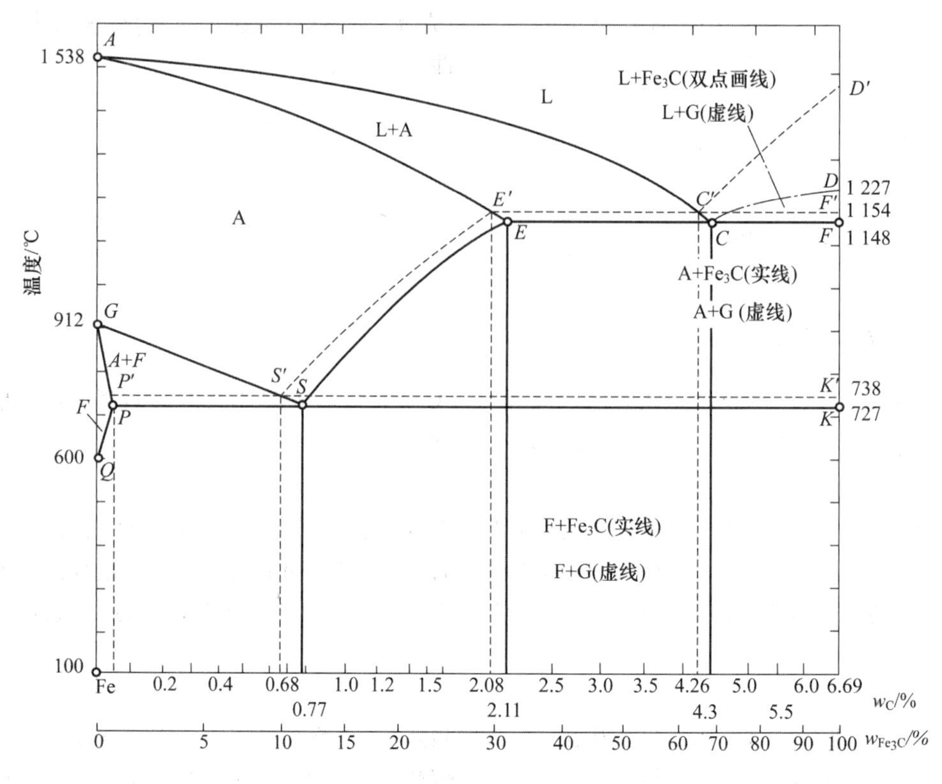

图6-3 铁碳合金双重相图

(1) 石墨化方式

铸铁组织中石墨的形成方式称为石墨化过程,有以下两种方式:

① 按照Fe-C(G)相图,从液态和固态中直接析出石墨。

② 按照$Fe-Fe_3C$相图结晶出渗碳体,随后渗碳体在一定的条件下分解出石墨,例如可锻铸铁的生产。

(2) 石墨化过程

按Fe-C(G)相图,铸铁的石墨化过程分为以下3个阶段:

第1阶段 包括从铸铁液中直接结晶出一次石墨(过共晶铸铁)和在1 154 ℃通过共晶转变形成的共晶石墨($L_{C'} \xrightarrow{1\ 154\ ℃} A_{E'} + G_{共晶}$)。

第2阶段 在共晶温度和共析温度之间(1 154~738 ℃),奥氏体沿$E'S'$线析出二次石墨。

第3阶段 在738 ℃,通过共析转变而析出共析石墨($A_{S'} \xrightarrow{738\ ℃} F_{P'} + G_{共析}$)。

根据石墨化程度不同可获得不同的铸铁。若3个阶段的石墨化过程均被抑制,得到的是白口铸铁;若第1、2阶段石墨化充分进行,则得到灰口铸铁;若第1、2阶段石墨化部分进行,第3阶段石墨化被抑制,则得到麻口铸铁。

3. 影响石墨化的主要因素

影响石墨化的主要因素是化学成分和冷却速度。

1）化学成分的影响

① 碳和硅 碳和硅是强烈促进石墨化的元素，铸铁中碳和硅含量越多，石墨化就越充分。为了综合考虑碳和硅的影响，通常将硅折合成相当的含碳量，并把这个碳的总量称为碳当量w_{C_E}，即：$w_{C_E}=w_C+\frac{1}{3}w_{Si}$。调整铸铁的碳当量，是控制其组织和性能的基本措施之一。

② 锰 锰是阻止石墨化的元素。但锰和硫能形成硫化锰，减弱了硫对石墨化的阻止作用，结果又间接地促进石墨化，因此，铸铁中含锰量要适当。

③ 硫 硫是强烈阻止石墨化的元素，硫还可降低铁液的流动性和促进高温铸件开裂。铸铁中含硫量越低越好。

④ 磷 磷是微弱促进石墨化的元素，也能提高铁液的流动性，但形成的Fe_3P常以共晶体形式分布在晶界上，可增加铸铁的脆性，使铸铁在冷却过程中易于开裂，因此，含磷量也应严格控制。

2）冷却速度的影响

根据铁碳合金双重相图：由于Fe－C(G)相图较Fe－Fe_3C相图更稳定，因此，成分相同的铁液在冷却时，冷却速度越缓慢，越有利于按Fe－C(G)相图结晶，析出稳定相石墨的可能性就越大；反之，冷却速度越快，越有利于按Fe－Fe_3C相图结晶，析出亚稳定相渗碳体的可能性就越大。

6.1.2 灰铸铁

1. 灰铸铁的组织、性能

组织上，灰铸铁可看成是碳钢的基体加片状石墨。按基体组织的不同灰，铸铁分为3类：铁素体基体灰铸铁、铁素体-珠光体基体灰铸铁、珠光体基体灰铸铁。其显微组织如图6－4所示。

力学性能上，灰铸铁的力学性能与基体的组织和石墨的形态有关。灰铸铁中的片状石墨对基体的割裂严重，在石墨尖角处易造成应力集中，使灰铸铁的抗拉强度、塑性和韧性远低于钢，但抗压强度与钢相当，也是常用铸铁件中力学性能最差的铸铁。石墨片数量越多、尺寸越大、分布越不均匀，灰铸铁的抗拉强度越低。同时，基体组织对灰铸铁的力学性能也有一定的影响，铁素体基体灰铸铁的石墨片粗大，强度和硬度最低，故应用较少；珠光体基体灰铸铁的石墨片细小，有较高的强度和硬度，主要用来制造较重要铸件；铁素体-珠光体基体灰铸铁的石墨片较珠光体灰铸铁稍粗大，性能不如珠光体灰铸铁，但比铁素体铸铁强。工业上较多使用的是珠光体基体的灰铸铁。

石墨虽然降低了铸铁的强度、塑性和韧性，但使铸铁获得了下列优良性能。

① 铸造性能好 灰铸铁熔点低、流动性好。在结晶过程中析出比体积（俗称比容）较大的石墨，部分补偿了基体的收缩，所以收缩率较小。

② 减振性好 石墨割裂了基体，阻止了振动的传播，并将振动能量转变为热能而消失，其减振能力比钢高10倍左右。

③ 减磨性好 石墨本身有润滑作用，石墨从基体上剥落后所形成的孔隙有吸附和储存润滑油的作用，可减少磨损。

④ 切削加工性能好 片状石墨割裂了基体，使切屑易脆断，且石墨有减磨作用，减小了刃

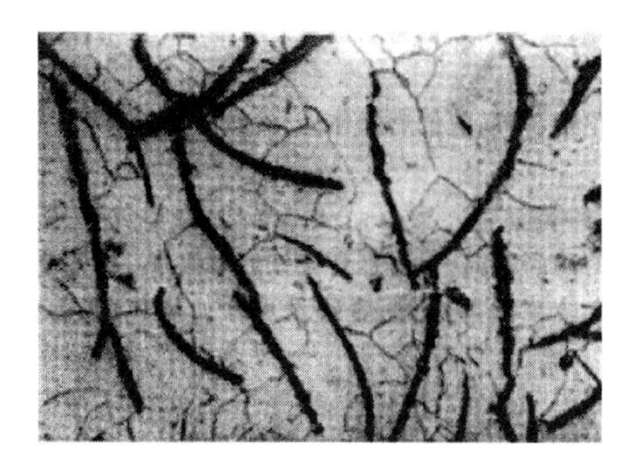

(a) 铁素体基体

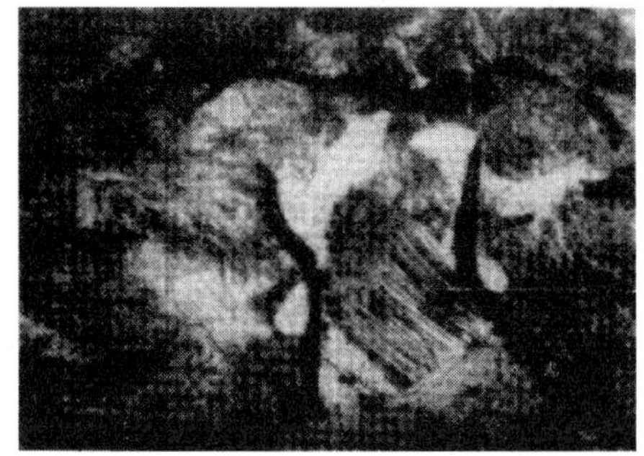

(b) 铁素体-珠光体基体

(c) 珠光体基体

图6-4　灰铸铁的显微组织

具的磨损。

⑤ 缺口敏感性低　铸铁中石墨的存在就相当于许多微裂纹,致使外来缺口的作用相对减弱。

2. 灰铸铁的孕育处理

生产优质铸件,控制铸铁凝固时形成的石墨的形态和基体金属组织是至关重要的。未经孕育处理的灰铸铁,显微组织不稳定,力学性能差,铸件的薄壁处易出现白口。孕育处理是生产工艺中最重要的环节之一。良好的孕育处理可使灰铸铁具有符合要求的显微组织,从而保证铸件的力学性能和加工性能。

孕育处理,即在浇注前向铁液中加入一定量的孕育剂,以获得大量的、高度弥散的人工晶核,从而得到细小、均匀分布的片状石墨和细化的基体。经孕育处理后获得亚共晶灰铸铁,称为孕育铸铁。

75硅铁(即含硅75%,还要求含铝量为0.5%～2%,含钙量上限为1%)是最常采用的孕育剂。此外,还有含锶硅铁、含钡硅铁、含锆硅铁、硅钡合金都可以作为孕育剂。

3. 灰铸铁的牌号及用途

灰铸铁的牌号是由"HT"("灰铁"二字汉语拼音首字母)和其后一组数字组成的,数字表示ϕ30 mm 试棒的最小抗拉强度值(MPa)。灰铸铁的牌号、性能及用途见表6-1。设计铸件时,应根据铸件受力处的主要壁厚或平均壁厚选择铸铁牌号。

表6-1　灰铸铁牌号、不同壁厚铸件的力学性能和用途(GB 9439—1998)

类　别	牌　号	力学性能		用途举例
		σ_b/MPa 不小于	硬度 HBS	
铁素体灰铸铁	HT100	100	≤170	低载荷和不重要零件,如盖、外罩、手轮、支架等
铁素体-珠光体灰铸铁	HT150	150	150～200	承受中等应力的零件,如底座、床身、工作台、阀体、管路附件及一般工作条件要求的零件
珠光体灰铸铁	HT200	200	170～200	受较大应力和较重要的零件,如汽缸体、齿轮、机座、床身、活塞、齿轮箱、油缸等
	HT250	250	190～240	
珠光体孕育铸铁	HT300	300	210～260	床身导轨,车床、冲床等受力较大的床身、机座、主轴箱、卡盘、齿轮等,高压缸体、泵体、阀体、衬套、凸轮,大型发动机的曲轴、汽缸体、汽缸盖等
	HT350	350	230～280	

注:试样直径为ϕ30 mm。

4. 灰铸铁的热处理

灰铸铁的热处理只能改变基体组织,不能改变石墨的形状、数量、大小和分布,因此,对提高灰铸铁力学性能的作用不大,故灰铸铁的热处理主要用来消除应力和白口组织、改善切削加工性能、稳定尺寸、提高表面硬度和耐磨性等。

1) 消除应力退火

由于铸件壁厚不均匀,在加热、冷却及相变过程中,会产生热应力和组织应力。另外大型零件在机加工之后其内部也易残存应力,所有这些内应力都必须消除。去应力退火通常的加热温度为500～550 ℃,保温时间为2～8 h,然后炉冷(灰口铁)或空冷(球铁)。采用这种工艺可消除铸件内应力的90%～95%,但铸铁组织不发生变化。若温度超过550 ℃或保温时间过长,反而会引起石墨化,使铸件强度和硬度降低。

2) 消除铸件白口的高温石墨化退火

铸件冷却时,表层及薄截面处,往往产生白口。白口组织硬而脆、加工性能差、易剥落,因此,必须采用退火(或正火)的方法消除白口组织。退火工艺为:加热到850～950 ℃保温2～5 h,随后炉冷到400～500 ℃再出炉空冷。在高温保温期间,游离渗碳体和共晶渗碳体分解为石墨和A,在随后炉冷过程中二次渗碳体和共析渗碳体也分解,发生石墨化过程。由于渗碳体的分解,导致硬度下降,从而提高了切削加工性。

3) 球铁的正火

球铁正火的目的是获得珠光体基体组织,并细化晶粒,均匀组织,以提高铸件的机械性能。有时正火也是球铁表面淬火在组织上的准备,正火分高温正火和低温正火。高温正火温度一般不超过950～980 ℃,低温正火一般加热到共析温度区间820～860 ℃。正火之后一般还需进行回火处理,以消除正火时产生的内应力。

4）表面淬火

为提高铸件的表面硬度和耐磨性，例如，床身的导轨面和缸体内壁等，可采用表面淬火处理。常用的方法有高频感应淬火、火焰淬火和接触电阻加热淬火。如对机床导轨进行中频感应加热表面淬火，使表面淬火层获得细马氏体基体＋石墨的组织，其耐磨性就会显著提高。

机床导轨采用高频感应淬火，淬硬层深度为1.1～2.5 mm，硬度可达50HRC。接触电阻加热淬火法的原理如图6－5所示，电极（石墨棒或紫铜滚轮）与工件表面紧密接触，通以低电压（2～5 V）、强电流（400～750 A），利用接触处的电阻热将工件表面迅速加热至淬火温度，操作时电极以一定速度移动，靠工件本身导热使已被加热的表面迅速冷却淬硬。淬硬层深度可达0.2～0.3 mm。组织为极细马氏体和片状石墨，硬度可达55～61HRC。这种表面淬火方法的优点是工件变形小，设备简单，操作方便。机床导轨经这种方法淬火后，寿命可延长1.5倍。

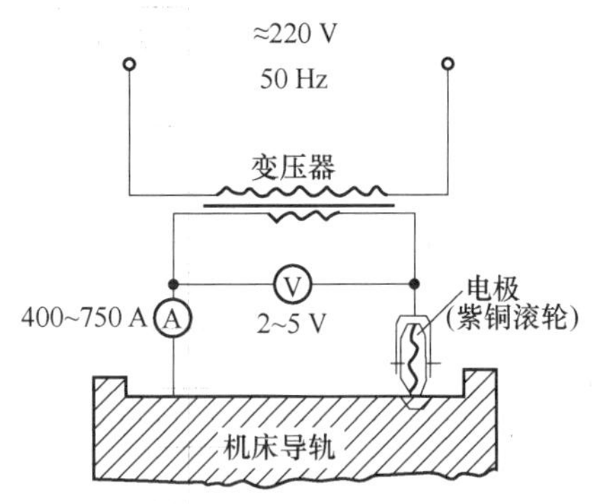

图6－5 接触电阻加热淬火示意图

任务拓展：

灰铸铁的焊接性　灰铸铁在化学成分上的特点是碳高及S、P杂质高，这就增大了焊接接头对冷却速度变化的敏感性和冷热裂纹的敏感性。在力学性能上的特点是强度低、基本无塑性。焊接过程具有冷速快及焊件受热不均匀而形成焊接应力较大的特殊性。这些因素导致焊接性能不良，主要表现在两方面：一是焊接接头易出现白口及淬硬组织；二是焊接接头易出现裂纹。可以采用适当的焊接工艺以减缓冷却速度，调整焊缝的化学成分以增强焊缝的石墨化能力等措施来预防。

任务2　其他铸铁

任务引导：

灰铸铁中的石墨呈片状，对基体的割裂比较大，力学性能较差，为了改善力学性能，就从改变石墨的形态入手，以减小其对基体的割裂作用，生产出了力学性能更高的铸铁：球墨铸铁、蠕墨铸铁和可锻铸铁。

随着铸铁在现代工业中的广泛应用，对其性能的要求愈来愈高，除了更高的力学性能，有时还要求其具有某些特殊的性能如耐热性、耐蚀性及耐磨性等，为使其具有这些特殊性能，向铸铁中加入合金元素，这种加入了合金元素的铸铁即合金铸铁，如：高强度合金铸铁、耐热合金铸铁、耐磨合金铸铁、耐蚀合金铸铁等。

相关知识：

6.2.1　球墨铸铁

球墨铸铁是20世纪50年代发展起来的一种新型铸铁，它是经过球化处理后得到的。球化处理的方法是在铁液出炉后、浇注前加入一定量的球化剂（稀土镁合金等）和孕育剂，使石墨呈球状析出。其综合性能接近于钢，已成功地用于铸造一些受力复杂，强度、韧性、耐磨性要求较高的零件。所谓“以铁代钢”，主要指球墨铸铁。

常用的球化剂有稀土和稀土镁合金。我国普遍采用的是稀土镁合金。镁是一种良好的促进石墨球化的元素，当铁液中含有0.04%～0.08%镁时，石墨就能完全球化。但镁的沸点低（1 120 ℃）、密度小（1.738 g/cm^3），若直接加入铁液中，则镁会立即沸腾气化，其回收率只有5%～10%，且操作方法复杂，劳动条件差，易出事故。稀土元素的球化作用不如镁，但其具有强烈的脱硫、去氧、除气、净化金属、细化晶粒、改善铸造性能等作用。将稀土元素、镁、硅和铁熔化制成稀土镁合金作球化剂，综合了镁和稀土的优点，球化效果好。孕育剂同灰铸铁。

1. 球墨铸铁的成分、组织和性能

球墨铸铁的成分如下：$w_C=3.6\%\sim3.9\%$，$w_{Si}=2.0\%\sim3.2\%$，$w_{Mn}=0.6\%\sim0.8\%$，$w_S<0.04\%$，$w_P\leqslant0.1\%$，$w_{Mg}=0.03\%\sim0.05\%$，$w_{RE}=0.03\%\sim0.05\%$等。

按基体组织的不同，球墨铸铁的组织可分为4种类型：铁素体(F)＋球状石墨(G)，铁素体(F)-珠光体(P)＋球状石墨(G)，珠光体(P)＋球状石墨(G)，下贝氏体($B_下$)＋球状石墨(G)。球墨铸铁的显微组织如图6－6所示。

球墨铸铁的力学性能与基体的类型以及球状石墨的大小、形状及分布状况有关。由于球状石墨对基体的割裂作用最小，又无应力集中作用，球墨铸铁基体的强度、塑性和韧性可以充分发挥，所以球墨铸铁与灰铸铁相比，有更高的强度和良好的塑性与韧性。一般来说，石墨球越圆整，球径越小，分布越均匀，其力学性能越好。球墨铸铁的某些性能可以与钢相媲美，如屈服点比碳素结构钢高，疲劳强度接近中碳钢。

同时，球墨铸铁还具有灰铸铁的减振性、减磨性和小的缺口敏感性等优良性能。但球墨铸铁的过冷倾向较大，易产生白口组织，而且其液态收缩和凝固收缩较大，易形成缩孔和缩松，故其熔炼工艺和铸造工艺都比灰铸铁要求高。

2. 球墨铸铁的牌号及用途

球墨铸铁的牌号用“QT”符号及其后面两组数字表示。“QT”是“球铁”两字汉语拼音的首字母，两组数字分别代表其最低抗拉强度和最低断后伸长率。如QT700－2表示球墨铸铁，最低抗拉强度为700 MPa，最低断后伸长率为2%。球墨铸铁牌号、不同壁厚铸件的力学性能和用途见表6－2。

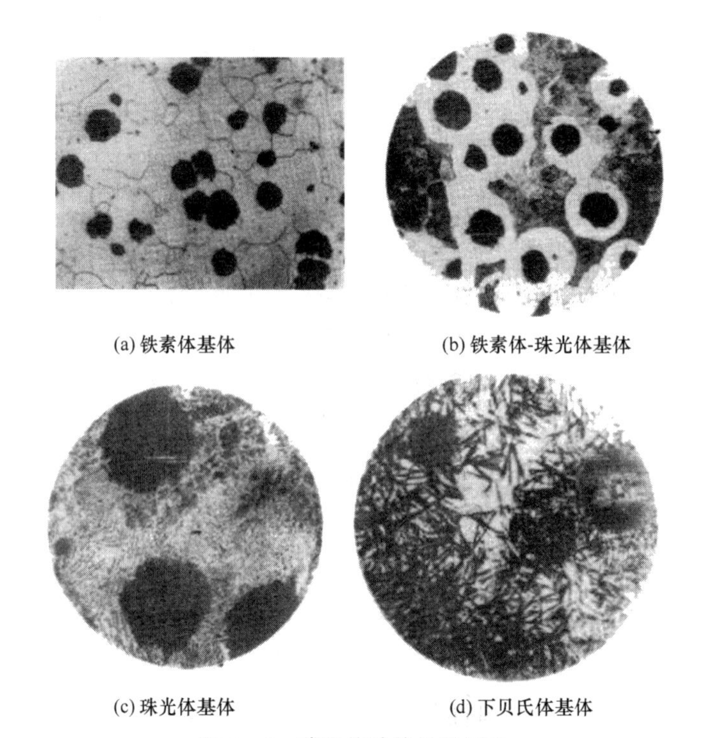

(a) 铁素体基体

(b) 铁素体-珠光体基体

(c) 珠光体基体

(d) 下贝氏体基体

图 6-6 球墨铸铁的显微组织

表 6-2 球墨铸铁的牌号、力学性能和用途(摘自 GB/T 1348—2009)

牌　号	基体组织	R_m/MPa	$R_{P0.2}$/MPa	A/%	硬度 HBW	用途举例
		≥				
QT350-22	铁素体	350	220	22	≤160	承受冲击、振动的零件,如汽车与拖拉机的轮毂、驱动桥壳、差速器壳、拨叉,农机具零件,中动低压阀门,上、下水及输气管道,压缩机的高、低压汽缸,电动机机壳,齿轮箱,飞轮壳
QT350-22		350	220	22	≤160	
QT350-22		350	220	22	≤160	
QT400-18		400	240	18	120～175	
QT400-18		400	250	18	120～175	
QT400-15		400	250	15	120～180	
QT450-10		450	310	10	160～210	
QT500-7	铁素体+珠光体	500	320	7	170～230	机器座架、传动轴、飞轮、电动机架、内燃机的机油泵齿轮、铁路机车车辆轴瓦
QT550-5	珠光体+铁素体	550	350	5	180～250	载荷大、受力复杂的零件,如汽车和拖拉机的曲轴、连杆、凸轮轴、汽缸套,部分磨床、铣床和车床的主轴,机床蜗杆、蜗轮,轧钢机轧辊、大齿轮,小型水轮机主轴,汽缸体,桥式起重机大、小滚轮
QT600-3		600	370	3	190～270	
QT700-2	珠光体	700	420	2	225～305	
QT800-2	珠光体或索氏体	800	480	2	245～335	

续表 6-2

牌 号	基体组织	R_m/MPa	$R_{P0.2}$/MPa	A/%	硬度 HBW	用途举例
		≥				
QT900-2	回火马氏体或托氏体+索氏体	900	600	2	280～360	高强度齿轮,如汽车后桥螺旋锥齿轮、大减速器齿轮,内燃机曲轴、凸轮轴

3. 球墨铸铁的热处理

球墨铸铁通过各种热处理,可以显著地提高其力学性能。球墨铸铁的热处理工艺性能较好,凡是钢的热处理工艺,一般都适合于球墨铸铁。球墨铸铁常用的热处理工艺有以下4种:

1) 退 火

① 去应力退火 球墨铸铁的铸造应力较大,为消除应力,对不再进行其他热处理的球墨铸铁常进行去应力退火。其方法是将铸件加热到500～600 ℃,保温2～8 h后缓冷。

② 低温退火 当铸态基体组织为铁素体和珠光体而无自由渗碳体时,为获得塑性和韧性较好的铁素体球墨铸铁,可进行低温退火。其方法是将铸件加热到700～760 ℃,保温2～8 h,使珠光体中的渗碳体分解为铁素体和石墨,然后随炉缓冷至600 ℃左右,出炉空冷。

③ 高温退火 当铸态组织中存在自由渗碳体时,为获得铁素体球墨铸铁,需进行高温退火。其方法是将铸件加热至900～950 ℃,保温2～5 h,使自由渗碳体分解为铁素体和石墨,然后随炉缓冷至600 ℃左右,出炉空冷。

2) 正 火

正火的目的是增加基体中珠光体的数量、细化晶粒,提高球墨铸铁的强度和耐磨性。

正火方法有以下两种:

① 高温正火(完全奥氏体化正火) 将铸件加热到880～950 ℃,保温1～3 h,使基体组织全部奥氏体化,然后出炉空冷,获得珠光体球墨铸铁。为增加基体中珠光体的数量,还可采用风冷、喷雾冷却等加快冷速的方法,以保证铸件的强度。

② 低温正火(不完全奥氏体化正火) 将铸件加热到820～860 ℃,保温1～4 h,使基体部分转变为奥氏体,部分保留为铁素体,然后出炉空冷,得到珠光体和少量破碎状铁素体的基体组织。与高温正火相比,这种组织的球墨铸铁强度稍低一些,但塑性和韧性较好。

由于正火的冷却速度较快,正火后铸件内有较大应力,因此,正火后还要进行去应力退火(常称回火)。

3) 调 质

对于受力复杂、要求综合力学性能较高的球墨铸铁件,如连杆、曲轴等,可采用调质。方法是将铸件加热到860～920 ℃,使基体转变为奥氏体,在油中淬火得到马氏体,然后经550～600 ℃回火(保温4～6 h),获得回火索氏体基体组织。这种组织的铸件不仅强度高,而且塑性和韧性比经正火后的珠光体球墨铸铁好。调制一般只适合小尺寸铸件,尺寸过大时,因淬不透,调质效果不好。

4) 等温淬火

对于形状复杂、热处理易变形或开裂,又要求强度高、塑性和韧性好的零件,如齿轮、曲轴、凸轮轴等,常采用贝氏体等温淬火。其具体方法是将铸件加热至860～900 ℃,保温后迅速放入250～350 ℃的盐浴中等温30～90 min,出炉空冷。等温淬火的组织为下贝氏体和球状石墨。等温淬火后一般不再进行回火。由于等温盐浴的冷却能力有限,故一般只适用于截面尺寸不大的零件。

经等温淬火后,球墨铸铁的抗拉强度可达1 200～1 500 MPa,硬度为38～50HRC,韧性为$A_K=24\sim64$ J。

6.2.2 蠕墨铸铁

蠕墨铸铁是20世纪60年代开发的一种铸铁材料。它是用高碳、低硫、低磷的铁液加入蠕化剂(镁钛合金、镁钙合金等),经蠕化处理后获得的高强度铸铁。其显微组织如图6-7所示。

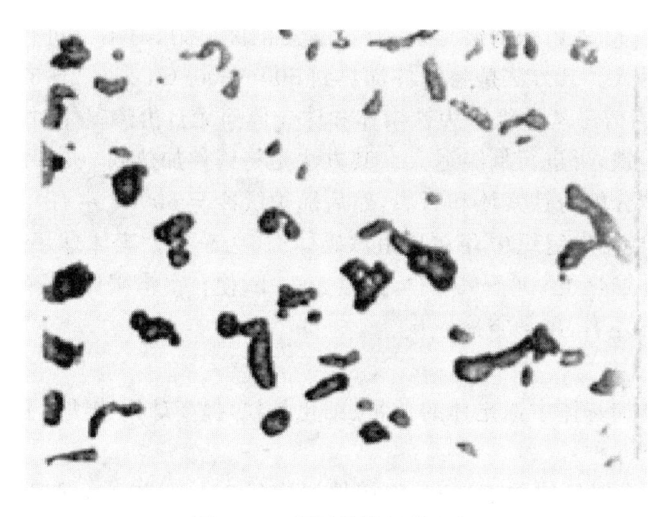

图6-7 蠕墨铸铁显微组织

蠕墨铸铁的碳、硅含量较高,化学成分一般为:$w_C=3.5\%\sim3.9\%$,$w_{Si}=2.2\%\sim2.8\%$,$w_{Mn}=0.4\%\sim0.8\%$,$w_S<0.1\%$,$w_P\leqslant0.1\%$。

蠕墨铸铁中的石墨呈短小的蠕虫状,其形状介于片状石墨和球状石墨之间。蠕墨铸铁的显微组织有3种类型:铁素体(F)+蠕虫状石墨(G);珠光体(P)-铁素体(F)+蠕虫状石墨(G);珠光体(P)+蠕虫状石墨(G)。

蠕墨铸铁的力学性能优于基体相同的灰铸铁而低于球墨铸铁。蠕墨铸铁在铸造性能、减振性、耐热性能等方面比球墨铸铁好;切削加工性与球墨铸铁相似,比灰铸铁稍差。

蠕墨铸铁的牌号用“RuT”符号及其后面数字表示。“RuT”是“蠕铁”两字汉语拼音的首字母,其后数字表示最低抗拉强度。如RuT300表示蠕墨铸铁,最低抗拉强度为300 MPa。

蠕墨铸铁的牌号、力学性能和用途如表6-3所列。

蠕墨铸铁在实际生产中主要用于制作形状复杂,要求组织致密、强度高,承受较大热循环载荷的铸件,如柴油机的汽缸盖、汽缸套、进(排)气管、钢锭模、金属型、阀体等。

表 6-3　蠕墨铸铁的牌号、力学性能和用途(摘自 GB/T 26655—2011)

主要基体组织	牌　号	R_m/MPa	$R_{P0.2}$/MPa	A/%	硬度 HBW	用途举例
		≥				
铁素体	RuT300	300	210	2	140～210	增压器废气进气壳体、汽车底盘零件、排气管、变速箱体、液压件、纺织机、农机零件、钢锭模,大功率的轮船、机车、汽车和固定式内燃机缸盖
铁素体+珠光体	RuT350	350	245	1.5	160～220	机床底座,托架和联轴器,大功率的轮船、机车、汽车和固定式内燃机缸盖,钢锭模,铝锭模,焦化炉炉门、门框、保护板、桥管、阀体、装煤孔盖和孔座,变速箱体,液压件
铁素体+珠光体	RuT400	400	280	1.0	180～240	内燃机缸体、缸盖,机床底座、托架、联轴器,载重卡车和机车车辆制动盘,泵壳,液压件,钢锭模,铝锭模,玻璃器具
珠光体	RuT450	450	315	1.0	200～250	汽车内燃机缸体和缸盖,汽缸套,载重卡车制动盘,泵壳,液压件,玻璃模具,活塞环
珠光体	RuT500	500	350	0.5	220～260	高载荷内燃机缸体,汽缸套

6.2.3　可锻铸铁

可锻铸铁俗称玛钢、马铁。生产过程是:首先浇注成白口铸铁件,然后经可锻化退火(可锻化退火使渗碳体分解为团絮状石墨)改变其金相组织或成分而获得有较高韧性的可锻铸铁。与灰铸铁相比,可锻铸铁中碳、硅的质量分数低一些。可锻铸铁的化学成分是:w_C=2.2%～2.8%,w_{Si}=1.0%～1.8%,w_{Mn}=0.3%～0.8%,w_S<0.2%,w_P≤0.1%。

按退火方法不同,可锻铸铁分为两种类型:

1) 黑心可锻铸铁和珠光体可锻铸铁

这种类型的可锻铸铁是在中性介质中,将白口铸铁坯件加热到 900～980 ℃,使铸铁组织转变为奥氏体和渗碳体,经过长时间(30 h 左右)保温后,渗碳体发生分解而得到团絮状石墨,此为第 1 阶段石墨化。在随后的缓冷过程中,奥氏体中过饱和的碳将充分析出并附在已形成的团絮状石墨表面,使石墨长大,完成第 2 阶段石墨化(760～720 ℃),形成铁素体和石墨,再缓冷至 700～650 ℃,出炉空冷(参见图 6-8 中曲线①),最后得到铁素体可锻铸铁,又称黑心可锻铸铁。

其显微组织如图 6-9(a)所示。如果在第 1 阶段石墨化后,以较快的速度(100 ℃/h)冷却通过共析温度转变区(参见图 6-8 中曲线②),使第 2 阶段石墨化不能进行,则得到珠光体可锻铸铁,其显微组织如图6-9(b)所示。

2)白心可锻铸铁

白心可锻铸铁是将白口铸铁件放在氧化性介质中退火(在石墨化的同时还伴有脱碳过程)而得到的。这种铸铁生产中很少使用,原因是白心可锻铸铁从表层到心部组织不均匀,其力学性能,尤其是韧性较差,而且要求较高的热处理温度和较长的热处理时间。目前我国以生产黑心可锻铸铁为主,也生产少量珠光体可锻铸铁。

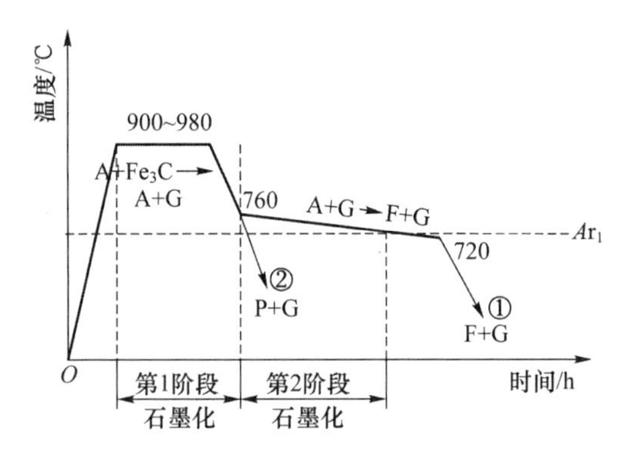

图6-8 可锻铸铁的石墨化

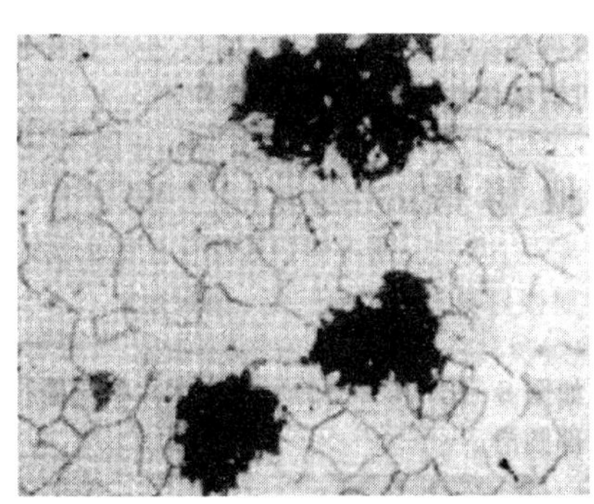

(a) 黑心可锻铸铁

(b) 珠光体可锻铸铁

图6-9 可锻铸铁的显微组织

由于可锻铸铁中的石墨呈团絮状,对基体的割裂作用较小,因此,它的力学性能比灰铸铁高,塑性和韧性好,但可锻铸铁并不能进行锻压加工。可锻铸铁的基体组织不同,其性能也不一样,其中黑心可锻铸铁具有较高的塑性和韧性,而珠光体可锻铸铁具有较高的强度、硬度和耐磨性。

可锻铸铁的牌号、性能及用途见表6-4。牌号中"KT"是"可铁"二字的汉语拼音首字母,后面的"H"表示"黑心","Z"表示"珠光体"基体,两组数字分别表示最低抗拉强度和最低伸长率。

表6-4 黑心可锻铸铁和珠光体可锻铸铁的牌号、力学性能及用途(摘自GB/T 9440—2010)

种类	牌号	试样直径/mm	R_m/MPa	$R_{P0.2}$/MPa	A/%	硬度HBW	用途举例
			≥				
黑心可锻铸铁	KTH275-05	12或15	275	—	5	≤150	弯头,三通管件,中、低压阀门
	KTH300-06		300	—	6		
	KTH330-08		330	—	8		扳手、犁刀、犁柱、车轮壳
	KTH350-10		350	200	10		汽车、拖拉机前、后轮壳,减速器壳,转向节壳,制动器及铁道零件
	KTH370-12		370	—	12		

续表 6-4

种类	牌　号	试样直径/mm	R_m/MPa	$R_{p0.2}$/MPa	A/%	硬度 HBW	用途举例
			≥				
珠光体可锻铸铁	KTZ450 - 06	12 或 15	450	270	6	150～200	载荷较高和耐磨损零件，如曲轴、凸轮轴、连杆、齿轮、活塞环、轴套、耙片、万向接头、棘轮、扳手、传动链条
	KTZ500 - 05		500	300	5	165～215	
	KTZ550 - 04		550	340	4	180～230	
	KTZ600 - 03		600	390	3	195～245	
	KTZ650 - 02		650	430	2	210～260	
	KTZ7700 - 02		700	530	2	240～290	
	KTZ800 - 01		800	600	1	270～320	

KT——可锻铸铁　　　　KTH——黑心可锻铸铁

KTB——白心可锻铸铁　KTZ——珠光体可锻铸铁

如：KTH350－10 表示最小抗拉强度为 350 MPa，最低延伸率为 10 的黑心可锻铸铁。

可锻铸铁主要用于制造形状复杂、要求有一定塑性、韧性，承受冲击和振动，耐蚀的薄壁铸件，如汽车、拖拉机的后桥、转向机构、低压阀门、管件等。

6.2.4　合金铸铁

1. 耐磨铸铁

耐磨铸铁是指不易磨损的铸铁。主要通过激冷加入某些合金元素在铸铁中形成耐磨损的基体组织和一定数量的硬化相。按其工作条件不同，可分为以下两类。

1）抗磨铸铁

在干摩擦及抗磨料磨损条件下工作的零件，如轧辊、犁铧、抛丸机叶片、球磨机磨球等，应具有均匀的高硬度。白口铸铁属于这类抗磨铸铁，但因其脆性很大，不宜制作承受冲击的铸件。生产中常用激冷方法制造冷硬铸铁，即在造型时，在铸件要求抗磨的部位采用金属型，其余部位用砂型，并适当调整化学成分，利用高碳低硅，使要求抗磨处得到白口组织，而其余部位为有一定强度和韧性的灰口组织（片状石墨或球状石墨），使其具有“外硬里韧”的特点，可承受一定的冲击。这种因表面凝固速度较快，碳全部或大部分呈化合态而形成一定深度的白口层，中心为灰口组织的铸铁称为冷硬铸铁。

向白口铸铁中加入一定量的铬、钼、钒、铜、钨、锰等元素，可在铸铁中形成合金渗碳体，提高耐磨性，但韧性改善不大。如加入大量的铬（$w_{Cr}=15\%$）后，在铸铁中形成团块状 Cr_7C_3，Cr_7C_3 的硬度高于 Fe_3C，团块状可明显改善铸铁韧性，这种铸铁称为高铬白口抗磨铸铁。高铬白口抗磨铸铁可用于生产球磨机的磨球、衬板，轧钢机的导向辊、冷热轧辊等。

我国研制的中锰耐磨球墨铸铁（$w_{Mn}=5.0\%\sim9.5\%$，$w_{Si}=3.3\%\sim5.0\%$），铸态组织为马氏体、奥氏体、碳化物和球状石墨。这种铸铁具有较高的耐磨性和较好的强度和韧性，不需贵重合金元素,可用冲天炉熔炼,成本低。这种铸铁可代替高锰钢或锻钢制造承受冲击的一些抗磨零件。

2) 减磨铸铁

在润滑条件下工作的零件,如机床导轨、汽缸套、活塞环、轴承等,其组织应为软基体上分布硬质点。珠光体基体的灰铸铁能满足这一要求,即珠光体中的铁素体为软基体,渗碳体为硬质点,铁素体和石墨被磨损后形成沟槽,起储油和润滑作用,渗碳体起支撑作用。为进一步提高珠光体灰铸铁的耐磨性,可将其含磷量增加到0.35%~0.65%,即成为高磷铸铁。

磷形成 Fe_3P,Fe_3P 与铁素体或珠光体组成磷共晶。磷共晶呈断续网状分布,形成坚硬骨架,使铸铁硬而耐磨,但强度和韧性较差。在高磷铸铁的基础上加入铬、钛、钒、钼、铜、钨、硼等合金元素,可增加珠光体含量,细化组织,提高基体的韧性、强度和耐磨性,使铸铁的力学性能得到更大的提高。

2. 耐热铸铁

耐热铸铁是指可以在高温环境中使用,其抗氧化或抗生长性能符合使用要求的铸铁。"生长"是指由于氧化性气体沿石墨片边界和裂纹渗入铸铁内部造成的氧化,以及因 Fe_3C 分解而发生的石墨化引起铸件体积膨胀。为提高耐热性,可向铸铁中加入铝、硅、铬等元素,使铸件表面形成一层致密的 Al_2O_3、Cr_2O_3 等氧化膜,保护内层不被氧化。此外,硅、铝可提高相变点,使基体变为单相铁素体,避免铸铁在工作温度下发生固态相变和由此而产生的体积变化及显微裂纹。铬可形成稳定的碳化物,提高铸铁的热稳定性。为防止 Fe_3C 石墨化,耐热铸铁多采用单相铁素体的基体。铁素体基体的球墨铸铁中石墨为孤立分布,互不相连,氧化性气体不易侵入铸铁内部,故其耐热性较好。

耐热铸铁的种类很多,如硅系、铝系、铬系、硅铝系等。我国目前广泛采用的是硅系和硅铝系耐热铸铁。

耐热铸铁主要用于制造加热炉底板、炉条、烟道挡板、换热器、粉末冶金用坩埚及钢锭模等。

3. 耐蚀铸铁

耐蚀铸铁是指能耐化学、电化学腐蚀的铸铁。为提高铸铁耐蚀性常加入的合金元素有铬、硅、铝、钼、铜、镍等。加入这些元素后,可提高铁素体的电位,并能在铸件表面形成一层致密的 Cr_2O_3、SiO_2、Al_2O_3 等保护膜,提高了铸铁的耐蚀能力。

耐蚀铸铁的种类很多,如高硅、高镍、高铝、高铬等耐蚀铸铁。应用较广泛的是高硅(w_{Si}=14%~18%)耐蚀铸铁,其组织为含硅铁素体、石墨和 Fe_3Si_2。这种铸铁因其表面形成致密、完整且耐蚀性高的 SiO_2 保护膜,因此,在含氧酸类和盐类介质中有良好的耐蚀性。但在碱性介质、盐酸、氢氟酸中,由于表面的 SiO_2 保护膜被破坏,故耐蚀性下降。对于在碱性介质中工作的铸铁件,可采用低镍(w_{Ni}=0.8%~1.0%)和低铬(w_{Cr}=0.6%~0.8%)的抗碱铸铁,也可向高硅耐蚀铸铁中加入 w_{Cu}=6.5%~8.5%,以提高其耐蚀性。

耐蚀铸铁主要用于化工部门,如管道、容器、阀门、泵等。

任务拓展：

钢铁，钢在铁前，通过项目五和项目六的学习，比较一下两种材料各有何优缺点，适用于怎样的场合。试在你的周围找一些铸铁和钢件，看哪种材料多。

项目评定：

作为出现很早的冶金技术，铸铁的生产并不困难，难得的是不断地探索新的铸铁类型，扩展其应用范围而发挥其经济性的优点，本章讲解了白口铸铁、灰口铸铁、麻口铸铁、石墨化、孕育处理、合金铸铁等，你应该了解了它们是如何产生的，如何区分，在何种场合应用以及如何判别铸铁的性能。

习题与思考题

1. 名词解释：

白口铸铁、灰口铸铁、麻口铸铁、石墨化、孕育处理、合金铸铁。

2. 灰铸铁、球墨铸铁、蠕墨铸铁、可锻铸铁在组织上的根本区别是什么？其组织对力学性能有何影响？

3. 铸铁的抗拉强度的高低主要取决于什么？硬度的高低主要取决于什么？铸铁抗拉强度高时硬度是否也一样高？为什么？

4. 为什么可锻铸铁适宜制造壁厚较薄的零件，而球墨铸铁却不宜制造壁厚较薄的零件？

5. 根据表6－5中所列的要求，归纳比较以下几种铸铁的特点。

表6－5　习题5表

种　类	牌号表示	显微组织	成分特点（碳当量）	生产方法的特点	力学、工艺性能	用途举例
灰铸铁						
孕育铸铁						
球墨铸铁						
蠕墨铸铁						
可锻铸铁						

6. 下列说法是否正确？为什么？

① 采用球化退火可获得球墨铸铁。

② 灰铸铁不能淬火。

③ 可锻铸铁可锻造加工。

④ 通过热处理可改变铸铁中石墨的形状，从而改变性能。

⑤ 白口铸铁由于硬度很高，故可作刀具材料。

⑥ 石墨在铸铁中是有害无益的。

⑦ 灰铸铁的力学性能特点是抗压不抗拉。

7. 灰铸铁的性能有何特点？灰铸铁最适宜制造哪类铸件？

8. HT200、QT400－15、KTH300－06、KTZ550－04、RuT300表示什么铸铁？牌号中各符号和数字表示什么含义？各具有什么显微组织？各自的性能如何？

9. 现有形状和尺寸完全相同的白口铸铁、灰铸铁和低碳钢棒料各一根，试问用何种最简单的方法能迅速将它们分开？

10. 常用合金铸铁有哪几种？试述耐热铸铁合金化的原理。

11. 为什么球墨铸铁的性能明显高于灰铸铁？

项目七　有色金属及粉末冶金材料

项目要求：

在工业生产中，通常把铁及其合金称为黑色金属，把其他非铁金属及其合金称为有色金属。有色金属的产量和用量不如黑色金属多，但由于其具有许多优良的特性，如特殊的电、磁、热性能，耐蚀性能以及较高的比强度（强度与密度之比）等，已成为现代工业中不可缺少的金属材料，特别是在空间技术、原子能、计算机等新型工业部门中均有很广泛的应用。例如，从图7－1所示的各种材料在先进汽车中占的质量百分比中可见一斑。

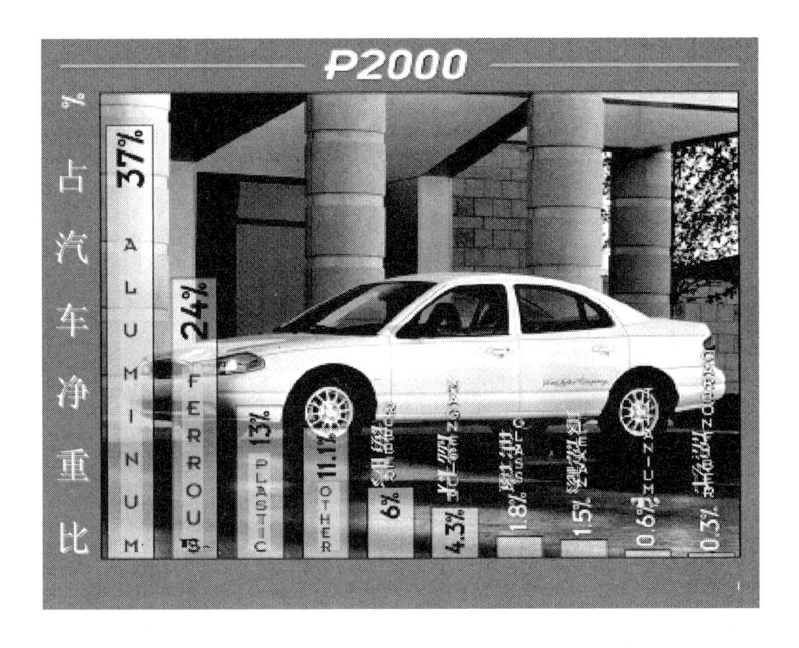

图7－1　各种材料在先进汽车中所占比例

项目解析：

本项目将分别介绍机械工业中广泛使用的铝及铝合金、铜及铜合金、钛及钛合金、轴承合金及粉末冶金材料。

任务1　铝及铝合金

任务引导：

铝在地壳中的蕴藏量很丰富。铝和铝合金是应用很广泛的非铁金属材料。

相关知识:

7.1.1 工业纯铝

铝是地壳中最丰富的元素。制铝的第一步是将矿石(铝矾土)中的铝与杂质分离。通常使铝矾土在高温高压苛性钠溶液槽中浸取,使氧化铝成为铝酸钠溶液溶解出来,分离并优先沉淀成水合氧化铝,最后通过焙烧转变成纯 Al_2O_3。

进一步处理是在铁板电解槽中进行电解。电解时以碳作为阳极。电解槽中充满熔融冰晶石,其中溶解约16%的 Al_2O_3。电解时,铝便沉积在电解槽的阴极上,周期性地取出铝,同时将粉末 Al_2O_3 补充到电解槽中。电解得1 kg铝需耗电15~18 kW·h,因此,重熔废铝可大大节约能源。

纯铝是银白色轻金属,熔点为660 ℃,密度为2.7 g/cm^3,仅为铁的1/3,具有良好的导电和导热性。纯铝的强度、硬度低,而塑性高,可进行冷、热压力加工。铝在空气中易氧化,使表面生成致密的氧化膜,可保护其内部不再继续氧化,因此,在大气中耐蚀性较好。

7.1.2 铝合金

在纯铝中加入硅、铜、镁、锰等合金元素制成铝合金,可大大提高其力学性能,而仍保持密度小、耐腐蚀的优点。采用各种强化手段后,铝合金可获得与低合金钢相近的强度,因此,比强度(强度/密度)很高。

以铝为基的二元合金一般具有共晶型相图,如图7-2所示。按其成分范围大致分类如下。

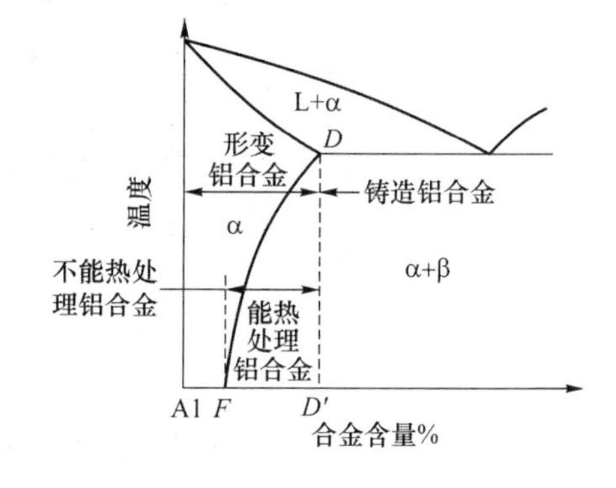

图7-2 铝合金分类示意图

由图7-2可看出,成分在 D 点以左的合金,加热时能形成单相固溶体,塑性较高,适合进行压力加工,故称形变铝合金。形变合金中,成分在 F 点以左的合金,其α固溶体成分不随温度变化,不能用热处理强化,称不可热处理强化铝合金;成分在 F~D 之间的合金可进行固溶-时效强化,称可热处理强化铝合金。成分在 D 点以右的合金,因出现共晶组织,故塑性差,不宜变形加工。但它熔点低,共晶点附近结晶温度范围小,故流性好,适于铸造生产,称为铸造铝合金。

1. 形变铝合金

形变铝合金按其性能特点又分为防锈铝合金、硬铝合金、锻铝合金等,其代号、化学成分、性能及用途见表7-1。代号数字仅为编号。

1) 防锈铝合金

代号LF,主要有铝-锰系、铝-镁系合金,常用代号有LF21、LF2等。防锈铝合金锻造退火后为单相固溶体,抗蚀性高、塑性及焊接性能较好。防锈铝合金不能热处理强化,但可形变强化。常用来制造轻载荷的冲压及要求耐腐蚀的零件，如油箱、铆钉、防锈蒙皮等。

表 7-1　常用形变铝合金的代号、牌号、化学成分、力学性能及用途

类别	旧代号	新牌号	半成品种类	状态*	力学性能		用途举例
					σ_b/MPa	δ/%	
防锈铝合金	UF2	5A02	冷轧板材 热轧板材 挤压板材	O H112 O	167～226 117～157 10	16～18 7～6 10	用作在液体下工作的中等强度的焊接件、冷冲压件和容器、骨架零件等
	LF21	3A21	冷轧板材 热轧板材 挤制厚壁管材	O H112 H112	98～147 108～118 ≤167	18～20 15～12 —	要求高的可塑性和良好的焊接性，用作在液体或气体介质中工作的低载荷零件，如油箱、油管、液体容器、饮料罐
硬铝合金	LY11	2A11	冷轧板材（包铝） 挤压棒材 拉挤制管材	O T4 O	226～235 353～373 ≤245	12 10～12 10	用作各种要求中等强度的零件和构件，冲压的连接部件，空气螺旋桨叶片，局部镦粗的零件（如螺栓、铆钉）
	LY12	2A12	冷轧板材（包铝） 挤压棒材 拉挤制管材	T4 T4 O	407～427 255～275 ≤245	10～13 8～12 0	用量最大，用作各种要求高载荷的零件和构件（但不包括冲压件和锻件），如飞机上的骨架零件、蒙皮、翼梁、铆钉等，150 ℃以下工作的零件
	LY8	2B11	铆钉线材	T4	225	—	主要用作铆钉材料
超硬铝	LC3	7A03	铆钉线材	T6	284	—	用作受力结构的铆钉
	LC4 LC9	7A04 7A09	挤压棒材 冷轧板材 热轧板材	T6 O T6	490～510 ≤245 490	5～7 10 3～6	用作承力构件和高载荷零件，如飞机上的大梁、桁条、加强框、蒙皮、翼肋、起落架零件等，通常多用以取代 2A12
锻硬铝合金	LD5 LD7 LD8	2A50 2A70 2A80	挤压棒材 挤压棒材 挤压棒材	T6 T6 T6	353 353 441～432	12 8 8～10	用作形状复杂和中等强度的锻作和冲压件，内燃机活塞，压气机叶片，叶轮，圆盘以及其他在高温下工作的复杂锻件，其中 2A70 耐热性好
	LD10	2A14	热轧板材	T6	432	5	用作高负荷和形状简单的锻件和模锻件

注：采用 GB/T 16475—1996 规定代号：O——退火，T4——固溶＋自然时效，T6——固溶＋人工时效，H112——热加工。

2）硬铝合金

代号 LY，又称杜拉铝，属于铝-铜-镁系合金，能经过固溶时效强化获得相当高的强度，故称硬铝,属可热处理强化铝合金。一般硬铝耐蚀性比纯铝差,所以有些硬铝的板材在表面包一层纯铝来保护。常用代号有LY11、LY12,多用于制造飞机的结构零件。

3)锻铝合金

代号LD,属铝-镁-硅-铜系和铝-铜-镁-镍-铁系合金。其特点是合金中元素种类多但用量少,具有良好的热塑性、锻造性能和较高的力学性能。常用代号有LD6、LD10等,主要用于制造形状复杂及承受重载荷的锻件,如离心式压气机叶轮、导风轮、飞机操纵系统中的摇臂、支架等。锻铝合金通常都要进行固溶-时效处理。

根据GB/T 16474—1996的规定,按化学成分已在国际牌号注册组织命名的形变铝及铝合金,可直接采用国际四位数字体系牌号;未在该组织命名的则按四位字符体系牌号命名。两种牌号的区别仅在于牌号的第2位。两种牌号的编号方法见表7-2。根据GB/T 3190—1996中的说明可知,GB/T 3190—1982中的旧代号仍可使用。

表7-2 变形铝及铝合金的表示方法

位数	国际四位数字体系牌号		四位字符体系牌号	
	纯铝	铝合金	纯铝	铝合金
第1位	为阿拉伯数字,表示铝及铝合金的组别。1表示铝的质量分数不小于99.00%的纯铝。2～9表示铝合金,组别按下列主要元素划分:2表示Cu,3表示Mn,4表示Si,5表示Mg,6表示Mg+Si,7表示Zn,8表示其他元素,9表示备用组			
第2位	为阿拉伯数字,表示合金元素或杂质极限含量的控制情况。0表示杂质极限含量无特殊控制,2～9表示对一项或一项以上的单个杂质或合金元素极限含量有特殊控制	为阿拉伯数字,表示改型情况。0表示原始合金,2～9表示改型合金	为英文大写字母,表示原始纯铝的改型情况。A表示原始纯铝;B～Y(C、I、L、N、O、P、Q、Z除外)表示原始纯铝的改型,其元素含量略有变化	为英文大写字母,表示原始合金的改型情况。A表示原始合金;B～Y(C、I、L、N、O、P、Q、Z除外)表示原始合金的改型,其化学成分略有变化
最后两位	为阿拉伯数字,表示最低铝百分含量中小数点后面的两位	为阿拉伯数字,无特殊意义,仅用来识别同一组中不同的铝合金	为阿拉伯数字,表示最低铝百分含量中小数点后面的两位	为阿拉伯数字,无特殊意义,仅用来识别同一组中不同的铝合金

2. 铸造铝合金

铸造铝合金分为铝硅合金、铝铜合金、铝镁合金和铝锌合金。其代号用汉语拼音字母"ZL"加3位数字表示。第1位数字表示合金类别,1为铝硅系,如ZL101、Z L11I等;2为铝铜系,如ZL201、ZL203等;3为铝镁系,如ZL301、ZL302等;4为铝锌系,如ZL401、ZL402等。后两位数仅代表编号。

1)铝硅合金

铝硅合金又称硅铝明,合金成分常在共晶点附近。熔点低,流动性好,收缩小,组织内部致密,且耐蚀性好,是铸铝中应用最广的一类。由于其共晶组织是由粗大针状硅晶体和α固溶体组成的,故强度和塑性均差。为此,常用钠盐混合物作为变质剂进行变质处理,以细化晶粒,提高强度和塑性。图7-3所示为铝硅合金变质处理前后的铸态组织。标准铝硅合金的代号为ZL102。

为进一步提高强度,常加入与铝形成硬化相的铜、镁等元素,不仅可变质处理,且可固溶-

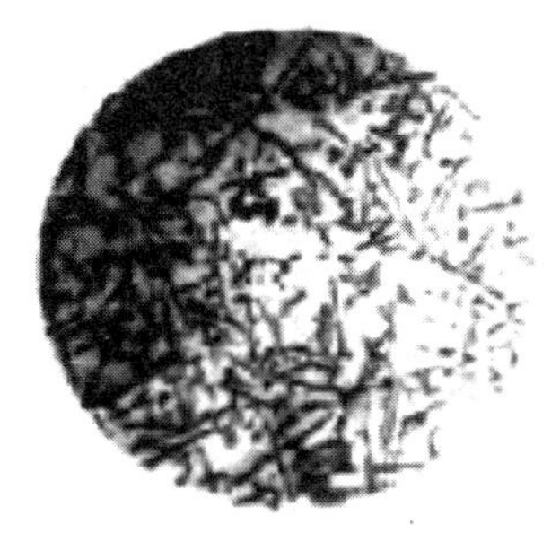

(a) 变质处理前

(b) 变质处理后

图 7－3　铝硅合金的铸态组织

时效强化。如 ZL101 和 ZL104 中含有少量镁；ZL107 中含少量铜；ZL110 和 ZL11 中则同时含有少量的铜和镁。

铝硅合金常用于内燃机活塞、汽缸体、形状复杂的薄壁零件和电机、仪表的外壳等。

2）铝铜合金

铝铜合金具有较好的流动性和强度，但有热裂和疏松倾向，且耐蚀性差。加入镍、锰后，可提高耐热性，常用代号有 ZL201、ZL202、ZL203 等。铝铜合金主要用来制造要求高强度或高温条件下工作的零件。如内燃机汽缸头、汽车活塞等。

3）铝镁合金

铝镁合金强度高，密度小，耐蚀性好。但铸造性能及耐热性差。常用代号有 ZL301、ZL302 等。多用来制造在腐蚀性介质中（如海水）工作的零件，如舰船配件、氨用泵体等。

4）铝锌合金

铝锌合金强度较高，价格低廉，铸造性能、焊接性能和切削加工性能都较好，但耐蚀性差、热裂倾向大。常用于制造医疗器械、仪表零件和日用品等。

铝铜合金、铝镁合金、铝锌合金均可热处理强化。常用铸造铝合金代号、化学成分、性能和用途见表 7－3。

表 7－3　常用铸造铝合金的代号、化学成分、性能和用途

类别	牌号（代号）	化学成分 w%			铸造方法	热处理方法	σ_b /MPa	δ/%	硬度 HBS	用途举例
		Si	Mg	其他						
铝硅合金	ZAlSi7Mg（ZL101）	6.5～7.5	0.25～0.45	Ti 0.08～0.20	J	T5	205	2	60	形状复杂的零件，如飞机仪器零件、抽水机壳体
					S		195	2	60	
					SB	T6	225	1	70	
	ZAlSi12（ZL102）	10.0～13.0			J	T2	145	3	50	仪表、水泵壳体，工作温度≤200 ℃的高气密性和低载零件
					S、JB		135	4	50	
	ZAlSi9Mg（ZL104）	8.0～10.5	0.17～0.30	Mn 0.2～0.5	J	T6	235	2	70	<200 ℃工作的零件，如汽缸体、机体等
					SB		225	2	70	
	ZAlSi5Cu1Mg（ZL105）	4.5～5.5	0.4～0.6	Cu 1.0～1.5	S	T5	295	0.5	70	形状复杂、工作温度<250 ℃的零件，如风冷发动机的汽缸头、活塞等
					J		335	0.5	70	

续表 7-3

类别	牌号(代号)	化学成分 w%			铸造方法	热处理方法	σ_b /MPa	δ/%	硬度 HBS	用途举例
		Si	Mg	其他						
铝铜合金	ZAlCu5Mn (ZL201)			Cu 4.5~5.3 Ti 0.15~0.35 Mn 0.6~1.0	S	T4	295	8	70	175~300 ℃、受高载荷、形状不复杂的零件,如内燃机活塞、汽缸头等。
					S	T5	335	4	90	
	ZAlCu10 (ZL202)			Cu 9.0~11.0	S	T6	165		100	高温下工作不受冲击的零件和要求硬度较高的零件
					J				100	
	ZAlCu4 (ZL203)			Cu 4.0~5.0	S	T5	215	3	70	中等载荷、形状较简单的零件,如托架和工作温度<200 ℃并要求切削加工性好的零件
铝镁合金	ZAlMg10 (ZL301)		9.5~11.0		S	T4	280	10	60	大气或海水中工作的零件,承受高振动载荷,工作温度<150 ℃的零件,如氨用泵体、船舰配件等
	ZAlMg5Si1 (ZL303)	0.8~1.3	4.5~5.5	Mn 0.10~0.4	S J	F	145	1	55	腐蚀介质作用下的中等载荷零件,在严寒大气中以及工作温度<200 ℃的零件,如海轮配件和各种壳体
铝锌合金	ZAlZn11Si7 (ZL401)	6.0~8.0	0.1~0.30	Zn 9.0~13.0	J	T1	245	1.5	90	结构形状复杂的汽车、飞机仪器零件,工作温度<200 ℃,制作日用品

任务拓展:

可热处理强化变形铝合金的热处理方法:固溶处理 + 时效。

固溶处理是指将合金加热到固溶线以上,保温并淬火后获得过饱和的单相固溶体组织的处理。

时效是指将过饱和的固溶体加热到固溶线以下某温度保温,以析出弥散强化相的热处理。在室温下进行的时效称自然时效(见图 7-4);在加热条件下进行的时效称人工时效。

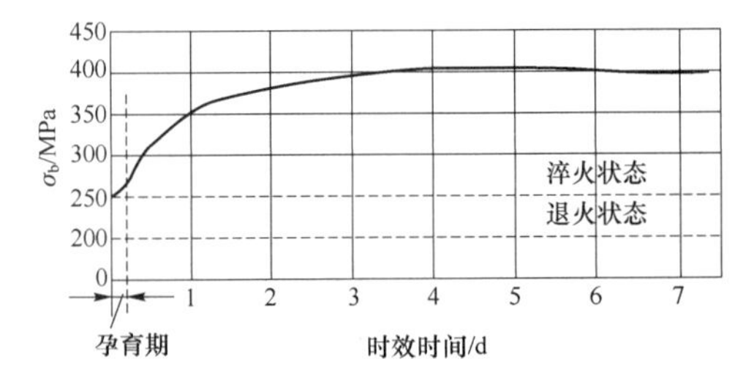

图 7-4 $w_{Cu}=4\%$ 的铝合金自然时效图

时效强化效果与加热温度和保温时间有关。温度一定时，随时效时间的延长，时效曲线上出现峰值，超过峰值时间，析出相聚集长大，强度下降，为过时效。随时效温度的提高，峰值强度下降，出现峰值的时间提前（见图 7－5）。

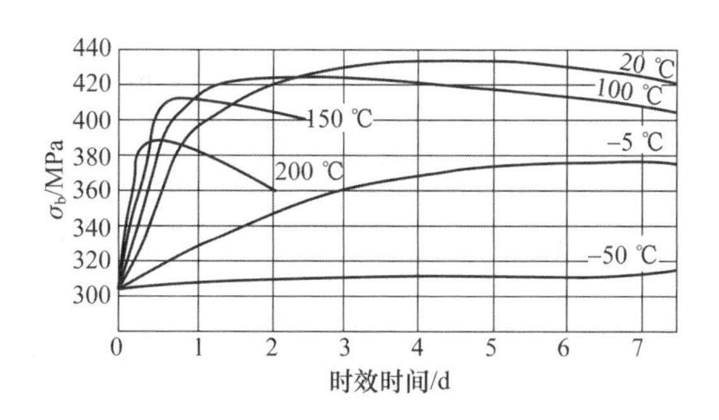

图 7－5　w_{Cu}＝4％的铝合金在不同温度下的时效曲线

任务 2　铜及铜合金

任务引导：

殷商时期，我国的青铜冶炼和铸造技术已达到很高水平。图 7－6 所示为河南安阳晚商遗址出土的司母戊鼎；图 7－7 所示为黄铜铸件；图 7－8 所示为白铜热偶。它们的成分、结构、性能及用途各有何不同呢？

图 7－6　司母戊鼎

图 7－7　黄铜铸件

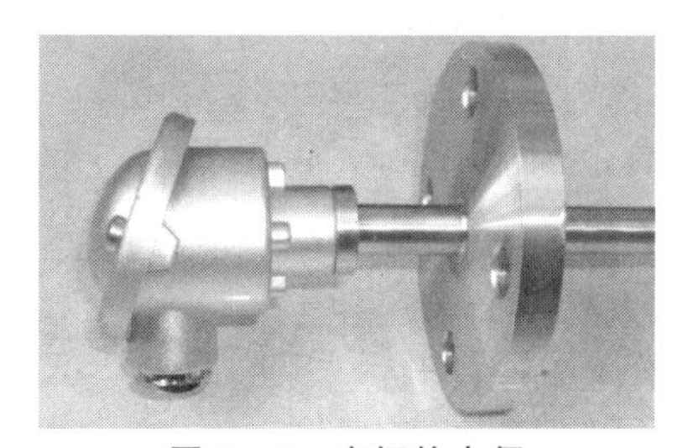

图 7－8　康铜热电偶

相关知识:

7.2.1 工业纯铜

铜是重有色金属,其全世界产量仅次于铁和铝。纯铜又称紫铜,密度为 8.96 g/cm^3,熔点 1 083 ℃,是面心立方晶格,无同素异构转变。纯铜具有优良的导电性、导热性(仅次于金和银)及良好的耐大气及海水腐蚀性能,以及耐磁性能,但强度不高,硬度很低,塑性良好,易冷加工硬化,不宜作结构零件,广泛用作导电材料,散热器、冷却器用材,液压器件中垫片、导管等。

工业纯铜分未加工产品(铜锭、电解铜)及压力加工产品(铜材)两类。工业纯铜的牌号有纯铜(包括一号铜 T1,其 w_{Cu} 为 99.95%;二号铜 T2,其 w_{Cu} 为 99.90%;三号铜 T3,其 w_{Cu} 为 99.70%;四号铜 T4,其 w_{Cu} 为 99.50%)、无氧铜(一号无氧铜 TU1,其 w_{Cu} 为 99.97%;二号无氧铜 TU2,其 w_{Cu} 为 99.95%)以及脱氧铜(磷脱氧铜 TUP,其 w_{Cu} 为 99.5%;锰脱氧铜 TUMn,其 w_{Cu} 为 99.6%)。

7.2.2 铜合金

铜中加入适量合金元素后,可获得较高强度,且具备一些其他性能的铜合金,从而适用于制造结构零件。铜合金常加元素为 Zn、Sn、Al、Mn、Ni、Fe、Be、Ti、Zr、Cr 等。铜合金主要分黄铜、青铜和白铜 3 大类。

1. 黄 铜

黄铜是铜和锌的合金,按化学成分可分为普通黄铜和特殊黄铜;按工艺可分为加工黄铜和铸造黄铜。

1) 普通黄铜

普通黄铜即铜锌二元合金。其强度比纯铜高,塑性较好,耐蚀性也好,价格比纯铜和其他铜合金低,加工性能也好。

黄铜的力学性能与含锌量有关,图 7-9 所示为黄铜的含锌量与力学性能的关系。当含锌量为 30%~32%时,塑性最好;当含锌量为 39%~40%时,强度较高,但塑性下降;当含锌量超过 45%时,强度急剧下降,因而工业用黄铜的含锌量都不超过 45%。

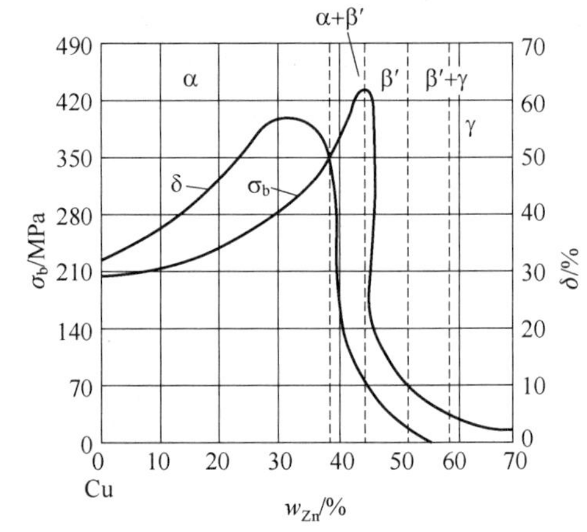

图 7-9 黄铜的含锌量与力学性能的关系

普通黄铜的牌号用"黄"字的汉语拼音首字母"H"加数字表示,数字代表平均含铜量的百分数。如 H62 即表示含铜 62%的铜锌合金。常用黄铜牌号、成分、性能及用途见表 7-4。

普通黄铜中最常用的牌号有 H70 和 H62。其中,H70 含锌 30%,为单相 α 黄铜(其显微组织见图 7-10(a)),强度高,塑性好,可用冲压方式制造弹壳、散热器、垫片等零件,故有"弹壳黄铜"之称;

H62 含锌量 38%，属于双相($\alpha+\beta'$)黄铜(其显微组织见图 7-10(b))，有较好的强度，塑性比 H70 差，切削性能好，易焊接，耐腐蚀，价格低，工业上应用较多，如制造散热器、油管、垫片、螺钉等。

表 7-4　常用黄铜的牌号、成分、性能及用途

类别	牌号	化学成分			铸造方法	力学性能(≥)			用途举例
		Cu	其他	Zn		σ_b/MPa	δ/%	硬度 HBS	
压力加工普通黄铜	H70	68.5～71.5	Fe≤0.1 Pb≤0.03	余量	软	290	40		弹壳、热交换器、造纸用管、机器和电器用零件
					硬	460	25	150	
	H68	67.0～70.0	Fe≤0.1 Pb≤0.03	余量	硬	530	10		复杂的冷冲件和深冲件，散热器外壳，导管及波纹管
					特硬	660	3	150	
	H62	60.5～63.5	Fe≤0.15 Pb≤0.08	余量	软	290	35	56	销钉、铆钉、螺母、垫圈、导管、夹线板、环形件、散热器等
					硬	630	10	164	
	H59	57.0～60.0	Fe≤0.3 Pb≤0.50	余量	软	290	10	103	机械、机器用零件，焊接件及热冲压件
					硬	410	5	130	
铸造黄铜		60～63	Fe≤0.8	余量	S	295	30	59	一般结构件和耐蚀零件，如端盖、阀座、支架、手柄和螺母等
					J	295	30	68.5	
压力加工特殊黄铜	HSn62-1	61.0～63.0	Sn 0.7～1.1	余量	软	295	35		汽车、拖拉机弹性套管，船舶零件
					硬	390	5	95HRB	
	HPb59-1	57～60	Pb 0.8～1.9	余量	软	340	25		销子、螺钉、垫片、衬套，冲压或加工件
					硬	440	5	140HRB	
	Hal60-1-1	58～61	Fe、Al 0.7～1.5	余量	R	440	15	155	腐蚀结构件，如齿轮、轴、套等
	HMn58-2	57～60	Mn 1.0～2.0	余量	软	380	30		船舶及轴承等耐磨、耐蚀的重要零件
					硬	585	3	175	
铸造黄铜	ZCuZn16Si4	79～81	Si 2.5～4.5	余量	S	345	15	88.5	接触海水的配件，水泵、叶轮和在空气、淡水、油、燃料及工作压力小于 4.5 MPa、温度低于 250 ℃蒸汽中工作的零件
					J	390	20	98.0	
	ZCuZn40Pb2	58～63	Pb 0.5～2.5 Al 0.2～0.8	余量	S	220	15	78.5	一般用途的耐磨、耐蚀零件，如轴套、齿轮等
					J	280	20	88.5	
	ZCuZn40 Mn3Fe1	53～58	Mn 3.0～4.0 Fe 0.5～1.5	余量	S	440	18	98.0	耐海水腐蚀的零件，低于 300 ℃工作的管配件，船舶螺旋桨等大型铸件
					J	490	15	108.0	
	ZCuZn40 Mn2	57～60	Mn 1.0～2.0 Fe≤0.8	余量	S	345	20	78.5	在空气、海水、淡水、蒸汽和各种液体燃料中工作的零件和阀体、阀杆、泵、管接头及需要浇注轴承合金和镀锡的零件
					J	390	25	88.5	

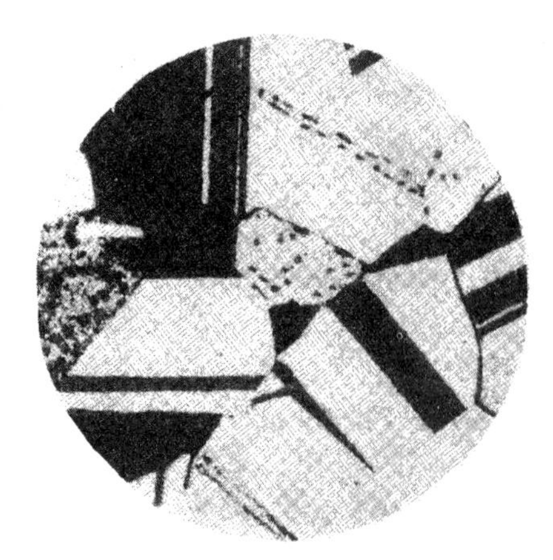

(a) α单相黄铜组织的显微组织

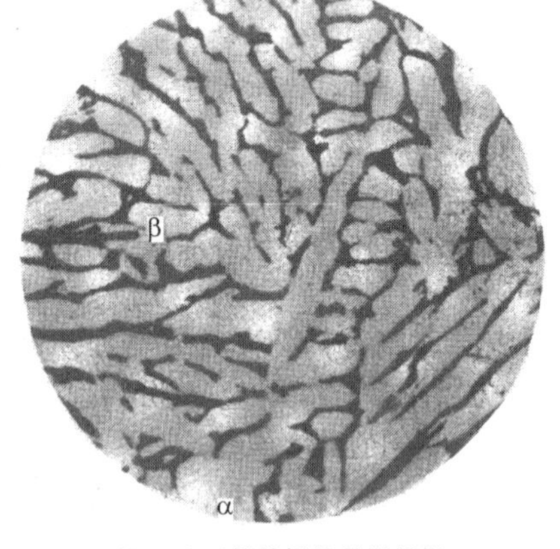

(b) α+β′双相黄铜的显微组织

图 7-10 普通黄铜的显微组织

2) 特殊黄铜

在铜锌合金中加入少量的铝、锰、硅、锡、铅等元素的铜合金称为特殊黄铜。特殊黄铜具有更好的力学性能、耐蚀性和耐磨性。

特殊黄铜可分为压力加工和铸造用两种。

压力加工黄铜加入的合金元素少,塑性较好,具有较高的变形能力。常用的有铅黄铜HPb59-1,铝黄铜 HAl59-3-2。HPb59-1 为加入 1%铅的黄铜,其含铜量为 59%,其余为锌,具有良好的切削加工性能,常用来制造各种结构零件,如销钉、螺钉、螺帽、衬套、垫圈等。HAl59-3-2 含铝 3%、镍 2%、铜 59%,其余为锌,耐蚀性较好,用于制造耐腐蚀零件。

铸造黄铜的牌号前有“铸”字的汉语拼音首字母“Z”,如 ZSi80-3-3 铸造硅黄铜,含铅和硅均为 3%,铜 80%,其余为锌。其综合力学性能、耐磨性、耐蚀性、铸造性、可焊性、切削加工性能等均较好,常用作轴承衬套。常用特殊黄铜的牌号、成分、性能和用途见表 7-4。

2. 青 铜

最早的青铜仅指铜锡合金,即锡青铜。现在把黄铜和白铜以外的铜合金统称为青铜,而在青铜前加上主要添加元素的名称,如锡青铜、铝青铜、硅青铜、铍青铜等,它们可分为锡青铜和无锡青铜两类。

1) 锡青铜

锡青铜具有良好的强度、硬度、耐磨性、耐蚀性和铸造性能。含锡量对锡青铜力学性能的影响如图 7-11 所示。当含锡量小于 5%～6%时,塑性良好;超过 5%～6%时,强度增加而塑性急剧下降;当含锡量大于 20%时,强度也急剧下降。故工业用锡青铜的含锡量都为3%～14%。

含锡量小于 8%的青铜具有较好的塑性和适宜的强度,适用于压力加工,加工成板材、带材等半成品,含锡量大于 10%的青铜塑性差,只适用于铸造。

锡青铜结晶温度间隔大，流动性差，不易形成集中缩孔，而易形成分散的显微缩松。锡青铜的铸造收缩率是有色金属与合金中最小的（小于1%），故适于铸造形状复杂、壁厚的铸件，但不适于制造要求致密度高的和密封性好的铸件。

压力加工锡青铜牌号用“青”字的汉语拼音首字母“Q”；加锡的元素符号和数字表示。如QSn4－3表示含锡4%、锌3%，其余93%为铜的锡青铜。

铸造锡青铜则在牌号前加“Z”字。例如，ZQSn 10－1表示含锡10%，磷1%，其余89%为铜的铸造青铜。图7－12所示为锡青铜的铸造组织。

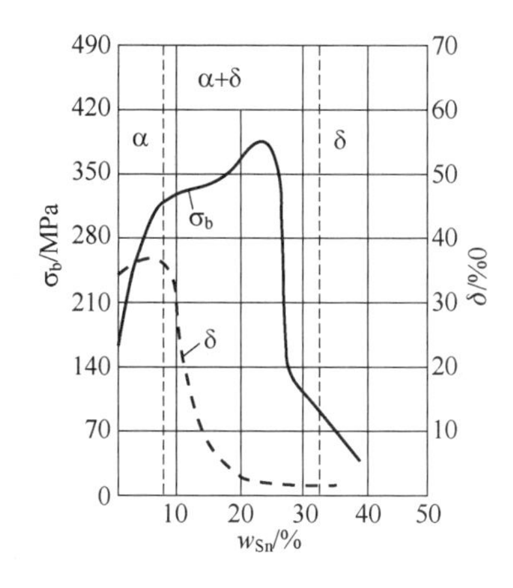

图7－11　含锡量对锡青铜力学性能的影响

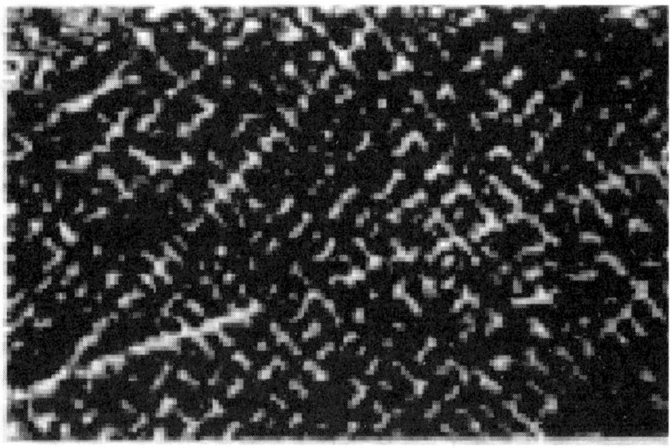

图7－12　锡青铜的铸造组织

常用锡青铜的牌号、成分、性能和用途列于表7－5。锡青铜抗蚀性比纯铜和黄铜都高，耐磨性也好，多用来制造耐磨零件，如轴承、轴套、齿轮、涡轮等；也用于制造与酸、碱、蒸汽接触的耐蚀件。

表7－5　常用青铜的牌号、成分、力学性能及用途

类别	牌号	化学成分 w/%			加工状态或铸造方法	力学性能(≥)			用途举例
		Sn	Cu	其他		σ_b/MPa	δ/%	硬度HBS	
压力加工锡青铜	QSn－3	3.5～4.5	余量	Zn 2.7～3.3	软	290	40	60	弹簧、弹性元件、管配件和化工机械中的耐磨、抗磁、耐蚀零件
					硬	550	3	160	
	QSn6.5－0.4	6.0～7.0	余量	P 0.26～0.40	软	295	40	80	耐磨及弹性零件
					硬	690	8	180	
	QSn4－4－2.5	3.0～5.0	余量	Zn 3.0～5.0 Pb 1.5～3.5	软	290	35	60	飞机、汽车、拖拉机用轴承和轴承的衬垫等
					硬	490	10	170	
铸造锡青铜	ZCuSn10Zn2	9.0～11.0	余量	Zn 1.0～3.0	砂型	240	12	69	中等及较高载荷下工作的重要管配件、阀、泵体、齿轮
					金属型	245	6	80	
	ZCnSn10Pb1	9.0～11.5	余量	Pb 0.5～1.0	砂型	220	3	80	重要的轴瓦、齿轮、连杆和轴套等
					金属型	310	2	90	

续表 7-5

类别	牌号	化学成分 w/%			加工状态或铸造方法	力学性能(≥)			用途举例
		Sn	Cu	其他		σ_b/MPa	δ/%	硬度HBS	
特殊青铜(无锡青铜)	QAl7	Al 6.0~8.5	余量		软	420	70	70	重要的弹簧和弹性元件
					硬	635	5	154	
	QBe2	Be 1.8~2.1	余量	Ni 0.2~0.5	软	400	30	100	重要仪表的弹簧,弹性元件,耐磨件,高压、高速、高温轴承,钟表齿轮
					硬	830	2	330	
	ZCuAl10Fe3Mn2	Al 9.0~11.0	余量	Fe 2.0~4.0	砂型	490	15	110	重要的耐磨、耐蚀的重型铸件,如轴套、涡轮
				Mn 1.0~2.0	金属型	540	20	120	
	ZCuPb30	Pb 27.0~33.0	余量	Sn≤1.0 Sb≤0.2	金属型	60	4	25	高速、高压双金属轴瓦,减磨零件等

2)无锡青铜

无锡青铜就是指不含锡的青铜。它是在铜中添加铝、硅、铅、锰、铍等元素组成的合金。无锡青铜具有较高的强度、耐磨性和良好的耐蚀性,并且价格较低廉,是锡青铜很好的代用品。

铝青铜一般含铝5%~10%。常用牌号如ZCUAl10Fe3。它不仅价格低廉,且性能优良,强度比黄铜和锡青铜都高,耐磨性、耐蚀性都很好,但铸造性能、切削性能较差,不能焊,在过热蒸汽中不稳定,常用来铸造受重载的耐磨、耐蚀零件,如齿轮、涡轮、轴套及船舶上零件等。

硅青铜含硅在2%~5%时,具有较高的弹性、强度、耐蚀性,铸件致密性较大,用于制造在海水中工作的弹簧等弹性元件。常用牌号为QSi3-1。

铅青铜是很好的轴承材料,具有较高的疲劳强度,良好的导热性和减磨性,能在高速重载下工作。常用牌号为ZCuPb30,由于自身强度不高,常用于浇铸双金属轴承的铜套内表面。铅青铜的缺点是由于铜和铅的密度不同,在铸造时易出现密度偏析。

铍青铜除具有高导电性、导热性、耐热性、耐磨性、耐蚀性和良好的焊接性外,突出优点是具有很高的弹性极限和疲劳强度,故可作为优质弹性元件材料,但价格很高,常用牌号为QBe2。

常用无锡青铜的牌号、成分、性能和用途见表7-5。

任务拓展:

白铜是以镍为主要合金元素的铜合金,若含有第三元素如Zn、Mn、Al等,则相应地被称为锌白铜、锰白铜、铝白铜等。

Cu与Ni形成无限固溶的连续固溶体,面心立方晶格。白铜的特点是抗蚀性强,弹性大,中等以上强度,加工成形性能和可焊性好,广泛用于制造耐蚀构件、各种弹簧与插接件等,同时还是一类重要的高电阻和热电偶合金材料。

任务3　钛及钛合金

任务引导：

钛是20世纪50年代发展起来的一种重要的结构金属，钛合金因具有强度高、耐蚀性好、耐热性高等特点而被广泛应用于多个领域。钛合金是以钛为基础加入其他元素组成的合金。20世纪50～60年代，主要是发展航空发动机用的高温钛合金和机体用的结构钛合金，70年代开发出一批耐蚀钛合金，80年代以来，耐蚀钛合金和高强钛合金得到进一步发展；另外，20世纪70年代以来，还出现了Ti-Ni、Ti-Ni-Fe、Ti-Ni-Nb等形状记忆合金，并在工程上获得日益广泛的应用。钛合金主要用于制作飞机发动机压气机部件，其次为火箭、导弹和高速飞机的结构件。例如，图7-13所示美F-22战机中，约占其总质量36%的零件采用钛合金制造。

图7-13　美F-22战机

相关知识：

7.3.1　工业纯钛

钛的密度小（4.5 g/cm^3），熔点高达1 677 ℃，热膨胀系数小，导热性差；纯钛塑性好，强度低，易于成形加工；钛在大气和海水中具有优良的耐蚀性，在硫酸、盐酸、硝酸、氢氧化钠等介质中有良好的稳定性；钛的抗氧化能力优于大多数奥氏体不锈钢。但因600 ℃以上钛和钛合金易吸收氮、氧等，使性能恶化，这就是给热加工级铸造带来困难。

钛在固态下有两种晶格结构，在882.5 ℃以下为密排六方晶格，称为α-Ti，在882.5 ℃以上为体心立方晶格，称为β-Ti。在882.5 ℃发生的同素异晶转变对钛合金的强化有重要意义。

7.3.2 钛合金

为提高钛的强度,可在钛中加入合金元素形成钛合金。由于各种元素对钛的不同影响,钛合金可按其组织分为α钛合金、β钛合金和(α+β)钛合金3类。

α钛合金代号TA,主要合金元素为铝、硼、锡等。组织为单相α固溶体,不能热处理强化,室温强度较β钛合金和(α+β)钛合金低,但高温(500~600 ℃)强度高,且组织稳定、焊接性能好。典型牌号TA7,成分为Ti-5Al-2.5Sn。

β钛合金代号TB,主要合金元素为钼、铬、钒等,组织为稳定的单相β固溶体,可热处理强化,室温下有较高的强度,焊接和压力加工性能良好,但性能不够稳定。典型牌号TB1,成分为Ti-3Al-13V-11Cr,使用温度350 ℃以下。

(α+β)钛合金代号TC,室温组织为双相组织,可热处理强化,力学性能变化范围大,可适应各种不同用途,但组织不稳定,可焊性较差。典型牌号TC4,成分为Ti-6Al-4V。

任务拓展:

目前世界上已研制出的钛合金有数百种,最著名的合金有20~30种,如Ti-6Al-4V、Ti-5Al-2.5Sn、Ti-2Al-2.5Zr、Ti-32Mo、Ti-Mo-Ni、Ti-Pd、SP-700、Ti-6242、Ti-10-5-3、Ti-1023、BT9、BT20、IMI829、IMI834等。

任务4 滑动轴承合金

任务引导:

轴承合金一般指滑动轴承合金,用来制造滑动轴承的轴瓦或内衬。轴承是用来支承着轴进行工作的,当轴转动时,轴瓦与轴发生强烈摩擦,并承受轴颈传给的周期性载荷。因此,轴承合金应具有以下性能:

① 足够的强度和硬度,以承受轴颈较大的单位压力;

② 足够的塑性和韧性,高的疲劳强度,以承受周期性载荷,抵抗冲击和振动;

③ 良好的磨合性能,与轴能较快地紧密配合;

④ 高耐磨性,与轴摩擦系数小,并能存润滑油,减少磨损;

⑤ 良好的耐蚀性、导热性、较小的热膨胀系数,防止摩擦时发生咬合。

轴瓦不能选高硬度金属,以免轴颈磨损;也不能选软金属,防止承载能力过低。故轴承合金要既硬又软。组织特点是软基体上分布硬质点,或硬基体上分布软质点。前者运转时基体承受磨损而凹陷,硬质点将凸出于基体,使轴与轴瓦接触而减小,而凹坑可存润滑油,从而降低轴与轴瓦间摩擦系数,减少轴与轴瓦磨损。另外,软基体承受冲击和振动,使轴与轴瓦能很好结合,并可嵌藏外来小硬物,以免擦伤轴颈(见图7-14),但不能承受高负荷,它是以锡基、铅基为主的轴承合金。

轴承合金组织当硬基体上分布软质点时,也可达到类似目的,特点是能承受高速高负荷。

轴承合金的编号方法为“Ch”（“承”字汉语拼音首字母）加两个基本元素符号，再加一组数字。在“Ch”前加“Z”表示铸造。如 ZChSnSb11－6 表示铸造锡基轴承合金，含锑 11%，含铜 6%，余量为锡。

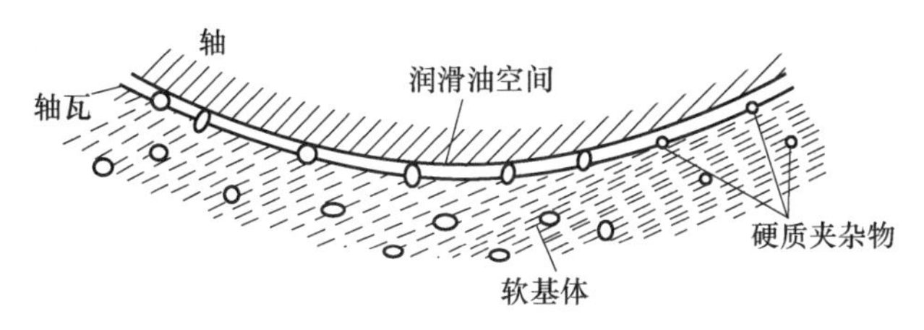

图 7－14　轴承合金结构示意图

相关知识：

7.4.1　锡基轴承合金

锡基轴承合金又称锡基巴氏合金。是以锡为基础，加少量锑和铜组成的合金。锑能溶入锡中形成 α 固溶体组成软基体，又能生成化合物 SnSb 形成硬质点，均匀分布在软基体上；铜与锡能生成化合物 Cu_6Sn_5，浇注时首先从液体中结晶出来。能阻碍 SnSb 在结晶时由于密度小而浮集，使硬质点获得均匀分布，见图 7－15。

图 7－15　ZSnSb11Cu6 合金的显微组织

锡基轴承合金具有适当的硬度（30HBS）和较低的摩擦系数（0.005），固溶体基体具有较好的塑性和韧性，所以它的减磨性和耐磨性均较好。另外还具有良好的导热性，但锡价格较贵，成本较高。

常用的锡基轴承合金的牌号、成分、性能及用途见表 7－6。

表7-6　锡基轴承合金的牌号、成分、力学性能及用途(摘自GB/T 1174—1992)

牌　号	化学成分 w%				力学性能≥			用途举例
	Sb	Cu	Pb	Sn	σ_b/MPa	δ/%	硬度HBS	
ZSnSb12Pb10Cu4	11.0～13.0	2.5～5.0	9.0～11.0	余量			29	一般机械中载、中速轴承,但不适于高温工作
ZSnSb12Cu6Cd1	10.0～13.0	4.5～6.8	0.15	余量			34	内燃机、汽车、动力减速箱、汽轮发电机轴承及轴衬
ZSnSb11Cu6	10.0～12.0	5.5～6.5	0.35	余量	90	6.0	27	>1 500 kW的高速蒸汽机,400 kW的涡轮压缩机、高速内燃机用的轴承
ZSnSb8Cu4	7.0～8.0	3.0～4.0	0.35	余量	80	10.6	24	大型机器轴承及轴衬,重载高速汽车发动机薄壁双金属轴承
ZSnSb4Cu4	4.0～5.0	4.0～5.0	0.35	余量	80	7.0	20	涡轮内燃机、航空汽车发动机重载高速轴承及轴衬

7.4.2　铅基轴承合金

铅基轴承合金又称铅基巴氏合金。这是以铅为基础,加入锑、锡、钢等合金元素组成的合金,其软基体是锡和锑在铅中的固溶体,硬质点是SnSb和呈针状的Cu_3Sn化合物。图7-16所示为铅基轴承合金。

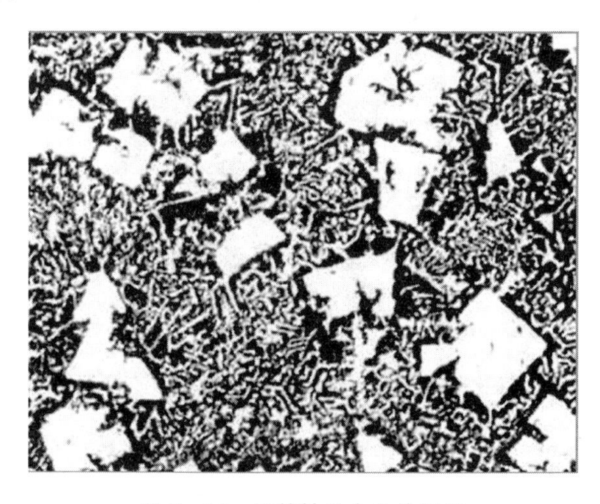

图7-16　铅基轴承合金的组织

铅基轴承合金硬度与锡基轴承合金差不多,但强度、韧性较低,耐蚀性也较差。由于价格低,故常用于制造中等载荷的轴承,如汽车、拖拉机的曲轴轴承等。

常用铅基轴承合金的牌号、成分、性能及用途见表7-7。

表7-7 铅基轴承合金牌号、成分、力学性能及用途(摘自GB/T 1174—1992)

牌号	化学成分				力学性能			用途举例
	Sb	Sn	Cu	Pb	σ_b /MPa	δ /%	硬度 HBS	
ZPbSb16Sn16Cu2	15.0～17.0	15.0～17.0	1.5～2.0	余量	78	0.2	30	工作温度<120 ℃,无显著冲击载荷,汽车、拖拉机、轮船、发动机等轻载高速轴瓦
ZPbSb15Sn5Cu3Cd2	14.0～16.0	5.0～6.0	2.5～3.0	余量	68	0.2	32	船舶、机械<250 kW的电动机、汽车和拖拉机发动机轴承
ZPbSb15Sn10	14.0～16.0	9.0～11.0	0.7	余量	60	1.8	24	中载和中速汽车、拖拉机曲轴和连杆轴承,高温轴承
ZPbSb15Sn	14.0～15.5	4.0～5.5	0.5～1.0	余量		0.2	20	低速、轻载的机械轴承
ZPbSb10Sn6	9.0～11.0	5.0～7.0	0.7	余量	8	5.5	18	低载高速汽车发动机、机床、制冷机轴承

为延长轴承的寿命,生产中常用浇注法将锡基或铅基轴承合金镶铸在钢质轴瓦上,形成薄而均匀的一层内衬,可提高轴承的承载能力,并节约轴承合金材料。

7.4.3 铝基轴承合金

铝基轴承合金原料丰富,价格低廉,具有密度小、导热性好而且疲劳强度、高温强度高的性能,而且改进了锡基、铅基轴承合金必须单个浇注的落后工艺,可进行连续轧制生产。所以,它是发展中的新型减磨材料,已广泛用于高速重载荷下工作的轴承。

铝锑镁轴承合金含锑4%、镁3%～7%,其余为铝。这种合金可与08钢板一起热轧成双金属轴承合金。具有高的疲劳强度、耐蚀性和较好的耐磨性,工作寿命是铜铅合金的两倍。目前已大量应用在低速柴油机和拖拉机轴承上。最大承载能力可达2 000 MPa ,最大允许滑动线速度可达10 m/s。

高锡铝基轴承合金含锡20%,含铜1%,其余为铝。锡能在轴承表面形成一层薄膜,能防止铝氧化。高锡铝基轴承合金具有高的疲劳强度,良好的耐热性、耐磨性和抗蚀性,承载能力可达2 800 MPa ,滑动线速度可达13 m/s。它可代替巴氏合金、铜基合金和铝锑镁合金。目前已在汽车、拖拉机、内燃机车的轴承上应用。

7.4.4 铜基轴承合金

常用ZCuSn10P1、ZCuA110Fe_3、ZCuPb30、ZCuSn5Pb5Zn5等青铜合金制作轴承。

ZCuPb30青铜中,铅不溶于铜,而形成较软质点均匀分布在铜的基体中。铅青铜的疲劳强度高,导热性好,并具有低的摩擦系数,因此,可作承受高载荷、高速度及在高温下工作的轴承,如航空发动机及大功率汽轮机曲轴轴承,柴油机及其他高速机器的轴承等。

7.4.5 锌基轴承合金

锌基轴承合金是以锌为基加入适量铝及少量铜和镁形成的合金。常用的锌基轴承合金的化学成分见表7-8。

表7-8 锌基轴承合金的化学成分

合　金	Al	Cu	Mg	Zn
ZA12	10.5～11.5	0.5～1.25	0.015～0.07	余量
ZA27	25.2～28.0	2.0～2.5	0.01～0.02	余量

当合金中含5%Al时,将有共晶反应,是过共晶合金。在合金的组织中有δ和β'相:δ相是以锌为基的固溶体,较软;β'相是以铝为基的固溶体,较硬。当合金结晶时,形成软硬相间的组织。

为了提高合金的强度,还加入适量的Cu和Mg。当铜增加到一定量时,能形成$CuZn_3$金属间化合物,具有高硬度,弥散分布于合金组织中,可提高合金的力学性能及耐磨性。镁能细化晶粒,除提高合金的强度外,还能减轻晶间腐蚀。

锌基轴承合金与青铜的力学性能和物理性能比较见表7-9。

表7-9 锌基轴承合金与青铜的力学性能和物理性能比较

合　金	ZA12	ZA27	ZCuSn5Pb5Zn5
抗拉强度/MPa	276～310	400～441	200
屈服点/MPa	207	365	90
硬度 HBS	105～125	110～120	60
冲击韧性/$(J\cdot cm^{-2})$	24～30	35～55	—
密度/$(g\cdot cm^{-2})$	6.03	5.01	8.8
热膨胀系数$\times 2\times 10^{-6}$	27.9	26	17.1
线收缩率/%	1.0	1.3	1.4～1.6
结晶温度范围/℃	377～493	376～493	825～990
伸长率/%	1～3	3～6	13

任务拓展:

锡基和铅基轴承合金强度比较低,为延长其承载能力和使用寿命,生产上常采用离心浇注法,将它们镶铸在低碳钢轴瓦上,形成一层薄而均匀的内衬,成为双金属轴承。

任务5 粉末冶金材料

任务引导:

粉末冶金材料是由几种金属粉末或金属与非金属粉末混匀压制成形,并经过烧结而获得的材料。其生产方法与金属熔炼及铸造根本不同,它可使压制品达到或接近零件要求的形状、尺寸精度与表面粗糙度，使生产率及材料利用率大为提高，并可节省切削加工用机床和生产占地面积，因而它既是制取具有特殊性能金属材料的方法，也是一种精密无切削或少切削的加工方法。对于一些合金组元在液态互不溶解或密度相差悬殊时，只能用粉末冶金法制取。

相关知识：

粉末冶金材料是把金属或非金属粉末混匀，然后压制成形，并在高温下烧结强化来制造零件或金属材料的方法。粉末冶金与陶瓷生产方法相似，故也称为金属陶瓷。粉末冶金可节省金属材料，减少加工时间和加工设备，又可生产出具有特殊性能的材料，因而已广泛应用于多领域，特别在汽车、拖拉机工业中应用更广。

粉末冶金工艺及应用

粉末冶金的基本工序是：粉末制备、压制成形、烧结及烧结后的加工处理等。

粉末制备是由粉末的制取、混匀等步骤完成的。在压制成形过程中，为了改善粉末的成形性和可塑性，先在粉料中添加汽油橡胶溶液或石蜡等增塑剂。烧结按照形态不同，可分为两类：一类为烧结时不形成液相的，如合金钢、青铜-石墨材料等；另一类为烧结时有液相生成的，如硬质合金、金属陶瓷等。烧结后的处理主要是指二次加压（整形和精压）、二次烧结和浸油等工序。

用粉末冶金工艺制造的产品有两大类：一类为烧结的硬质合金、含油轴承等粉末冶金制品；另一类为粉末冶金锻造齿轮、套环、凸轮等，先用粉末冶金工艺生产半成品，再经过锻造或切削加工制成成品。

用粉末冶金方法可以制造出一些具有特殊成分或特殊性能的制品，而且具有节省材料、节省加工工时、零件尺寸精确、表面光洁、成本低等特点，因此，应用日益广泛。但这种材料也有缺点，如金属粉末成本高，模具费用大，零件的大小和形状受到限制，还需要使用带有保护气氛的烧结炉。因此，粉末冶金的应用受到局限。

7.5.1　硬质合金

硬质合金是将一些高熔点、高硬度碳化物粉末和黏结剂混合，压制成形，再经烧结强化而成的一种粉末冶金材料。

硬质合金硬度高达 86～93HRA（相当于 69～81HRC），热硬性可达 900～1 000 ℃。它的硬度高，耐磨性好；用作金属切削刀具，切削速度可比高速钢高 4～7 倍，刀具寿命可提高 5～80 倍。硬质合金的缺点是脆性大和价格高，又不能切削加工。因而硬质合金通常是制成规格的刀片，镶焊在刀体上，而不是整体刀具都用硬质合金制造。

硬质合金种类很多，目前常用的有普通硬质合金和钢结硬质合金。

1. 普通硬质合金

其牌号、成分、性能及用途见表 7－10。

表 7-10 硬质合金牌号、成分、性能

合金牌号	原代号	化学成分			力学性能	
		WC(≥)	TiC(Ta、NbC等)(≤)	Co(Ni-Mo等)(≤)	硬 度 HRA(≥)	抗弯强度/MPa(≥)
YG3	G3	93	4	3～6	91.0	1 050
YG3X	G3X	93	4	3～6	91.0	1 080
YG6	G6	87	3	5～11	90	1 370
YG6C	G6C	87	3	5～11	90	1 370
YG6X	G6X	88	4	5～10	91	1 350
YG8	G8	85	3	6～12	89	1 650
YG15	G15	82	3	12～15	87	1 900
YT5	T5	70～84	5～20	7～11	90	1 450
YT15	T15	59～80	15～35	5～9	91	1 200
YT30	T30	61～81	30～35	4～6	92	700
YW1		75～87	4～14	5～7	92	1 230
YW2		77～85	6～10	5～8	91	1 400

1）钨钴类硬质合金

由碳化钨(WC)和金属钴(Co)粉末烧结而成。牌号中的“YG”分别表示“硬”和“钴”二字的汉语拼音字头,后面数字表示钴的含量。钴的含量越高,韧性越好,硬度和耐磨性略有下降。例如,YG3表示含钴3%的钨钴类硬质合金。有些钨钴类硬质合金牌号后面加“C”表示为粗晶粒合金,“X”表示细晶粒合金。这类硬质合金一般用来切削铸铁和青铜等脆性材料。

2）钨钛钴类硬质合金

由碳化钨(WC)、碳化钛(TiC)和金属钴粉末烧结而成。牌号是YT15、YT5等,后面数字表示碳化钛的含量。数字越大,其硬度越高,强度韧性越低。这类硬质合金常常用来切削各种钢材等韧性材料。

3）通用硬质合金

在钨钛钴类硬质合金中加入碳化钽(TaC)或碳化铌(NbC)制成。牌号有YW1、YW2两种,数字是序列号,不代表成分。这类硬质合金热硬性高,常用来切削耐热钢、高锰钢、高速钢及其他各种材料。这种硬质合金也称为万能硬质合金。

2. 钢结硬质合金

钢结硬质合金是以一种或几种碳化物(如TiC和WC)为硬化相,以碳钢或合金钢(如高速钢或铬钼钢)粉末为黏结剂,经配料、混合、压制而成的粉末冶金材料。这类硬质合金的强度和韧性高,并可以进行冷、热加工和热处理,是一种加工简便、价格低廉、性能介于高速钢和普通硬质合金之间的良好刀具材料。它可制造各种形状复杂的刃具(如麻花钻头、铣刀等)、模具和耐磨零件。

7.5.2　粉末冶金减磨材料(即含油轴承)

主要用于制造滑动轴承,是一种多孔轴承材料。这种材料压制成形后,再浸入润滑油中,由于材料的多孔性,在毛细现象作用下,可吸附大量润滑油(一般含油率达12%～30%),工作时,由于轴承发热,使金属粉末膨胀,孔隙容积缩小,再加上轴旋转时带动轴承间隙中的空气层,降低摩擦表面的静压强,在粉末孔隙内外形成压力差,迫使润滑油被抽到了工作表面。停止工作时,润滑油又自行渗入孔隙中。因此,含油轴承具有自润滑作用。

含油轴承一般用作中速、轻载荷轴承,特别适宜用作不能经常加油的轴承,如纺织机械、食品机械、家用电器(电风扇、电唱机)等轴承,在汽车、拖拉机、机床也有很多应用。

含油轴承常用的有铁基多孔轴承、铜基多孔轴承以及铝基多孔轴承等。

铁基多孔轴承常用的有铁-石墨烧结合金和铁-硫-石墨烧结合金。前者硬度为30～110HBW;后者硬度为35～70HBW,并含有硫化物。其组织中石墨与硫化物均起固体润滑剂作用,能改善减磨性能,石墨还能吸附润滑油进一步改善润滑条件。

铜基多孔轴承常用的有ZCuSn5Pb5Zn5青铜-石墨合金,其硬度为20～40HBW,含有0.3%～2%的石墨,具有较好的导热性、耐蚀性、抗咬合性,但承压能力低于铁基多孔轴承,主要用于纺织机械、精密机械、仪表等。

铝基多孔轴承由于铝的摩擦系数比青铜小,且价格低,在某些场合可用于代替铜基多孔轴承。

7.5.3　粉末冶金结构材料

铁基粉末冶金结构材料是用铁粉或合金钢粉为主要原料,用粉末冶金方法制造的结构用材料。这种材料孔隙均匀呈球状、晶粒细小,有利于改善耐磨性和抗疲劳性能,而且制造时由于不受溶解度限制及密度偏析影响,可制成无密度偏析或过饱和的合金及假合金。表7-11所列为铁基粉末冶金结构材料的分类和特性。

表7-11　铁基粉末冶金结构材料的分类和特性

分类原则	类　别	性能或说明
按化学成分分	烧结铁	用低碳铁粉。化合碳的质量分数不大于0.2%
	烧结钢	化合碳的质量分数为0.2%～1.0%,其余为铁
	烧结合金钢	除碳外还添加一种或多种合金元素,如Cu、Ni、Mo、S、P、Cr、V、Mn、Si、B及RE,其余为Fe
	烧结不锈钢	以Cr、Ni奥氏体不锈钢为主,还有马氏体、铁素体不锈钢。通常用雾化的合金粉为原料
按材料强度分	低强度烧结钢	抗拉强度<400 N/mm^2
	中强度烧结钢	抗拉强度400～600 N/mm^2
	中、高强度烧结钢	抗拉强度600～800 N/mm^2
	高强度烧结钢	抗拉强度>800 N/mm^2

续表 7-11

分类原则	类　别	性能或说明
按材料密度分	低密度烧结钢	密度<6.2 g/cm^3
	中密度烧结钢	密度 6.2~6.8 g/cm^3
	中、高密度烧结钢	密度 6.8~7.2 g/cm^3
	高密度烧结钢	密度>7.2 g/cm^3
	全致密烧结钢	密度为理论密度

用碳钢粉末制成的结构材料,主要用于一般粉末冶金零件。含碳量低的可制造受力小的零件或渗碳件、焊接件;含碳量较高的,淬火后可制造要求一定强度或耐磨的零件。

用低合金钢粉末制成的结构材料,由于含有多种合金元素,可强化基体,提高淬透性,加人Cu后还能提高耐蚀性,合金淬火后可用于制造需承受中、高强度和耐磨的结构件。

用不锈钢粉末制成的结构材料主要用于制造多孔过滤元件,耐酸、耐腐蚀、耐磨制品以及一些仪器、仪表零件等。

用轴承钢粉末制成的结构材料多用于制造球轴承,耐磨零件。

此外,高速钢粉末制成的粉末高速钢,由于成分组织均匀、碳化物颗粒小(<5 μm)、力学性能高、加工性能好、刀具寿命长,可用于拉刀、滚刀等大型、精密、复杂形面刀具,高温合金、钛合金、高强钢等难加工材料刀具,自动机床刀具,冷、热作模具以及摇臂镶块、叶片泵叶片等耐磨零件等。

铁基粉末冶金制品通过合理的热处理可有效地提高强度、硬度、耐磨性和耐蚀性。

常用的热处理方法有淬火、回火、时效以及化学热处理(渗碳及碳氮共渗、渗氮及氮碳共渗、渗硫、渗锌、渗铬、渗硼等)。

由于粉末冶金制品内部存在孔隙,因此,在热处理加热时应采用保护气氛加热,或在固体填料保护下加热,而不宜在盐浴炉中加热,与一般钢件相比其加热温度应略高 50 ℃,加热时间可适当延长,而淬火冷却应在油中进行,不宜在盐水或碱水中进行。

此外,为了提高制品的耐蚀性,一些表面处理工艺也得到应用,如蒸汽处理(氧化处理)、电镀(镀锌、装饰性镀铬等)。

7.5.4 粉末冶金摩擦材料

这类材料主要用于制造机械上的制动器(刹车片)与离合器。

对这类材料的要求是具有较高的摩擦系数、高的耐磨性、高的能量载荷、耐短时高温、导热性好、良好的磨合性及抗咬合性。为此常采用铁、铜作为基体,并加入能提高摩擦系数的组分(如 Al_2O_3、SiO_2 及石棉等)以及能抗咬合、提高减磨性的润滑组分(如 Pb、Sn、石墨、二硫化钼等)。

铜基烧结摩擦材料常用于汽车、拖拉机、锻压机床以及各种高速重载机械的离合器与制动器。

与烧结摩擦材料相配的偶件一般为淬火钢或铸铁。

任务拓展：

用粉末冶金方法还可以生产另一种新型工模具材料——钢结硬质合金。它与钢一样可进行锻造、热处理、焊接与切削加工。它在淬火低温回火后，硬度达70HRC，具有高耐磨性、抗氧化及耐腐蚀等优点。用作刃具时，其寿命与YG类合金差不多，大大超过合金钢，如用作高负荷冷作模时，由于具有一定韧性，故寿命比YG类延长许多倍。由于它可切削加工，故适宜制造各种形状复杂的刃具、模具与要求刚度大、耐磨性好的机械零件，如镗杆、导轨等。

项目评定：

现代，有色金属及其合金已成为机械制造业、建筑业、电子工业、航空航天、核能利用等领域不可缺少的结构材料和功能材料。例如，飞机、导弹、火箭、卫星、核潜艇等尖端武器以及原子能、电视、通信、雷达、电子计算机等尖端技术所需的构件或部件大都是由有色金属中的轻金属和稀有金属制成的；此外，没有镍、钴、钨、钼、钒、铌等有色金属也就没有合金钢的生产。有色金属在某些领域（如电力工业等）的使用量也是相当可观的，所以现在许多国家尤其是发达国家竞相发展有色金属工业。

本项目重点介绍了常用的几种有色金属及合金的牌号、成分、结构、性能及用途。项目的重点是各种有色金属合金的牌号表示、性能及用途，难点是有色金属内部组织结构与性能的关系。

习题与思考题

1. 根据成分和性能特点，铝合金是如何分类的？
2. 什么是铝合金热处理强化方法？简述其强化机理。
3. 铸造Al－Si合金为何要进行变质处理？比较它与灰铸铁的孕育处理的异同之处。
4. 下列零件采用何种铝合金制造：

① 铝合金门窗。

② 铆钉。

③ 飞机大梁。

④ 发动机活塞。

⑤ 小电动机壳体。

⑥ 铝制饭盒。

5. 为什么通过合金化就可以提高铝的强度？为什么选用锌、镁、铜、硅等作为铝合金的主加元素？
6. 根据化学成分，铜合金分为哪几类？根据加工方法，铜合金是如何分类？
7. 为什么H62黄铜的强度高而塑性较低，而H68黄铜的塑性却比H62好？
8. 钛及其合金有哪些性能特点？
9. 轴承合金有哪些性能特点？常用轴承材料有哪些？
10. 与工具钢相比，硬质合金有什么性能特点？

11. 为什么在砂轮上磨削经热处理的由W18Cr4V或9CrSi、T12A等制成的工具时，要经常用水冷却，而磨硬质合金制成的刃具时，却不能用水冷却？

12. 判断下列说法是否正确？

① 纯铝和纯铜是不能用热处理来强化的金属。

② 变形铝合金中一般合金元素含量较低，并且具有良好的塑性，适宜于塑性加工。

③ 变质处理可有效提高铸造铝合金的力学性能。

④ 固溶处理后的铝合金在随后的时效过程中，强度下降，塑性改善。

⑤ 黄铜呈黄色，白铜呈白色，青铜呈青色。

⑥ 滑动轴承因为与轴颈处有摩擦，所以滑动轴承合金应该具备大于50HRC的高硬度。

⑦ 纯钛和钛合金的性能特点是质轻、强韧性好，并且耐腐蚀。

13. 用粉末冶金减磨材料制成的滑动轴承为什么能长期工作而不必加润滑油？常用于哪些场合？

14. 简述固溶强化、弥散强化、时效强化产生的原因及它们之间的区别，并举例说明。

15. 制作刃具的材料有哪些类别？列表比较它们的化学成分、热处理方法、性能特点(硬度、热硬性、耐磨性、韧性等)、主要用途及常用代号。

项目八　工程材料的选择

项目要求：

在机械制造中，为生产出质量高、成本低的机械或零件，必须从结构设计、材料选择、毛坯制造及切削加工等方面进行全面考虑，才能达到预期的效果。合理选材是其中的一个重要因素。做到合理选用材料，就必须全面分析零件的工作条件、受力性质和大小，以及失效形式，然后综合各种因素，提出能满足零件工作条件的性能要求，再选择合适的材料并进行相应的热处理以满足性能要求。因此，零件材料的选用是一个复杂而重要的工作，须全面综合考虑。

项目解析：

通过本项目的学习，认识零件失效的形式、危害。可以根据各种选材原则和零件的使用环境，找到主要性能，经济、合理地选择适用的零件和热处理方式。通过齿轮类和轴类零件的材料选择过程加深相应知识的理解。

任务1　机械零件的失效和零件材料的选择

任务引导：

图8-1所示为一滑动轴承，其中心有一轴瓦，如何选材？考虑摩擦大小还是强度大小，还是多孔性？在实际的机械设计中，选材原则很多，我们如何取舍呢？

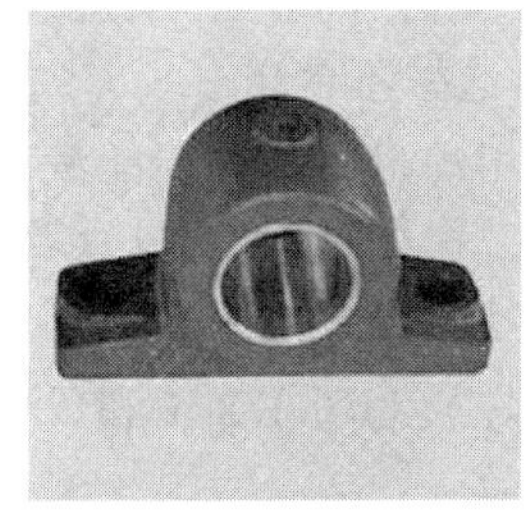

图8-1　滑动轴承

8.1.1　零件的失效

1. 零件的失效

零件的失效是指零件在使用过程中，由于尺寸、形状或材料的组织性能发生变化而失去正常工作所具有的效能。例如，齿轮在工作中磨损而不能正常啮合及传递动力；主轴在工作过程中变形而失去精度；弹簧因疲劳或受力过大而失去弹性等，均属失效。

失效有以下3种情况：

① 零件完全破坏，不能继续工作。

② 虽能工作，但不能保证安全。

③ 虽保证安全，但不能保精度或起不到预定的作用。

零件的失效，尤其是无明显预兆的失效，往往会带来巨大的危害，甚至造成严重事故。因此，对零件失效进行分析，查出失效原因，提出防止措施是十分重要的。

一般零件或工模具的失效形式主要有以下3种基本形式：

1）断裂失效

断裂失效是指零件完全断裂而无法工作的失效。例如，钢丝绳在吊运中的断裂。断裂方式有塑性断裂、疲劳断裂、蠕变断裂、低应力脆性断裂等。

2）过量变形失效

过量变形失效是指零件变形量超过允许范围造成的失效。过量变形失效主要有过量弹性变形和过量塑性变形失效。例如，高温下工作的螺栓发生松弛，就是过量弹性变形转化为塑性变形而造成的失效。

3）表面损伤失效

表面损伤失效是指零件在工作中，因机械和化学作用，使其表面损伤而造成的失效。表面损伤失效主要有表面磨损失效、表面腐蚀失效、表面疲劳失效。例如，长期工作轮齿表面被磨损，而使精度降低的现象，即属表面损伤失效。

同一零件可能有几种失效形式，但往往不可能几种形式同时起作用，其中必然有一种起决定性作用。例如，齿轮失效形式可能是轮齿折断、齿面磨损、齿面点蚀、硬化层剥落或齿面过量塑性变形等。在上述失效形式中，究竟以哪一种为主，应具体分析。

2. 失效的原因

零件失效的原因很多，主要应从方案设计、材料选择、加工工艺、安装使用等方面来考虑。

1）设计不合理

零件结构形状、尺寸等设计不合理，对零件工作条件(如受力性质和大小、温度及环境等)估计不足或判断有误，安全系数过小等，均可使零件的性能满足不了工作性能要求而失效。

2）选材不合理

选用的材料性能不能满足零件工作条件要求，所选材料质量差，如含有过量的夹杂物、杂质元素及成分不合格等，这些都容易使零件造成失效。

3）加工工艺不当

零件或毛坯在加工和成形过程中，由于工艺方法、工艺参数不正确等，常会出现某些缺陷，导致失效。

4）安装使用不正确

机器在装配和安装过程中，不符合技术要求；使用中不按工艺规程操作和维修，保养不善或过载使用等，均会造成失效。

分析零件失效原因是一项复杂、细致的工作，其合理的工作程序是：仔细收集失效零件的残体；详细整理失效零件的设计资料、加工工艺文件及使用、维修记录；对失效零件进行断口分析或必要的金相剖面分析，找出失效起源部位和确定失效形式，测定失效件的必要性能判据、材料成分和组织，检查内部是否有缺陷，有时还要进行模拟试验；最后，对上述分析资料进行综合，确定失效原因，提出改进措施，写出分析报告。

8.1.2 零件材料的选择

1. 选材的原则

选材的原则首先是要满足使用性能要求，然后再考虑工艺性和经济性原则。

1)使用性原则

使用性原则是指所选用的材料制成零件后,能够保证其使用性能要求。不同零件所要求的使用性能是不同的。因此,选材时的首要任务是准确判断出零件所要求的主要使用性能。

(1) 分析零件工作条件,提出使用性能要求

在分析零件工作条件和失效的基础上,提出对所用材料的性能要求。工作条件是指零件功用;受力性质和大小(如拉、压、弯、扭或其组合,静载、动载和交变载荷等);运动形式和速度;温度、介质等环境状况;电、热、磁作用等特殊状况。若材料性能不能满足零件工作条件时,零件就不能正常工作或发生早期失效。一般来讲,零件的使用性能主要是指材料的力学性能,其性能参数与零件尺寸参数、形状相配合,即构成零件的承载能力。零件工作条件不同、失效形式不同,其力学性能判据要求也不同。

对高分子材料,还应考虑在使用时,温度、光、氧、水、油等周围环境对其性能的影响。

(2) 常用力学性能判据在选材中的意义

① 强度判据 σ_s(σr0.2)和疲劳强度 $\sigma-1$ 比较直观,可直接用于定量设计计算。σ_s 可直接用于承受拉、压或剪切零件的计算。对于承受弯、扭的零件,其心部的 σ_s 不应要求过高,但要求有一定的有效淬硬层深度。对表面强化件,其心部 σ_s 值应视失效形式而定。易发生脆断的零件,应适当降低 σ_s 值,以利于提高塑性;易在过渡层或热影响区产生裂纹的零件,应适当提高 σ_s 值。

σ_b 可用于脆性材料或对承载简单的一般零件的计算,也可用来估算材料的 $\sigma-1$,例如,对 $\sigma_b \leqslant 1\ 400$ MPa 的淬火钢,其 $\sigma-1 \approx 0.5\sigma_b$。

σ_s/σ_b 屈强比越高,材料强度的利用率越高,但变形强化量小,过载断裂危险性大。对碳素结构钢有 $\sigma_s/\sigma_b=0.5\sim0.6$,对合金结构钢有 $\sigma_s/\sigma_b=0.65\sim0.85$。

② 塑性和韧性判据一般不直接用于设计计算。较高的 δ 和 ψ 值能消减零件应力集中处的应力峰值,从而提高零件的承载能力和抗脆断能力,但由于是在单向拉伸状态下测得的判据,故其应用尚有局限性。A_K 值的实质是表征在冲击力和复杂应力状态下材料的塑性,它对材料的组织和缺陷,以及使用温度非常敏感,比 δ 和 ψ 值更接近零件实际工作状态,所以是判断材料脆断抗力的重要判据。

③ 硬度与强度之间存在一定关系,而强度又与其他力学性能存在一定关系,因而可通过硬度来定性判断零件的 σ_b、δ、A_k、$\delta-1$。而且,测定硬度的方法简便,又不损坏零件,但要直接测定零件的其他力学性能数值就很困难,所以在零件图样上一般只标出所要求的硬度值,来综合体现零件所要求的全部力学性能。例如,钢的 σ 与 HRS 的比值约为 0.35;耐磨性与硬度成正比;在一定范围内,提高硬度可提高接触疲劳强度;构成摩擦副的两零件间保持一定的硬度差,可提高耐磨性。

确定硬度值时,可根据零件工作条件、结构特点、失效形式,先确定材料应有的强度(考虑 δ 和 A_K),再将其折算成硬度值。对承载均匀、结构元应力集中处,可取较高硬度值;有应力集中的零件,塑性要高,硬度值应适当;对精密件,为提高耐磨性,保持高精度,硬度值要大些。

(3) 选用材料性能判据数值时应注意的问题

各种材料的力学性能判据数值,一般可从手册中查到,但具体选用时应注意以下几点:

① 同种材料,若采用不同工艺,则其性能判据数值不同。例如,同种材料采用锻压成形比用铸造成形强度高;采用调质比用正火的力学性能沿截面分布更均匀。

② 由手册查到的性能判据数值都是小尺寸的光滑试样或标准试样,在规定载荷下测定的。实践证明,这些数据不能直接代表材料制成零件后的性能。因为实际使用的零件尺寸往往较大,尺寸增大后零件上存在缺陷的可能性增加(如孔洞、夹杂物、表面损伤等)。此外,零件在使用中所承受的载荷一般是复杂的,零件形状、加工面粗糙度值也与标准试样有较大差异,故实际使用的数据一般随零件尺寸增大而减小。

③ 因各种原因,实际零件材料的化学成分与试样的化学成分会有一定偏差,热处理工艺参数也会有差异。这些均可能导致零件性能判据的波动。

④ 因测试条件不同,测定的性能判据数值会产生一定的变化。

综合上述具体情况,应对手册数据进行修正。在可能的条件下,尤其是对大量生产的重要零件,可用零件实物进行强度和寿命的模拟试验,为选材提供可靠数据。

2) 工艺性原则

工艺性原则是指所选用的材料能否保证顺利地加工制造成零件。例如,某些材料仅从零件的使用要求来考虑是合适的,但无法加工制造,或加工困难,制造成本高,这些均属于工艺性不好。因此,工艺性好坏,对零件加工难易程度、生产率、生产成本等影响很大。

材料的工艺性能按加工方法不同,有以下几种:

(1) 铸造性能

常用流动性、收缩性等来综合评定。不同材料铸造性能不同,铸造铝合金、铸造铜合金的铸造性能优于铸铁和铸钢,铸铁优于铸钢。铸铁中,灰铸铁的铸造性能最好。同种材料中成分靠近共晶点的合金铸造性能最好。

(2) 锻压性能

常用塑性和变形抗力来综合评定。塑性好,则易成形,加工面质量好,不易产生裂纹;变形抗力小,变形功小,金属易于充满模膛,不易产生缺陷。一般来讲,碳钢比合金钢锻压性能好,低碳钢的锻压性能优于高碳钢。

(3) 焊接性能

常用碳当量 w_{CE} 来评定。$w_{CE}<0.4\%$的材料,不易产生裂纹、气孔等缺陷,且焊接工艺简便,焊缝质量好。低碳钢和低合金高强度结构钢焊接性能良好,碳与合金元素含量越高,焊接性能越差。

(4) 切削加工性能

常用允许的最高切削速度、切削力大小、加工面 Ra 值大小、断屑难易程度和刀具磨损来综合评定。一般来讲,材料硬度值在 170~230HBS 范围内,切削加工性好。

(5) 热处理工艺性能

常用淬透性、淬硬性、变形开裂倾向、耐回火性和氧化脱碳倾向评定。一般来讲。碳钢的淬透性差,强度较低,加热时易过热,淬火时易变形开裂,而合金钢的淬透性优于碳钢。

高分子材料成形工艺简便,切削加工性能较好,但导热性差,不耐高温,易老化。

3) 经济性原则

经济性原则是指所选用的材料加工成零件后能否做到价格低,成本低廉。在满足前面两条原则的前提下,应尽量降低零件的总成本,以提高经济效益。零件总成本包括材料本身价格、加工费、管理费等,有时还包括运输费和安装费。

（1）材料本身价格应低

通常情况下材料的直接成本为产品价格的30%～70%。碳钢、铸铁价格较低，加工方便，在满足使用性能的前提下，应尽量选用。低合金高强度结构钢价格低于合金钢。有色金属、铬镍不锈钢、高速工具钢价格高，应尽量少用。

（2）材料加工费用应低

非金属材料（如塑料）加工性能好于金属材料，有色金属的加工性能好于钢，钢的加工性能好于合金钢。材料的加工费用应从以下几个方面考虑：成形方法在满足零件性能要求的前提下，能铸代锻，能焊代锻。例如，汽车发动机曲轴，一直选用强韧性良好的钢制锻件，弯曲了的曲轴照样不能使用，改成铸造曲轴（球墨铸铁）使成本降低很多。从零件生产的每一道工序都应尽量减少。

（3）加工工艺路线选用最佳工艺路线

有效利用现有生产条件，即应充分利用现有生产设备或进行技术改造。能自己生产的不要外协。

提高材料利用率和再生利用率，即在加工中尽量采用少切屑（如精铸、冷拉、模锻等）和无切屑新工艺，有效利用材料。应尽量使用简单设备、减少加工工序数量、采用少切削无切削加工等措施，以降低加工费用。

对于某些重要、精密、加工过程复杂的零件，选材时不能单纯考虑材料本身价格，而应注意制件质量和使用寿命。此时，采用价格较高的合金钢或硬质合金代替碳钢，从长远来看，因其使用寿命长、维修保养费用低，总成本反而降低。

此外，所选材料应立足于国内和货源较近的地区，并应尽量减少所用材料的品种规格，以便简化采购、运输、保管与生产管理等工作；所选材料应满足环境保护方面的要求，尽量减少污染，还要考虑到产品报废后，所用材料能否重新回收利用等问题。

2. 选材的方法

大多数零件是在多种应力作用下工作的，而每个零件的受力情况，又因其工作条件的不同而不同。因此，应根据零件的工作条件，找出其最主要的性能要求，以此作为选材的主要依据。

1）以综合力学性能为主时的选材

承受冲击力和循环载荷的零件，如连杆、锤杆、锻模等，其主要失效形式是过量变形与疲劳断裂。对这类零件的性能要求主要是综合力学性能要好（σ_b、$\sigma-1$、δ、A_k较高），根据零件的受力和尺寸大小，常选用中碳钢或中碳的合金钢，并进行调质或正火。

2）以疲劳强度为主时的选材

疲劳破坏是零件在交变应力作用下最常见的破坏形式，发动机曲轴、齿轮、弹簧及滚动轴承等零件的失效，大多数是由疲劳破坏引起的。这类零件的选材，应主要考虑疲劳强度。

应力集中是导致疲劳破坏的重要原因。实践证明，材料强度越高，疲劳强度也越高；在强度相同时，调质后的组织比退火、正火后的组织具有更好的塑性和韧性，且对应力集中敏感性小，具有较高的疲劳强度。因此，对受力较大的零件应选用淬透性较高的材料，以便进行调质处理；对材料表面进行强化处理，且强化层深度应足够大，也可有效地提高疲劳强度。

3）以磨损为主时的选材

根据零件工作条件不同，可分两种情况：

① 磨损较大,受力较小的零件和各种量具,如钻套、各种刀具、顶尖等,要求材料具有高的耐磨性,选用高碳钢或高碳合金钢,进行淬火和低温回火处理,获得高硬度的回火马氏体和碳化物组织,即能满足耐磨的要求。

② 同时受磨损和交变应力作用的零件,为使其耐磨并具有较高的疲劳强度,应选用能进行表面淬火或渗碳或渗氮等的钢材,经热处理后使零件“外硬内韧”,既耐磨又能承受冲击。例如,机床中重要的齿轮和主轴,应选用中碳钢或中碳的合金钢,经正火或调质后再进行表面淬火,获得较好的综合力学性能;对于承受大冲击力和要求耐磨性好的汽车、拖拉机变速齿轮,应选用低碳钢经渗碳后淬火、低温回火,使表面获得高硬度的高碳马氏体和碳化物组织,耐磨性好。心部是低碳马氏体,强度高,塑性和韧性好,能承受冲击。

对于要求硬度更高、耐磨性更好以及热处理变形小的精密零件,如高精度磨床主轴及镗床主轴等,常选用氮化用钢进行渗氮处理。

3. 选材的步骤

① 分析零件的工作条件及失效形式,确定零件的性能要求(使用性能和工艺性能)。一般主要考虑力学性能,特殊情况还应考虑物理、化学性能。

② 对同类零件的用材情况进行调查研究,可从其使用性能、原材料供应和加工等方面分析选材是否合理,以此作为选材的参考。

③ 从确定的零件性能要求中,找出最关键的性能要求。然后通过力学计算或试验等方法,确定零件应具有的力学性能判据或理化性能指标。

④ 合理选择材料。所选材料除应满足零件的使用性能和工艺性能要求外,还要能适应高效加工和组织现代化生产。

⑤ 确定热处理方法或其他强化方法。

⑥ 审核所选材料的经济性(包括材料费、加工费、使用寿命等)。

⑦ 关键零件投产前应对所选材料进行试验,以验证所选材料与热处理方法能否达到各项性能判据要求,冷热加工有无困难,当实验结果基本满意后,可小批投产。

对于不重要的零件或某些单件、小批生产的非标准设备,以及维修中所用的材料,若对材料选用和热处理都有成熟资料和经验,则可不进行试验和试制。

任务拓展:

机械零件在选材时,除了要考虑力学性能以外,根据零件的特点,要注意材料的工艺性能在某些情况下甚至可成为选择材料的主导因素。例如,汽车发动机箱体,对它的力学性能要求并不高,多数金属材料都能满足要求,但箱体内腔结构复杂,毛坯只能采用铸件。为了方便、经济地铸成箱体,必须采用铸造性良好的材料,如铸铁或铸造铝合金。

任务2 齿轮类零件的选材

任务引导:

齿轮是非常重要的机械零件,广泛用于机床、汽车、拖拉机等机械传动机构中。使用场合不同，齿轮的选材和加工工艺就不同。

相关知识：

8.2.1 齿轮的工作条件及失效形式

齿轮主要用于传递转矩、换挡或改变运动方向，有的齿轮仅用来传递运动或起分度定位作用。齿轮种类多、用途广、工作条件复杂，但大多数重要齿轮仍有共同的特点。

1. 工作条件

通过齿面接触传递动力，在齿面啮合处既有滚动，又有滑动。接触处要承受较大的接触压应力与强烈的摩擦和磨损；齿根承受较大的交变弯曲应力；由于换挡、启动或啮合不良，齿轮会受到冲击力；因加工、安装不当或齿、轴变形等引起的齿面接触不良，以及外来灰尘、金属屑末等硬质微粒的侵入，都会产生附加载荷和使工作条件恶化。因此，齿轮的工作条件和受力情况是较复杂的。

2. 失效形式

齿轮的失效形式是多种多样的，主要有：轮齿折断（疲劳断裂、冲击过载断裂）、齿面损伤（齿面磨损、齿面疲劳剥落）和过量塑性变形等。

8.2.2 常用齿轮材料

1. 齿轮材料应具备的性能

根据齿轮工作条件和失效形式，要求齿轮材料具备以下性能：

良好的切削加工性能，以保证所要求的精度和表面粗糙度值；热处理后具有高的接触疲劳强度、弯曲疲劳强度、表面硬度和耐磨性，适当的心部强度和足够的韧性，以及最小的淬火变形；材质纯净，断面经侵蚀后不得有肉眼可见的孔隙、气泡、裂纹、非金属夹杂物和白点等缺陷，其缩松和夹杂物等级应符合有关材料规定的要求；价格适宜，材料来源广。

2. 常用材料及热处理

常用齿轮材料主要有以下几种：

1）锻　钢

锻钢应用最广泛，通常重要用途的齿轮大多采用锻钢制作。对于低、中速和受力不大的中、小型传动齿轮，常采用 Q275 钢、40 钢、40Cr 钢、45 钢、40MnB 钢等。这些钢制成的齿轮，经调质或正火后再进行精加工，然后表面淬火、低温回火。因其表面硬度不很高，心部韧性又不高，故不能承受大的冲击力；对于高速、耐强烈冲击的重载齿轮，常采用 20 钢、20Cr 钢、20CrTi 钢、18Cr2Ni4WA 钢等。这些钢制成的齿轮，经渗碳并淬火、低温回火后，使齿面具有很高的硬度和耐磨性，心部有足够的韧性和强度，保证齿面接触疲劳强度高，齿根抗弯强度和心部抗冲击能力均比表面淬火的齿轮高。

2）铸　钢

对于一些直径较大(>φ600 mm),形状复杂的齿轮毛坯,当用锻造方法难以成形时,可采用铸钢制作。常用的铸钢有ZG270－500、ZG310－570等。铸钢齿轮在机械加工前应进行正火,以消除铸造应力和硬度不均,改善切削加工性能;机械加工后,一般进行表面淬火。对于性能要求不高、转速较低的铸钢齿轮通常不需淬火。

3）铸　铁

对于一些轻载、低速、不受冲击、精度和结构紧凑要求不高的不重要齿轮,常采用灰铸铁HT200、HT250、HT300等。铸铁齿轮一般在铸造后进行去应力退火、正火或机械加工后表面淬火。灰铸铁齿轮多用于开式传动。近年来在闭式传动中,采用球墨铸铁QT600－3、QT500－7代替铸钢制造齿轮的趋势越来越大。

4）有色金属

在仪器、仪表中,以及在某些接触腐蚀介质中工作的轻载齿轮,常采用耐蚀、耐磨的有色金属,如黄铜、铝青铜、锡青铜和硅青铜等制造。

5）非金属材料

受力不大,以及在无润滑条件下工作的小型齿轮(如仪器、仪表齿轮),可用尼龙、ABS、聚甲醛等非金属材料制造。

此外,选材时还应注意:对某些高速、重载或齿面相对滑动速度较大的齿轮,为防止齿面咬合,并且使相啮合的两齿轮磨损均匀,使用寿命相近,大、小齿轮应选用不同的材料。小齿轮材料应比大齿轮好些,硬度比大齿轮高些。

8.2.3　齿轮选材示例

1. 机床齿轮

机床中的齿轮主要用来传递动力和改变速度。一般受力不大、运动平稳,工作条件较好,对轮齿的耐磨性及抗冲击性要求不高。常选用中碳钢制造,为提高淬透性,也可选用中碳的合金钢,经高频淬火,虽然耐磨性和抗冲击性比渗碳钢齿轮差,但能满足要求,且高频感应淬火变形小,生产率高。

1）金属齿轮

图8－1所示为卧式车床主轴箱中三联滑动齿轮,该齿轮主要是用来传递动力并改变转速。通过拨动主轴箱外手柄使齿轮在轴上滑移,利用与不同齿数的齿轮啮合,可得到不同转速。该齿轮受力不大,在变速滑移过程中,同与其相啮合的齿轮有碰撞,但冲击力不大,转动过程平稳,故可选用中碳钢制造。但考虑到齿轮较厚,为提高淬透性,选用合金调质钢40Cr更好,其加工工艺过程如下:

下料→锻造→正火→粗加工→调质→精加工轮齿高频感应淬火及回火→精磨。

正火是锻造齿轮毛坯必要的热处理,它可消除锻造应力,均匀组织,使同批坯料硬度相同,利于切削加工,改善轮齿表面加工质量。一般齿轮正火可作为高频感应淬火前的预备热处理。

调质可使齿轮具有较高的综合力学性能,改善齿轮心部强度和韧性,使齿轮能承受较大的弯曲应力和冲击力，并可减小淬火变形。

高频感应淬火及低温回火是决定齿轮表面性能的关键工序。高频感应淬火可提高轮齿表面的硬度和耐磨性，并使轮齿表面具有残留压应力，从而提高抗疲劳的能力。低温回火是为了消除淬火应力，防止产生磨削裂纹和提高抗冲击能力。

2）塑料齿轮

某卧式车床进给机构的传动齿轮（模数 2、齿数 55、压力角 20°、齿宽 15 mm），原采用 45 钢制造，现改为聚甲醛，工作时传动平稳，噪声小，长期使用无损坏，且磨损很小。

某万能磨床油泵中圆柱齿轮（模数 3、齿数 14、压力角 20°、齿宽 24 mm），受力较大，转速高（1 440 r/min）。原采用 40Cr 钢制造，在油中运转，连续工作时油压约 1.5 MPa（15 kgf/cm^2）。现改用单体浇铸尼龙或氯化聚醚，注射成全塑料结构的圆柱齿轮，经长期使用无损坏现象，且噪声小，油泵压力稳定。

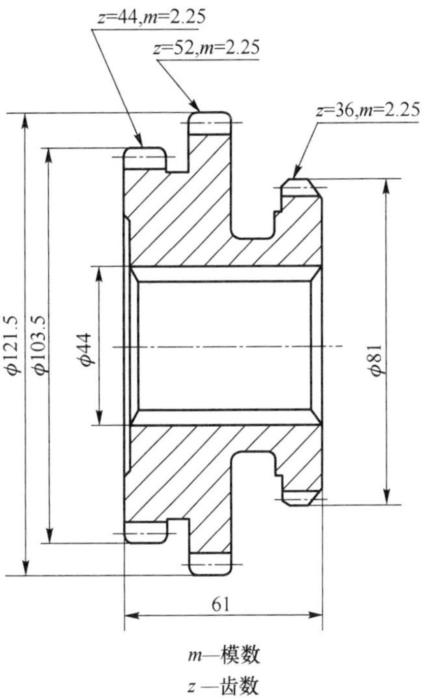

m—模数
z—齿数

图 8-1　卧式车床主轴箱滑动齿轮图

2. 汽车、拖拉机齿轮

汽车、拖拉机齿轮主要安装在变速箱和差速器中。在变速箱中齿轮用于传递转矩和改变传速比。在差速器中齿轮用来增加转矩并调节左右两车轮的转速，将动力传到驱动轮，推动汽车、拖拉机运行，这类齿轮受力较大，受冲击频繁，工作条件比机床齿轮复杂。因此，对耐磨性、疲劳强度、心部强度和韧性等要求比机床齿轮高。实践证明，选用低碳钢或低碳的合金钢经渗碳、淬火和低温回火后使用最为适宜。

图 8-2 所示为载重汽车（承载质量 8 t）变速箱中齿轮。该齿轮工作中承受重载和大的冲击力，故要求齿面硬度和耐磨性高，为防止在冲击力作用下轮齿折断，故要求齿的心部强度和韧性高。

为满足上述性能要求，可选用低碳钢经渗碳、淬火和低温回火处理。但从工艺性能考虑，为提高淬透性，并在渗碳过程中不使晶粒粗大，以便于渗碳后直接淬火，应选用合金渗碳钢（20CrMnTi 钢）。该齿轮加工工艺过程如下：

下料→锻造→正火→粗、半精加工→渗碳→淬火及低温回火→喷丸→校正花键孔→精磨齿。

正火是为了均匀和细化组织，消除锻造应力，改善切削加工性。渗碳后淬火及低温回火是使齿面具有高硬度（58～62HRC）及耐磨性，心部硬度可达 30～45HRC，并有足够强度和韧性。喷丸可增大渗碳表层的压应力，提高疲劳强度，并可清除氧化皮。

任务拓展：

对于工作条件十分恶劣的大模数齿轮（特别是坦克传动齿轮），可选用 18Cr2Ni4WA 渗碳用钢，通过渗碳淬火、低温回火，其强度、塑性、韧性可达到很好的配合度。

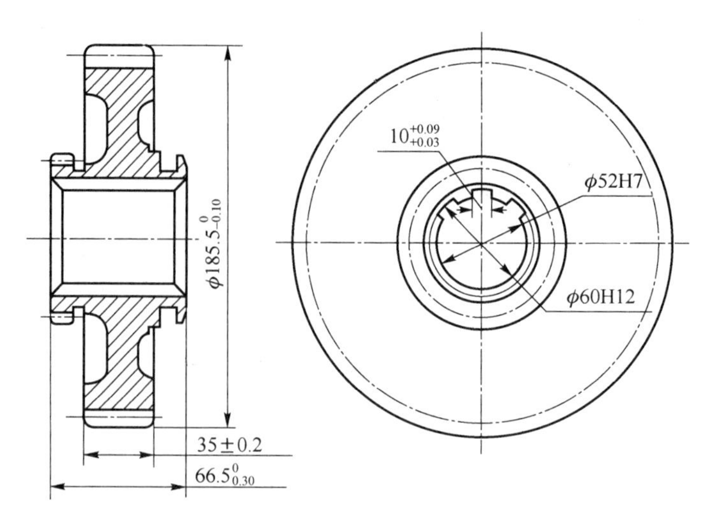

图8-2 载重汽车变速齿轮简图

任务3 轴类零件选材

任务引导:

轴类零件材料的选取,主要根据轴的强度、刚度、耐磨性和制造工艺性,力求经济合理。常用的轴类零件材料有35、45、50优质碳素钢,以45钢应用最为广泛。对于受力较大,轴向尺寸、质量受限制或者某些有特殊要求的可采用合金钢。球墨铸铁、高强度铸铁由于铸造性能好,且具有减振性能,常在制造外形结构复杂的轴中采用。特别是我国研制的稀土——镁球墨铸铁,抗冲击韧性好,同时还具有减磨、吸振,对应力集中敏感性小等优点,已被应用于制造汽车、拖拉机、机床上的重要轴类零件。

轴类零件的毛坯常见的有型材(圆棒料)和锻件。大型的、外形结构复杂的轴也可采用铸件。内燃机中的曲轴一般均采用铸件毛坯。

相关知识:

8.3.1 轴类零件的工作条件、失效形式及常用轴类零件材料

1. 轴类零件的工作条件和失效形式

轴是机械中重要的零件之一,主要用于支承传动零件(如齿轮、凸轮等)、传递运动和动力。轴类零件工作时主要承受弯曲应力、扭转应力或拉压应力,有相对运动的表面其摩擦和磨损较大,多数轴类零件还承受一定的冲击力,若刚度不够则会产生弯曲变形和扭曲变形。由此可见,轴类零件受力情况相当复杂。

轴类零件的失效形式有:疲劳断裂、过量变形和过度磨损等。

2. 常用轴类零件材料

1）对轴类零件材料的性能要求

根据工作条件和失效形式，轴类零件材料应具备以下性能：

足够的强度、刚度、塑性和一定的韧性；高的硬度和耐磨性；高的疲劳强度，对应力集中敏感性小；足够的淬透性，淬火变形小；良好的切削加工性；价格低廉。对特殊环境下工作的轴，还应具有特殊性能，如高温下工作的轴，抗蠕变性能要好；在腐蚀性介质中工作的轴，要求耐蚀性好等。

2）常用轴类材料及热处理

常用轴类材料主要是经锻造或轧制的低、中碳钢或中碳的合金钢。

常用牌号是35钢、40钢、45钢、50钢等，其中45钢应用最广。为改善力学性能，这类钢一般均应进行正火、调质或表面淬火。对于受力小或不重要的轴，可采用Q235钢、Q275钢等。

当受力较大并要求限制轴的外形、尺寸和质量，或要求提高轴颈的耐磨性时，可采用20Cr钢、40Cr钢、40CrNi钢、20CrMnTi钢、40MnB钢等，并辅以相应的热处理才能充分发挥其作用。

近年来越来越多地采用球墨铸铁和高强度灰铸铁作为轴的材料，尤其是作曲轴材料。

轴类零件选材原则主要是根据承载性质及大小、转速高低、精度和粗糙度要求，以及有无冲击、轴承种类等综合考虑。例如，主要承受弯曲、扭转的轴（如机床主轴、曲轴、变速箱传动轴等），因整个截面受力不均，表面应力大，心部应力小，故不需要选用淬透性很高的材料，常选用45钢、40Cr钢、40MnB钢等；同时承受弯曲、扭转及拉、压应力的轴（如锤杆、船用推进器轴等），因轴整个截面应力分布均匀，心部受力也大，应选用淬透性较高的材料；主要要求刚性好的轴，可选用碳钢或球墨铸铁等材料；要求轴颈处耐磨的轴，常选用中碳钢经表面淬火，将硬度提高到52HRC以上。

8.3.2 轴类零件选材示例

1. 车床主轴

图8-3所示为C6132卧式车床主轴，该轴工作时受弯曲和扭转应力作用，但承受的应力和冲击力不大，运转较平稳，工作条件较好。锥孔、外圆锥面，工作时与顶尖、卡盘有相对摩擦；花键部位与齿轮有相对滑动，故要求这些部位有较高的硬度与耐磨性。该主轴在滚动轴承中运转，轴颈处硬度要求为220～250HBS。

根据上述工作条件分析，本主轴选用45钢制造，整体调质，硬度为220～250HBS；锥孔和外圆锥面局部淬火，硬度为45～50HRC；花键部位高频感应淬火，硬度为48～53HRC。该主轴加工工艺过程如下：

下料→锻造→正火→粗加工→调质→半精加工（花键除外）→局部淬火、回火（锥孔、外锥面）→粗磨（外圆、外锥面、锥孔）→铣花键→花键处高频感应淬火、回火→精磨（外圆、外锥面、锥孔）。

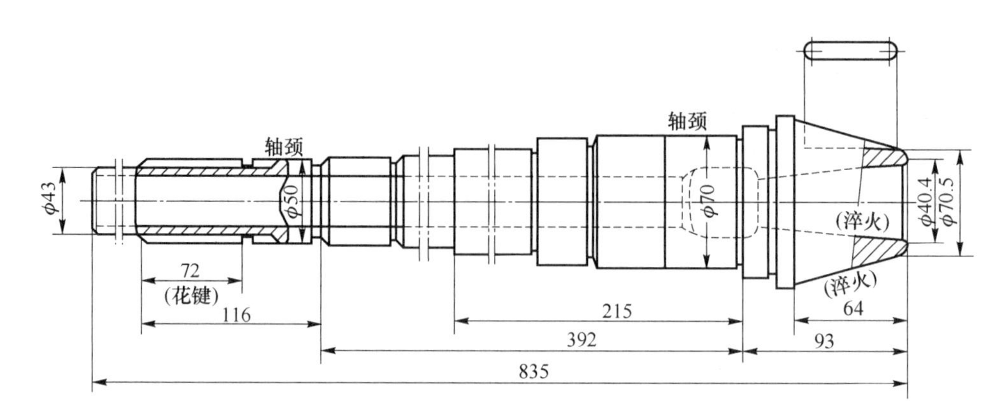

图 8-3 C6132 车床主轴简图

45 钢虽然淬透性不如合金调质钢,但具有锻造性能和切削加工性能好,价廉等特点,而且本主轴工作时最大应力处于表层,结构形状较简单,调质、淬火时一般不会出现开裂。

因轴较长,且锥孔与外圆锥面对两轴颈的同轴度要求较高,为减小淬火变形,故锥部淬火与花键淬火分开进行。

2. 内燃机曲轴

曲轴是内燃机中形状复杂而又重要的零件之一,其作用是在工作中将活塞连杆的往复运动变为旋转运动。气缸中气体爆发压力作用在活塞上,使曲轴承受冲击、扭转、剪切、拉压、弯曲等复杂交变应力。因曲轴形状很不规则,故应力分布不均匀,曲轴颈与轴承发生滑动摩擦。曲轴的主要失效形式是疲劳断裂和轴颈磨损。

根据曲轴的失效形式,制造曲轴的材料必须具有高的强度、一定的韧性,足够的弯曲、扭转疲劳强度和刚度,轴颈表面应有高的硬度和耐磨性。

曲轴分锻钢曲轴和铸造曲轴两种。锻钢曲轴材料主要有中碳钢和中碳的合金钢,如 35 钢、40 钢、45 钢、35Mn2 钢、40Cr 钢、35CrMo 钢等。铸造曲轴材料主要有铸钢(如 ZG3230-450)、球墨铸铁(如 QT600-3、QT700-2)、珠光体可锻铸铁(如 KTZ450-06、KTZ550-04)以及合金铸铁等。目前,高速、大功率内燃机曲轴,常用合金调质钢制造,中、小型内燃机曲轴,常用球墨铸铁或 45 钢制造。

图 8-4 所示为 175A 型农用柴油机曲轴。该柴油机为单缸四冲程,气缸直径为 75 mm,转速为 2 200~2 600 r/min,功率为 4.4 kW(6 马力)。因功率不大,故曲轴承受的弯曲、扭转应力和冲击力等不大。由于在滑动轴承中工作,故要求轴颈处硬度和耐磨性较高。其性能要求是 $\sigma_b \geqslant 750$ MPa,整体硬度为 240~260HBS,轴颈表面硬度≥625HV,$\delta \geqslant 2\%$,$A_K \geqslant 12$ J。

根据上述要求,选用 QT600-3 球墨铸铁作为曲轴材料,其加工工艺过程如下:

浇注→高温正火→高温回火→切削加工→轴颈气体渗氮。

高温正火(950 ℃)是为了增加基体组织中珠光体的数量并细化珠光体,提高强度、硬度和耐磨性。高温回火(560 ℃)是为了消除正火造成的应力。轴颈气体渗氮(570 ℃)是为保证不改变组织及加工精度前提下,提高轴颈表面硬度和耐磨性。也可采用对轴颈进行表面淬火来提高其耐磨性;为了提高曲轴的疲劳强度,可对其进行喷丸处理和滚压加工。

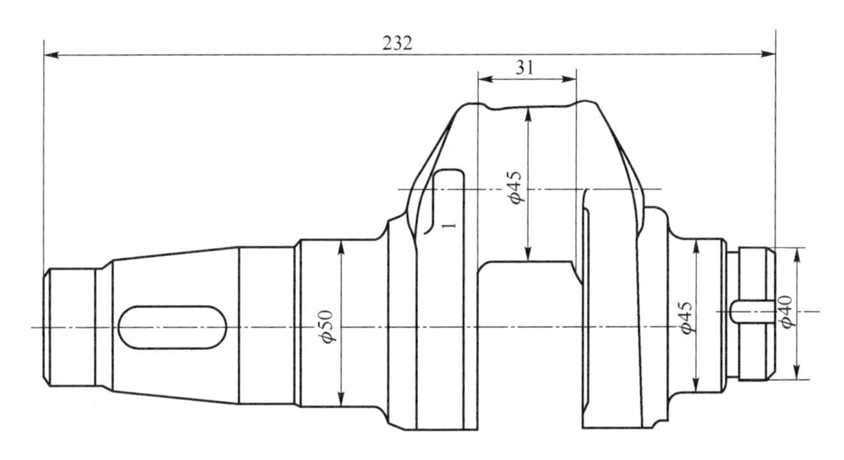

图 8-4 175A 型农用柴油机曲轴简图

任务拓展:

轴的材料多选用优质碳素结构钢,因其具有良好的综合力学性能,尤以 45 钢应用最广泛。合金钢具有较高的力学性能,但价格较贵,多用于有特殊要求的轴。例如,采用滑动轴承的高速轴,常用 20Cr、20CrMnTi 等低碳合金结构钢,经渗碳淬火后可提高轴颈耐磨性;汽轮发电机转子轴在高温、高速和重载条件下工作,必须具有良好的高温力学性能,常采用 40CrNi、38CrMoAlA 等合金结构钢。

项目评定:

零件的失效是经常发生的,汽车行驶距离达到一定里程要更换“三滤”,更换车轮、刹车片。而我们选择合适的材料并不是要让某种零件永远不坏,而是要让整个产品寿命协调,不会因为某些故障而频繁“召回”,不会因为某些零件是好的,而废弃整个产品。通过实例让大家跟随我们了解实际的选材中我们是如何思考的,抛砖引玉,有助于大家日后的工作。

习题与思考题

1. 什么是零件的失效?零件的常见失效形式有哪几种?分析零件失效的主要目的是什么?

2. 选择零件材料应遵循哪些原则?

3. 简述零件选材的方法和步骤。

4. 汽车、拖拉机变速箱齿轮多半用渗碳钢来制造,而机床变速箱齿轮又多采用调质钢制造,原因何在?

5. 某工厂用 T10 钢制造的钻头对一批铸件进行钻 ϕ10 深孔,在正常切削条件下,钻几个孔后钻头很快磨损。检验钻头材料、热处理工艺、金相组织及硬度均合格。试分析失效原因,并提出解决方法。

6. 确定下列工具的材料及最终热处理工艺:

① M6 手用丝锥。

② ϕ10 麻花钻头。

7. 某机床齿轮采用40Cr钢制作,要求齿表面硬度50～55HRC,整体要求具有良好的综合力学性能,硬度为34～38HRC。其加工工艺路线如下:下料→锻造→热处理1→机械粗加工→热处理2→机械精加工→热处理3→磨削加工。试写出工序中各热处理的方法及它们的作用。

8. 下列零件均选用锻造毛坯,试为其选择热处理方法,并写出简单的加工路线。

① 车床变速箱齿轮,要求齿面耐磨,心部的强度和韧性要求不高,选用45钢;

② 车床主轴,要求良好的综合力学性能,轴颈部分要求硬度50～55HRC,选用45钢。

9. 有一直径30 mm×300 mm的轴,要求摩擦部位的硬度为53～55HRC,现用30钢制造,经过调质后表面高频淬火加低温回火,使用过程中发现摩擦部位严重磨损,试分析失效原因,并提出解决办法。

参考文献

［1］ 丁晖.金属材料及热处理[M].北京:北京航空航天大学出版社,2012.

［2］ 许德珠.机械工程材料[M].北京:高等教育出版社,2006.

［3］ 于用泗,齐民.机械工程材料[M].大连:大连理工大学出版社,2010.

［4］ 王运炎,叶尚川.机械工程材料[M].北京:机械工业出版社,1991.

［5］ 单小军.金属材料及热处理[M].北京:中国劳动社会保障出版社,2001.

［6］ 罗会昌,王俊山.金属工艺学[M].北京:高等教育出版社,2001.

［7］ 史美堂.金属材料及热处理[M].上海:上海科学技术出版社,1980.

［8］ 李明惠.汽车应用材料[M].北京:机械工业出版社,2008.

［9］ 赵忠,等.金属材料及热处理[M].北京:机械工业出版社,1998.

［10］ 朱张校.工程材料[M].北京:高等教育出版社,2006.

［11］ 房世荣.工程与金属工艺学[M].北京:机械工业出版社,1994.

［12］ 齐乐华.工程材料与机械制造基础[M].北京:高等教育出版社,2006.

［13］ 《机械工程材料性能数据手册》编委会.机械工程材料手册[M].北京:机械工业出版社,1993.

［14］ 《机床零件热处理》编写组编.机床零件热处理[M].北京:机械工业出版社,1985.

［15］ 夏立芳.金属热处理工艺学[M].哈尔滨:哈尔滨工业大学出版社,1986.

［16］ 朱怀忠.机械工程材料[M].北京:北京理工大学出版社,2007.

［17］ 戈晓岚.金属材料与热处理[M].北京:化学工业出版社,2004.

［18］ 支道光.机械零件材料与热处理工艺选择[M].北京:机械工业出版社,2005.

［19］ 王贵斗.机械零件材料与热处理工艺选择[M].北京:机械工业出版社,2008.

［20］ 王悦祥,任当恩.金属材料及热处理[M].北京:冶金工业出版社,2010.